Refrigeration and Air Conditioning

냉동 및 공기조화

박광서 · 박남섭 · 이승준 · 이석영
오태균 · 최승훈 · 이연원 · 김동균

JINSAEM 진샘미디어

머리말

냉동과 공기조화는 오래 전부터 식품의 저장 및 제조, 실내의 냉방 및 난방 등을 위하여 널리 이용되고 있어서 우리들에게는 친숙한 학문이다. 또한 반도체, 신소재, 생명공학 및 컴퓨터 등과 같은 현대의 첨단 산업분야에서도 다양하게 이용되는 등 냉동과 공기조화는 인류의 문명 생활에 깊이 간여하고 있다.

이 책은 대학의 냉동 및 공기조화와 관련된 과목의 교재로 사용될 수 있도록 저술되었지만, 관련 분야의 산업체 종사자들도 참고할 수 있도록 기초 이론 및 현장 실무에 관한 내용들을 포함하였다. 기초 이론 부분에서는 가급적 복잡하고 어려운 수학적 서술방식을 피하고 간단한 수식과 함께 개념 위주로 기술함으로써, 기계공학의 기초 역학에 관한 이해가 다소 미흡한 독자라도 본 내용을 이해할 수 있도록 하였다. 특히 사용하는 단위는 시대적인 흐름에 따라 국제단위계(SI unit) 위주로 기술하였지만, 산업체에서 널리 사용되는 공학단위도 일부 포함시킴으로써 산업체와의 연계성을 꾀하였다.

이 책의 내용은 크게 냉동공학과 공기조화 분야로 구분할 수 있다. 학과의 특성상 냉동공학 분야(1~5장, +6장)와 공기조화 분야(6~8장, +2장)를 각각 한 학기씩 강의할 수도 있으며, 냉동 및 공기조화 분야가 한 학기에 개설된 학과인 경우에는 필요한 부분만 발췌하여 강의할 수 있도록 구성하였다. 그러나 공기조화 분야의 맨 마지막 부분인 냉난방부하 계산 부분은 내용의 방대성 때문에 세부 내용을 생략하였으므로 강의 시 별도로 보완할 필요가 있다.

학문적 이론의 깊이가 얕고 실무 경험도 부족한 저자가 책을 저술하다 보니 일부 잘못된 표현과 누락된 부분이 있을 것으로 염려되지만, 뜻있는 분들의 질책과 조언으로 계속 수정, 보완해나갈 것을 약속드린다. 끝으로 이 책의 출간을 위하여 수고해주신 진샘미디어 출판사 관계자 분들과 주위에서 격려해주신 분들께 깊은 감사를 드린다.

2015년 8월

저자 대표 박광서

차례

CHAPTER 01

냉동의 개요

구성

내용

1장에서는 냉동에 대한 기초적인 내용을 다룬다. 냉동이란 무엇이며 냉동공학이 어떻게 발전해 왔는지 그 역사와 함께 살펴보고, 냉동공학이 응용되고 있는 산업분야에 대하여 알아본다. 또한 어떠한 원리로 냉동이 되는지 그 방법과 함께 그러한 방법을 이용한 냉동기의 종류에 대하여 학습한다.

1.1 냉동이란

자연계에 존재하는 일정한 공간이나 어떤 물체, 즉 고체, 액체 및 기체로부터 인위적으로 열을 제거하여 그 공간이나 물체의 온도를 주위의 온도보다 낮은 상태로 유지시키는 것을 일반적으로 냉동(refrigeration)이라 한다. 그리고 냉동을 하는 기계를 냉동기(refrigerator)라 하며, 냉동기 내를 순환하면서 냉동에 사용되는 매개체인 작동유체(working fluid)를 냉매(refrigerant)라 한다.

위에서 정의한 냉동의 의미는 광범위한 개념으로서, 냉장, 냉방, 냉각 및 동결의 의미를 모두 포함한다. 냉장이란 음식물이나 약품 등을 차갑게 보관시키는 것을 뜻하며, 냉방은 일정한 공간의 내부를 시원하게 유지시키는 것을 말한다. 냉각(cooling)의 일반적 의미는 더운 것을 차갑게 식히는 것이지만, 뜨거운 커피를 식히거나 벌겋게 달구어진 금속류를 물이나 기름 또는 공기 중에서 식히는 것은 높은 온도의 물체를 주위의 온도까지 내리는 것이므로 냉동이라 하지 않는다. 따라서 냉동의 의미에 포함되는 냉각이란 얼지 않는 범위에서 물체의 온도를 주위의 온도보다 낮추는 것을 말한다. 동결(freezing)이란 물이나 식료품 등을 얼리는 것이며, 좁은 의미의 냉동은 동결을 뜻한다.

1.2 냉동의 역사

기계적 냉동기가 개발되기 전 원시적으로 널리 사용되던 냉동 방식으로는, 겨울철에 천연 얼음(natural ice)을 채취하여 얼음 창고에 저장하였다가 더울 때 식용이나 식품 저장용으로 사용하는 것으로 19세기까지도 세계 곳곳에서 널리 사용되었다. 또 하나의 방법은 건조 지역인 이집트에서 사용되었던 것으로, 토기에 물이나 포도주 등을 넣고 토기 표면에 스미어 나오는 물이 자연 증발될 때의 증발잠열을 이용하여 토기 안의 액체를 냉각하거나 얼리기까지 하였다고 한다.

이러한 일회성 방법과는 달리 기계를 이용한 냉동 방법은 산업혁명으로 과학기술이 발달하기 시작하였던 18세기 유럽에서 시작되었다. 1755년 영국의 William Cullen이 공기펌프를 이용하여 진공 속에서 에틸에테르(ethyl ether)을 증발시켜 그 잠열로 저온을 얻을 수 있었던 것이 기계적 냉동기의 최초이다.

1834년 미국의 Jacob Perkins가 압축식 냉동기의 원조로 알려진 수동으로 작동되는 에테르 냉동기를 고안하였으며, 1859년 호주의 James Harrison이 이를 개량하여 증기 엔진(steam engine)으로 작동되는 에테르 냉동기로 발전시켜 세계 최초로 맥주 공장에 설치함으로써 실용화되었다. 미국의 John Gorrie는 1940년경 압축식 공기냉동기를 발명하여 얼음을 제조하였는데, 이는 압축공기가 팽창할 때 온도가 낮아지는 원리를 이용한 것이다. 1855-1860년에 프랑스의 Ferdinand Carré가 개발한 아황산가스 및 암모니아가스를 이용한 흡수식 냉동기는 얼음 제조, 식품 저장 및 운송 등의 산업계에 널리 사용되었다. 암모니아 가스 압축식 냉동기는 1873년 독일의 Carl von Linde가 공업화에 성공시켰으며, 그 후 1902년에 증기분사식 냉동기, 1918년에 가정용 전기냉장고 등이 차례로 개발되었다.

미국의 Willis H. Carrier는 1921년에 처음으로 탄화수소계 냉매인 디클로로에틸렌(dichloroethylene)을 사용한 원심식 터보 냉동기를 개발하여 대형 건물의 냉방에 사용하였으며, 1930년에는 최초로 할로겐화 탄화수소계 냉매인 R-11(CCl_3F)을 사용한 냉동기를 개발하였다. 이때부터 그 동안 냉동기에 사용되었던 암모니아, 탄산가스, 아황산가스 등의 냉매가 할로겐화 탄화수소계 냉매로 대체되기 시작하였으며, 압축기의 발달로 오늘날 우리가 사용하는 냉동기의 면모를 갖추게 되었다.

산업의 발달이 늦었던 우리나라에서는 1960년대 국가의 경제개발 추진에 의해 형성된 산업 여건으로 인하여 해외의 기술을 도입하여 냉동기를 생산하기 시작하였다. 가정용 냉장고의 경우 엘지전자가 1965년부터 생산을 시작하였고, 냉방용 제품인 패키지 에어컨의 경우는 범양냉방공업이 일본의 Daikin에서 기술을 도입하여 1967년에, 흡수냉동기는 홍진공업이 일본의 기차 제작소의 기술을 도입하여 1968년에, 터보냉동기는 1971년에 미국의 Chrysler Airtemp의 설계로 현대양행이 최초로 제작을 하였다.

1.3 냉동의 응용

냉동 기술은 처음 제빙(ice making)이나 맥주 제조 등을 위하여 개발되었으나, 그 후 식품의 저장이나 공기조화 분야 등으로 그 용도가 넓어지고 있다. 오늘날 일상생활이나 산업분야 등 다방면에 걸쳐 광범위하게 응용되고 있으며, 앞으로는 더욱 증가될 추세이다. 냉동의 응용 분야를 용도별로 분류하면 다음과 같다.

(1) 식품 저장

냉동의 응용은 식품의 저장에서 시작되었다. 냉동기가 없었던 시대의 식품 저장은 주로 소금에 절이거나 건조시키는 방법을 사용하였으며, 오늘날 우리가 계절에 관계없이 어떠한 음식이라도 맛있게 먹을 수 있는 것은 냉동 기술의 발전이 기여한 바가 크다. 냉동을 이용한 식품 저장 방법은 (표 1-1)과 같이 크게 두 가지로 구분할 수 있다.

표 1-1 냉동을 이용한 식품 저장 방법

냉동 구분	냉각(cooling)	동결(freezing)
저장 구분	냉각저장(cold storage)	동결저장(frozen stoage)
저장 창고	냉각저장창고(cold storage warehouse) → 냉장창고	동결저장창고(frozen storage warehouse) → 동장창고
저장 방법	식품을 동결점 이상의 온도에서 얼리지 않고 저장.	식품을 동결점 이하의 온도에서 얼려서 저장.
저장 기간	과일, 채소, 어류, 육류, 유제품 등을 단기간 저장.	주로 어류, 육류 등을 장기간 저장.

(2) 식품 제조

어떤 식품들은 동결 또는 냉동 후 가공이 필요하다. 낙농제품인 치즈는 우유에 첨가물을 넣어 10℃ 정도에서 숙성시켜 제조하며, 아이스크림은 재료 성분들을 저온살균하여 혼합한 후 -5℃인 냉동실에서 완성시킨다. 양조업에서 냉동은 발효작용을 조절하고 중간 또는 최종 제품을 보관하는 역할을 한다. 맥주는 8-12℃에서 발효 과정이 이루어지며, 이 후에도 냉동된 실내에서 보관되었다가 병이나 통에 넣어지게 된다. 또한 식품을 동결시킨 후 진공에서 건조(승화)시키는 진공동결건조 방식은 재료의 향과 영양분을 파괴시키지 않으면서 장기간 보존이 가능하므로 군인이나 우주인의 비상식량 제조에 사용된다. 인스턴트 커피나 라면 스프 등도 진공동결건조 방식으로 제조한다.

(3) 화학 및 제조 산업

화학제품 제조 공정에서는 화학반응 제어, 가스의 분리 및 응축, 반응열 제거, 생산품 손실 방지 등에 냉동이 필요하며, 10℃에서 절대영도(0K) 가까운 온도까지 이용된다. 일반기계 분야에서는 온도에 따라 치수가 변할 수 있는 정밀 부품의 열처리나 측정 환경에 냉동이 이용된다.

(4) 제빙(ice making) 및 제설(snow making)

천연 얼음이 가격이 싼 방식으로 20세기 초까지 공급되었기 때문에 냉동기를 이용한 인공 얼음(artificial ice) 제조는 다른 분야에 비해 뒤늦게 시작되었다. 인공 얼음은 식품으로 그대로 이용되거나 다른 식품의 저장에도 이용되지만, 실내 아이스 스케이트 링크와 같이 스포츠계에도 사용됨으로써 많은 사람들이 연중 스케이트를 즐길 수 있게 되었다. 또한 냉동을 이용하여 제조된 인공 눈(artificial snow) 덕분에 눈이 내리지 않은 겨울철에도 스키를 즐길 수 있으며, 실내 스키장은 연중 스키 매니아들을 끌어들이고 있다.

(5) 공기조화(air conditioning)

공기조화는 공기의 온도, 습도, 청정도, 분배 및 유속 등을 일정한 조건으로 조정하는 것이다. 이 중의 핵심인 온도나 습도를 낮추기 위해서 냉동을 이용하게 되므로 통상 냉동과 공기조화는 같이 취급하게 된다. 냉동과 공가조화와의 연관성은 (그림 1-1)과 같다. 공기조화는 그 대상에 따라 건물이나 차량 등의 실내에 있는 사람에게 쾌적한 분위기를 제공하는 보건용 공기조화와 제조 공정중의 대상이나 물질에 적당한 분위기를 만들어주는 산업용 공기조화로 구분한다. 산업용 공기조화에는 습도 조절이 주된 목적인 인쇄, 방적 및 사진 분야가 있으며, 온도와 습도가 모두 중요한 환경실험실이 있다. 인쇄 과정 중의 습도가 적당하지 않으면 정전기가 발생하고 종이가 구겨지거나 잉크가 마르지 않게 된다. 섬유도 종이와 마찬가지로 그 제조 및 보관 중의 습도 변화에 민감하다. 환경실험실은 실제 환경과 유사한 공기의 조건을 만들어서 실험을 하는 곳이므로, 자동차의 저온 시동 실험을 위해서는 -40℃가 유지되어야 하며, 열대 기후 속의 동물 행동을 연구하기 위해서는 높은 온도와 습도가 유지되어야 한다. 또한 전산실의 공기조화는 온도, 습도 및 청정도 등을 조절해야만 된다. 일부 전자 부품은 고온에서 작동이 곤란해지며, 카드나 프린터 작동 시에는 습도가 낮으면 정전기가 발생하고 습도가 높거나 먼지가 많으면 고장이 발생하게 된다.

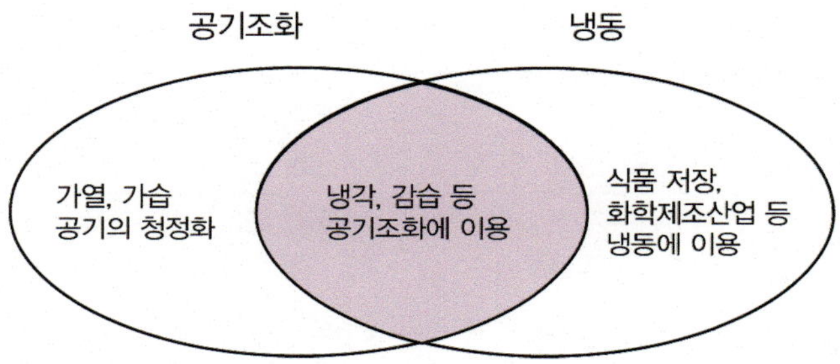

그림 1-1 냉동과 공기조화의 관계

(6) 기타

바닷물의 수분을 염분과 분리하여 얼음으로 만든 후 이를 다시 녹여서 식수로 사용하는 해수 탈염 분야, 그리고 혈액이나 세균, 세포의 보관 및 저온 마취 수술 등과 같은 의학 분야에도 냉동 기술이 널리 이용되고 있다.

1.4 냉동의 방법

얼음을 물에 넣고 저으면 어느 시간 동안 물은 시원함을 유지하지만, 일정한 시간이 지나면 물은 다시 주위 온도와 같아진다. 이것은 얼음이 물로부터 열을 흡수하여 고체(얼음)가 액체(물)로 상변화(phase change)하고, 시원해진 물은 다시 높은 온도인 주위의 공기로부터 열을 흡수하는 자연 현상을 이용한 것이다. 그러나 냉장고 속의 물은 항상 시원함을 유지할 수가 있는데, 이는 냉장고가 기계적인 일을 소비하면서 상대적 저온인 냉장고 속의 열을 흡수하여 상대적 고온인 외부로 열을 방출하기 때문이다. 앞의 예와 같이 자연현상을 이용하여 일회적으로 냉동을 하는 방식을 일시적 냉동(temporary refrigeration) 또는 자연 냉동(natural refrigeration)이라고 하며, 뒤의 예와 같이 에너지를 소비하면서 연속적으로 냉동을 하는 방식을 연속적 냉동(continuous refrigeration) 또는 기계 냉동(machinery refrigeration)이라고 한다. 자연 냉동법과 기계 냉동법을 정리하면 (표 1-2)와 같다.

표 1-2 냉동의 방법

구분	이용 방법	원리(응용 냉동기)
자연 냉동법	감열	온도가 높아지면서 주위로부터 열을 흡수
	잠열	액체→기체(증발), 고체→액체(융해) 또는 고체→기체(승화)로 상변화 하면서 주위로부터 열을 흡수
기계 냉동법	증발잠열	액체가 기체로 증발하면서 주위로부터 열을 흡수 (증기압축식 냉동기, 흡수식 냉동기, 증기분사식 냉동기)
	압축기체의 팽창	압축기체를 급격히 팽창시키면 주위로부터 열을 흡수 (공기팽창식 냉동기, 줄-톰슨 냉동기)
	Peltier 효과	종류가 다른 두 금속을 접합하여 전류를 통하면 한쪽의 금속은 열을 방출하고 다른 쪽의 금속은 열을 흡수 (전자 냉동기 또는 열전 냉동기)
	단열소자법	자장 내의 상자성염에 갑자기 자장을 제거하면 분자배열이 흐트러지면서 온도가 절대영도(0K) 가까이 떨어짐 (초저온 냉동기)

기계 냉동법의 원리 및 응용 분야에 대한 설명은 1.5절의 냉동기 종류에서 자세히 언급되어 있으므로, 이 절에서는 자연 냉동법에 대해서만 설명한다. 자연 냉동법은 자연 현상을 이용한 냉동 방법으로서, 온도가 변화하는데 필요한 열인 감열(sensible heat)을 이용하는 방법과 물체가 상변화할 때 필요로 하는 잠열(latent heat)을 이용하는 방법이 있다. 물질의 상변화와 관련된 명칭은 (그림 1-2)에 나타내었으며, 그림에서 실선은 변화 과정 중 주위로부터 열을 흡수하여 냉동에 이용하는 상변화이며, 점선은 변화 과정 중 열을 방출하는 상변화이다. (그림 1-3)은 물의 상변화 과정 중의 감열과 잠열을 표시한 것이다.

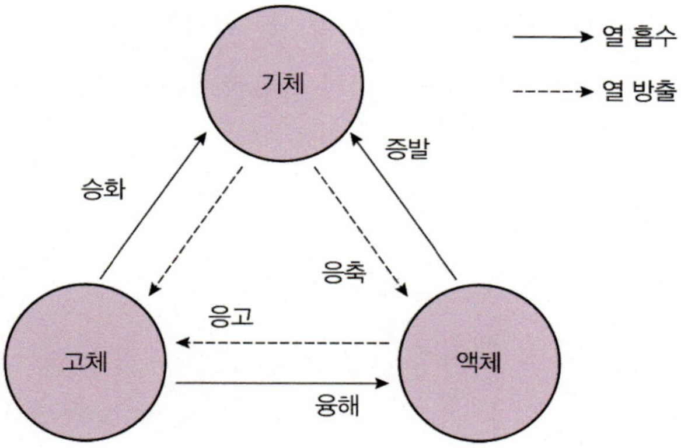

그림 1-2 물질의 상변화

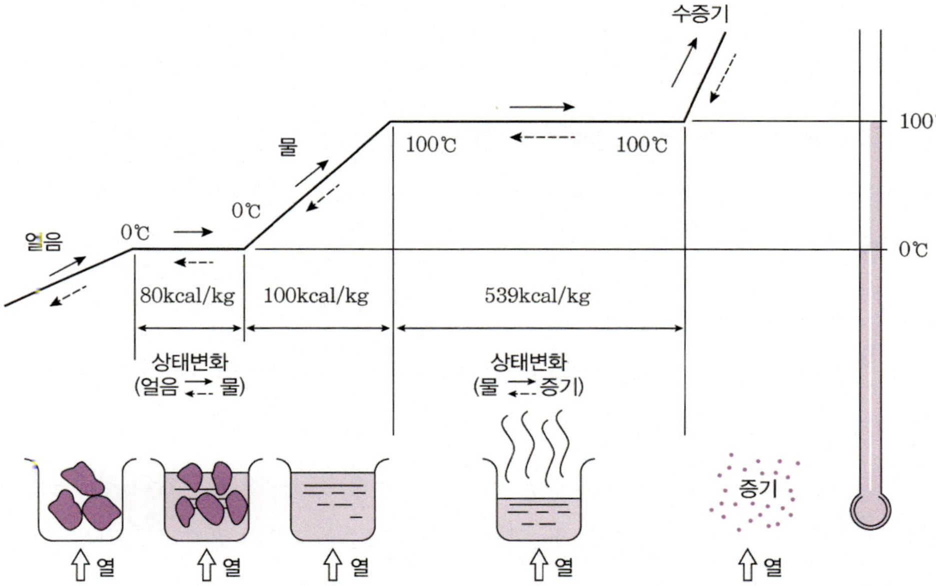

그림 1-3 물의 상변화 과정 중의 감열과 잠열

(1) 감열에 의한 냉동법

온도가 높아지는데 필요한 감열을 주위로부터 흡수하는 성질을 이용하는 것으로, 온도가 다른 두 물질을 접촉시키면 열평형원리에 의해 온도가 높은 물질은 그 온도가 낮아지고 온도가 낮은 물질은 온도가 높아진다. 예를 들면, 야외에서 수박과 같은 과일을 찬물 속에 넣어두면 시원해지는 현상이다. 1kg인 물의 온도를 1℃ 변화시키는데 1kcal의 열량이 필요하며, 얼음의 경우에는 0.45kcal가 필요하다. 이와 같은 물리적 성질을 이용하여 냉동을 하는 것이 감열 또는 현열에 의한 냉동법이다.

(2) 증발(evaporation) 잠열에 의한 냉동법

액체가 기체로 증발할 때 필요한 잠열을 주위로부터 흡수하는 성질을 이용하는 냉동법으로서, 여름에 마당에 물을 뿌리면 시원해지는 것은 물이 증발하면서 지면으로부터 열을 흡수하기 때문이다. 물은 쉽게 구할 수 있고 증발잠열(100℃에서 539kcal/kg)이 매우 커서 소방용수로 사용되고 있으며, 액체질소는 -196℃(증발잠열 약 48kcal/kg)의 저온에서도 증발하기 때문에 급속동결장치에 이용되고 있다.

(3) 융해(fusion) 잠열에 의한 냉동법

고체가 액체로 융해할 때 필요한 잠열을 주위로부터 흡수하는 성질을 이용하는 냉동법으로서, 얼음을 이용한 식품 저장은 얼음이 0℃에서 약 80kcal/kg의 융해잠열을 주위로부터 흡수하는 것을 이용하는 것이다.

(4) 승화(sublimation) 잠열에 의한 냉동법

고체가 기체로 승화할 때 필요한 잠열을 주위로부터 흡수하는 성질을 이용하는 냉동법으로서, 드라이아이스(dry ice, 고체 이산화탄소)를 이용한 아이스크림의 저장은 드라이아이스가 -78.5℃에서 약 137kcal/kg의 승화잠열을 주위로부터 흡수하는 것을 이용하는 것이다.

1.5 냉동기 종류

1.5.1 증기압축식 냉동기(vapor compression refrigerator)

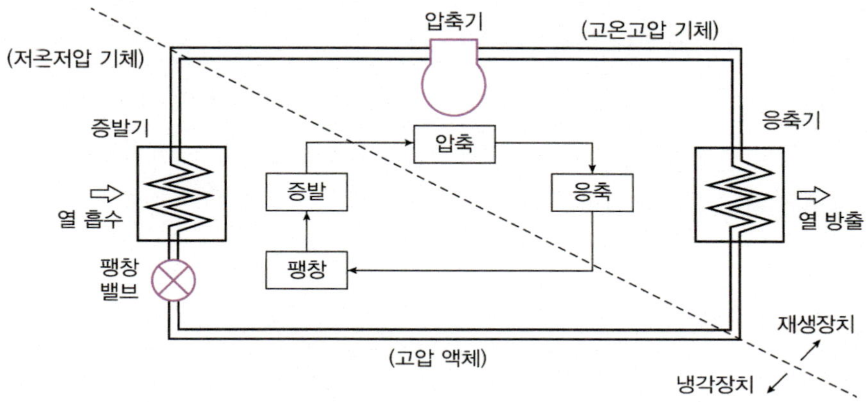

그림 1-4 증기압축식 냉동기

(1) 원리

대기압에 가까운 압력에서 쉽게 증발하는 냉매를 증발기에서 증발시켜 이를 압축기에서 압축시킨 후 응축기에서 다시 응축시키는 과정을 반복함으로써 냉동 목적을 달성한다.

(2) 사용 냉매

프레온(Freon), 암모니아(ammonia) 등 다양하다.

(3) 주요 부품의 기능

- **압축기**(compressor) : 증발기에서 오는 저온, 저압의 냉매증기를 흡입, 압축하여 고온, 고압의 냉매증기로 만들어 응축기로 보낸다. 냉동기에서 압축을 하는 이유는 열을 버려야 할 고열원의 온도보다 냉매증기의 온도가 높을수록 온도차가 커지므로 냉매증기의 응축이 쉬워지고, 냉매증기의 온도가 높아지면 일정 압력 이상으로 고압을 유지하여야 응축이 잘 이루어지기 때문이다.
- **응축기**(condenser) : 압축기에서 압축된 고온, 고압의 냉매증기가 냉매액으로 응축

하면서 고온열원(냉동실 외부)으로 열(응축잠열)을 방출시킨다. 냉매가 응축되는 동안 냉매의 압력과 온도는 일정하다.

- **팽창밸브(expansion valve)** : 응축기에서 만들어진 고온, 고압의 냉매액을 교축밸브(throttle valve) 또는 모세관(capillary tube)에 의하여 저온, 저압의 냉매액(실제는 습증기)으로 만들어 증발이 용이하도록 한다.
- **증발기(evaporator)** : 팽창밸브를 통과한 저온, 저압의 냉매액이 냉매증기로 증발하면서 저온열원(냉동실 내부)으로부터 열(증발잠열)을 흡수한다. 냉매가 증발되는 동안 냉매의 압력과 온도는 일정하다.

(4) 특징

비교적 소형으로 제작이 가능하고 효율이 좋으며 다양한 냉매의 사용이 가능하기 때문에 가장 널리 사용된다. 그러나 압축기 사용으로 인하여 운전 시 소음, 진동을 유발시키고, 운전 비용이 많이 든다.

(5) 용도

일반적인 중소형 냉동기에 가장 널리 이용되며, 압축기의 종류에 따라 왕복식(reciprocating type), 회전식(rotary type), 원심식(centrifugal type), 스크루식(screw type) 등으로 분류한다.

보충설명

증기압축식 냉동기의 주요 부품 중 압축기는 냉매가 응축기에서 응축할 수 있는 조건을 만들어주며, 팽창밸브는 냉매가 증발기에서 증발할 수 있는 조건을 만들어준다. Freon-12 냉매를 사용하는 경우(그림 1-5)를 참조하면 다음과 같이 설명할 수 있다. 즉, 팽창밸브는 온도가 30℃인 냉매 액체를 냉동온도인 -20℃에서 증발시키려면 증발 가능한 포화압력인 1.5kg/㎠ 이하로 팽창시켜야 하며(팽창밸브), 압축기는 -20℃로 냉각된 냉매 기체를 다시 주위온도인 30℃에서 액화하려면 액화 가능한 포화압력인 7.6kg/㎠ 이상으로 압축해야 한다.

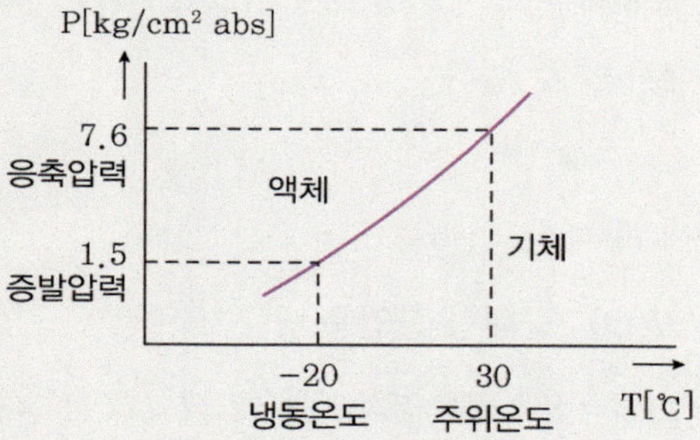

그림 1-5 Freon-12의 포화온도와 포화압력

1.5.2 흡수식 냉동기(Absorption refrigerator)

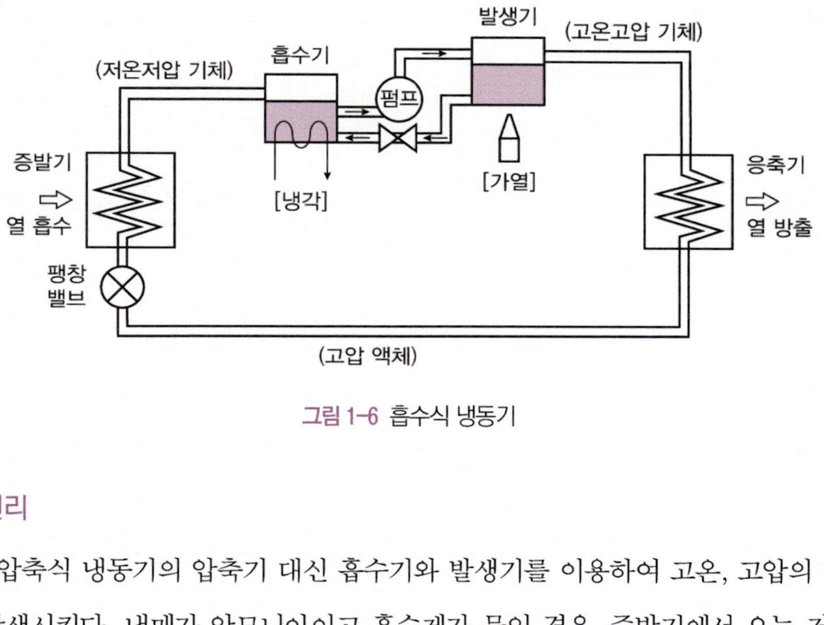

그림 1-6 흡수식 냉동기

(1) 원리

증기압축식 냉동기의 압축기 대신 흡수기와 발생기를 이용하여 고온, 고압의 냉매증기를 발생시킨다. 냉매가 암모니아이고 흡수제가 물인 경우, 증발기에서 오는 저온, 저압의 암모니아증기는 흡수기 내에 있는 물에 흡수 용해되어 고농도의 암모니아수가 되며, 펌프를 통하여 발생기로 보내진 암모니아수는 가열에 의하여 고온, 고압의 암모니아증기를 발생시킨다. 즉, 증기압축식 냉동기는 냉매증기를 기계적 에너지로 압축시키지만, 흡수식 냉동기는 열에너지로 압축시키는 점이 서로 다르며 그 외의 부분은 동일하다. 암모니아증기가 물에 용해하는 비율은 압력이 높을수록, 온도가 낮을수록 증가하며, 이러한 관계는 (표 1-3)에서 알 수 있다.

⑵ 사용 냉매/흡수액과 용도

- 암모니아/물(NH_3/H_2O) : 중대형 산업용 냉동기
- 물/취화리튬($H_2O/LiBr$) 또는 물/염화리튬($H_2O/LiCl$) : 대형 건물용 냉방장치

표 1-3 암모니아 수용액 중 암모니아 함유량(%)과 온도 및 압력과의 관계

압력 \ 온도	20℃	30℃	40℃	50℃	60℃	70℃	80℃	90℃	100℃	110℃	120℃
1.0kg/㎠	33.95	28.55	23.70	18.25	13.65	9.47	5.75	2.50			
1.5kg/㎠	39.98	34.30	28.76	23.70	18.83	14.30	10.10	6.26	3.03	0.15	
2.0kg/㎠	44.82	38.71	33.20	28.00	23.00	18.17	13.72	9.60	6.00	2.70	
2.5kg/㎠	48.80	42.36	36.70	31.45	26.33	21.45	16.81	12.46	8.52	5.02	1.92
3.0kg/㎠		45.62	39.70	34.38	29.26	24.35	19.63	15.10	10.98	7.20	3.88
4.0kg/㎠		51.07	44.60	38.96	33.87	28.90	24.07	19.40	15.02	10.96	7.20
5.0kg/㎠			49.00	43.01	37.70	32.52	27.70	22.98	18.51	11.28	10.22
6.0kg/㎠				46.57	40.97	35.72	30.86	26.09	21.50	17.21	13.03
7.0kg/㎠				49.72	44.00	38.55	33.60	28.77	24.15	19.80	15.55
8.0kg/㎠				52.71	46.74	41.15	36.00	31.18	26.58	22.05	17.80
9.0kg/㎠					49.36	43.65	38.40	33.42	28.75	24.12	19.80
10.0kg/㎠					51.80	46.07	40.67	35.58	30.73	26.00	21.60

⑶ 주요 부품의 기능

- **흡수기(absorber)** : 증발기에서 오는 저온, 저압의 암모니아증기를 용기 내의 물에 흡수 용해시켜 암모니아 수용액을 만든다. 암모니아증기가 물에 용해될 때 발생하는 용해열은 암모니아증기의 용해를 방해하므로 냉각수로 냉각시켜 온도를 낮추어 준다. 이렇게 흡수기에서 만들어진 고농도의 암모니아 수용액은 펌프에 의해 발생기로 보내진다.
- **발생기(generator)** : 고농도의 암모니아 수용액을 가열하여 고온, 고압의 암모니아증기를 발생시킨다. 암모니아증기가 거의 방출되면 저농도의 암모니아수는 열교환기와 감압밸브를 거쳐 저온, 저압의 상태로 흡수기로 돌아간다.

(4) 특징

압축기가 없으므로 운전 시 소음, 진동이 없고, 운전비용이 저렴하지만, 흡수기와 발생기르 인하여 설치 공간 및 설치 비용이 많이 필요하다.

1.5.3 증기분사식 냉동기(steam jet refrigerator)

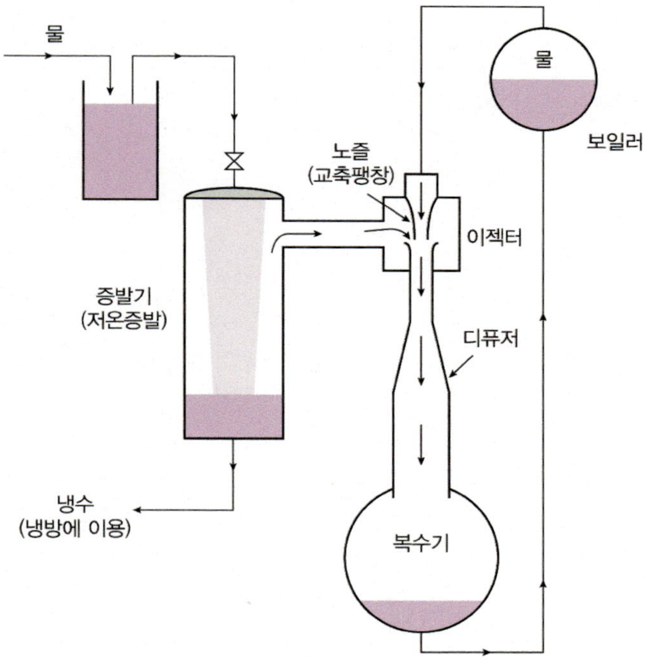

그림 1-7 증기분사식 냉동기

(1) 원리

보일러에서 만들어진 고온, 고압의 수증기를 이젝터(steam ejector) 내에 있는 노즐(nozzle)을 통하여 고속으로 분출시키면(교축팽창), 압력이 낮아진다. 증발기는 이젝터와 서로 연결되어 있으므로 저압을 유지하게 되고(파스칼의 원리), 따라서 증발기 내의 물은 포화온도가 낮아지므로 일부분의 물이 증발되면서 나머지 물은 증발잠열을 빼앗겨 냉각된다. 이 때 냉각된 냉수는 냉동을 수행한 후 다시 증발기로 보내진다. 한편 증발기에서 증발된 수증기는 이젝터로 공급되는 수증기와 혼합되어 응축기 또는 복수기(condenser)에서 물이 된 후 일부는 증발기로 유입되고 나머지는 보일러로 보내진다.

(2) 사용 냉매

물

(3) 특징 및 용도

압축기가 없어서 제작비가 저렴하지만, 효율이 매우 나쁘므로 폐열을 이용할 수 있는 대형 선박의 냉방용으로 사용된다.

1.5.4 공기팽창식 냉동기(air cycle refrigerator)

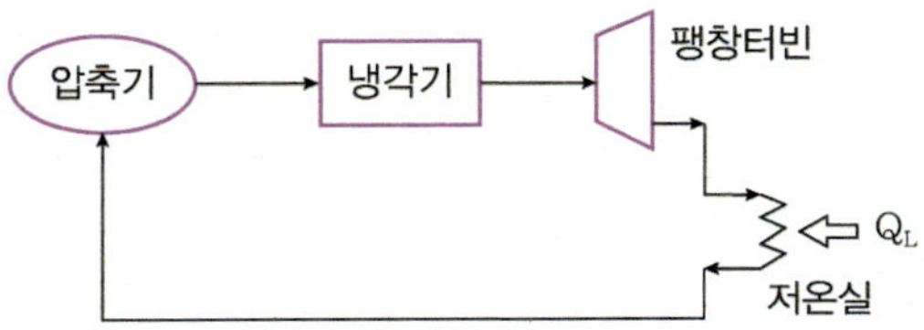

그림 1-8 공기팽창식 냉동기

(1) 원리

압축된 기체를 실린더 또는 팽창터빈 내에서 급격히 단열팽창(adiabatic expansion)시키면 기체는 외부에 대하여 일을 하면서 온도가 낮아지는 단열팽창의 원리를 이용한다. 이렇게 온도가 낮아진 기체를 이용하여 냉동을 실시하며, 냉매인 기체는 일반적으로 공기를 사용한다.

(2) 특징 및 용도

대량의 기체를 취급함에 따라 장치가 크고 효율이 낮지만, 경량이면서 공기의 강제 흡입이 용이한 항공기의 냉방장치로 사용된다.

1.5.5 줄-톰슨 냉동기(Joule-Thomson refrigerator)

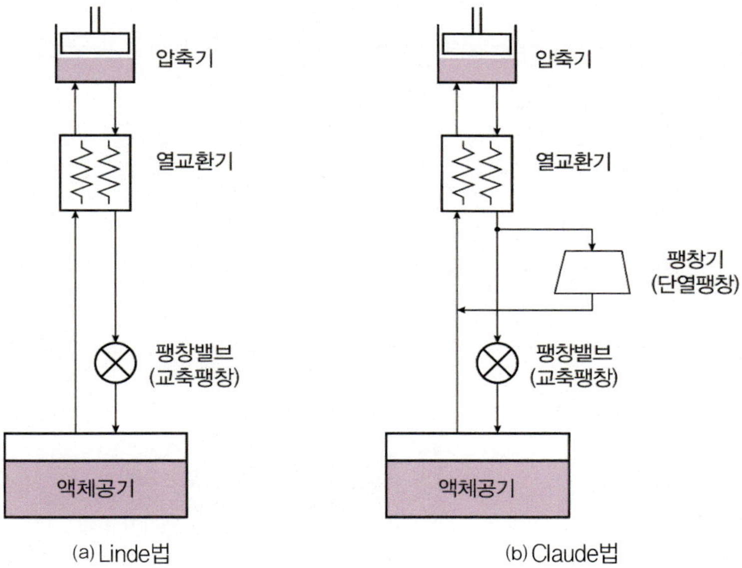

그림 1-9 공기의 액화장치

(1) 원리

압축된 기체를 노즐과 같은 작은 구멍으로 분출시키면 교축팽창(throttling expansion)에 의해 온도가 낮아진다는 줄-톰슨 효과(Joule-Thomson effect)를 이용하여, 이를 반복 수행함으로써 매우 낮은 온도를 얻는 방식이다. 이 방법은 오래 전부터 공기의 액화에 이용되어 왔다. 이렇게 만들어진 액체공기를 증류탑에 보내어 서서히 온도를 올려주면 비등점에 따라 각 성분기체가 분류되어 순수한 기체를 모을 수 있다.

표 1-4 공기의 성분기체의 비등점

물질	질소	산소	아르곤	네온	수소	헬륨
기호	N_2	O_2	Ar	Ne	H_2	He
비등점(℃)	-195.81	-182.97	-185.9	-246.1	-252.78	-268.93

(2) 용도

(그림 1-9)에 표시된 Linde법에 의한 공기의 액화장치는 실험실 규모인 소량의 액체공기(liquid air)를 제조하는데 사용되며, 이를 개량한 Claude법에 의한 공기의 액화장치는 산업용으로 다량의 액체공기를 제조하는데 사용된다.

1.5.6 전자 냉동기(electronic refrigerator)

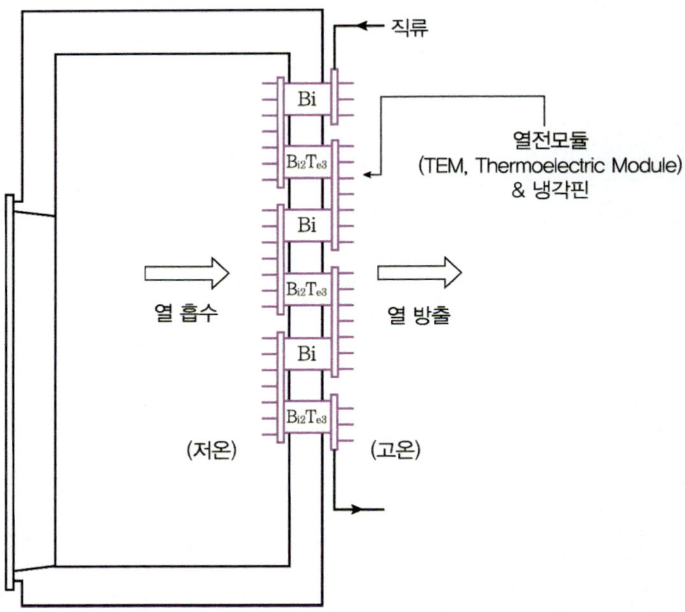

그림 1-10 전자 냉동기

(1) 원리

서로 다른 두 종류의 금속을 접합하여 직류 전류를 통하게 하면, 한쪽의 접점은 고온이 되고 다른 쪽은 저온이 된다는 펠티어 효과(Peltier effect)의 원리를 이용하는 냉동기로 열전냉동기(thermoelectric refrigerator)라고도 한다.

(2) 금속 재료

일반적으로 전자냉동에는 두 개의 반도체를 사용하는데, 적합한 재료로는 펠티어 효과에 의한 흡열량이 크고 열량에 대해서 전기저항이 낮으며 열전도율이 작은 반도체가 바람직하다. (그림1-10)은 N형과 P형 반도체로 각각 Bi(Bismuth)와 Bi_2Te_3(Bismuth Telluride)를 사용한 냉동기를 나타낸 것이다.

(3) 사용냉매

없음

(4) 특징

작동 부분이 없어 구조가 간단하고 고장이 없으며, 소음과 진동이 없고, 냉매가 없으므로 냉매의 누설에 따른 오염 문제를 유발시키지 않고, 배관 장치가 필요 없어 소형·경량으로 제작이 가능하다. 그러나 제작비가 비싸고, 에너지 효율이 낮아서 많은 전력을 필요로 한다.

(5) 용도

전자 제품의 국부 냉각, 반도체 제조용 chiller, 소형 냉동기

보충설명

- **펠티어 효과(Peltier effect)** : 서로 다른 두 종류의 금속을 접합하여 직류 전류를 통하게 하면 한쪽의 접점은 고온이 되고 다른 쪽은 저온이 된다는 원리로서, 1834년 프랑스의 Peltier가 발견하였다. 펠티어 효과는 전류의 방향에 따라 흡열(냉각)하는 부분과 발열하는 부분을 제어할 수 있으며, 제에백 효과와는 반대되는 원리이다.
- **제에백 효과(Seeback effect)** : 서로 다른 두 종류의 금속을 접합하여 폐회로를 만들고 한 쪽을 가열하여 양 금속 간에 온도차가 만들어지면, 이 두 금속 간에 전위차가 생성된다는 원리로서, 1821년 독일의 Seeback이 발견하였다.

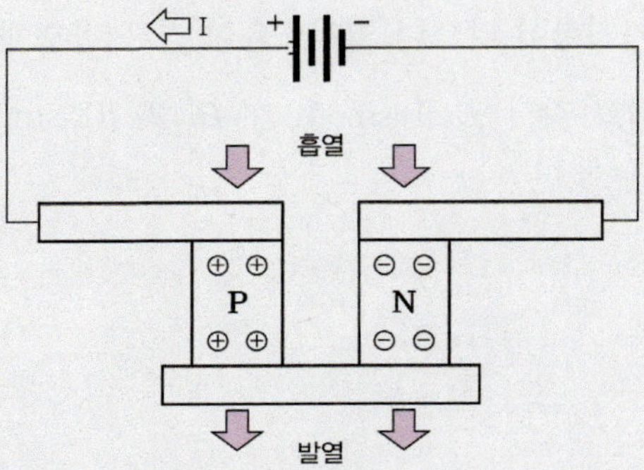

그림 1-11 Peltier effect

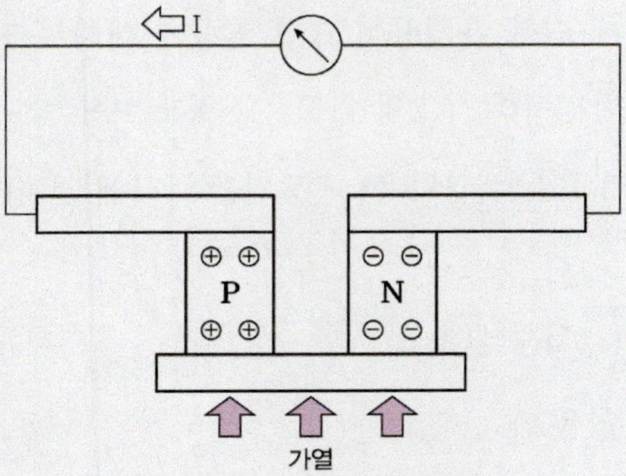

그림 1-12 Seeback effect

1.5.7 단열소자법(adiabatic demagnetization method)을 이용한 초저온 냉동기

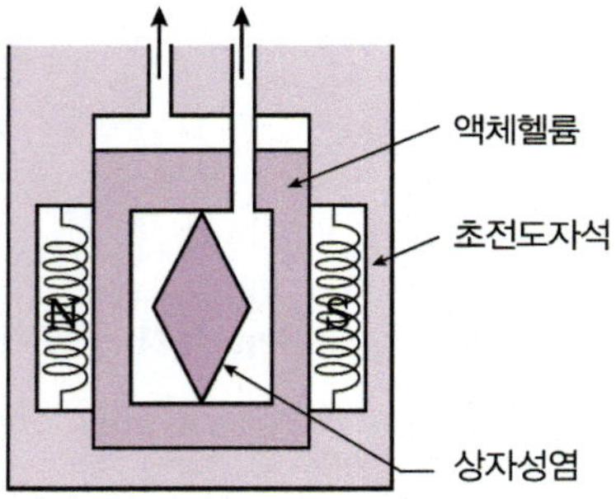

그림 1-13 단열소자법에 의한 냉동 원리

(1) 원리

자장 내에 상자성염을 놓고 5K 이하로 냉각할 수 있는 헬륨(비등점 4.21K)으로 둘러싼 후 상자성염에 자장을 갖게 하면 상자성염의 분자 배열이 일렬로 정렬되며 열이 발생한다. 이 때 발생하는 열은 액체 헬륨이 흡수하여 증발하므로 이 자화는 등온적으로 진행된다. 다음에 헬륨을 제거하고 상자성염을 단열시킨 후 상자성염의 자장을 갑자기 없애면 분자배열이 흐트러지며 에너지를 다시 필요로 하므로 상자성염의 온도는 절대영도(0K) 가까이 떨어진다. 이와 같은 방법을 단열소자법이라 하며, 1K 이하의 극저온을 얻는데 사용된다. 상자성염으로는 황산가돌리늄(Gd_2SO_4)이 쓰인다.

보충설명

- **상자성(paramagnetism)** : 자기장 안에 넣으면 자기장 방향으로 약하게 자화하고, 자기장이 제거되면 자화하지 않는 성질이다. 상자성을 지닌 물질을 상자성체라고 하며, 대부분의 원소는 상자성체에 속한다.
- **강자성(ferromagnetism)** : 자기장에 강하게 자화하며 다시 자기장을 제거해도 원래 상태로 돌아가지 않는 성질을 말한다. 강자성체로는 철, 니켈, 코발트 등이 있다.
- **반자성(diamagnetism)** : 자기장에 반대로 자화하는 성질을 말하며, 반자성체로는 구리, 납, 아연 등이 있다.

1. 냉동이란 무엇인지 설명하라.

2. 자연냉동법과 기계냉동법의 차이를 설명하라.

3. 냉동 기술이 산업 분야에 이용되는 예를 10가지 이상 열거하라.

4. 물질의 삼상변화를 나타내는 용어에는 승화, 응고, 융해, 응축, 증발 등이 있다. 이 중 상태변화 시 주위로부터 열을 흡수하여 우리가 냉동에 이용할 수 있는 변화 3가지를 고르고, 그 변화는 무엇이 무엇으로 변하는 것인지 설명하라.

5. 잠열과 현열을 비교 설명하라.

6. 증기압축식 냉동기에서 압축기와 팽창밸브가 필요한 이유를 설명하라.

7. 물의 포화온도와 포화압력과의 관계를 나타내는 (그림 1-14)을 참조하여 높은 산 위에서 밥을 하면 밥이 설익는 이유와 압력 용기로 끓이면 음식물이 잘 익는 이유에 대하여 설명하라.

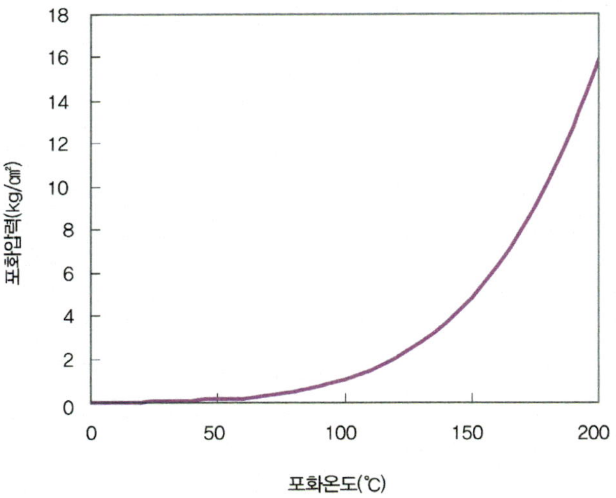

그림 1-14 물의 포화온도와 포화압력

8. 흡수식 냉동기에서 증기압축식 냉동기의 압축기 역할을 하는 부품 2가지의 명칭과 그 기능을 설명하라.

9. 증기분사식 냉동기의 원리를 설명하라.

10. 공기팽창식 냉동기의 원리를 설명하라.

11. 액체 공기를 만드는 냉동기의 원리를 설명하라.

12. 펠티어 효과(Peltier effect)의 원리를 설명하고 그 효과를 이용한 냉동기의 명칭을 적어라.

13. 단열소자법의 원리를 이용한 냉동기에 대하여 설명하라.

CHAPTER 02

냉동관련 단위

구성

내용

2장에서는 냉동공학의 계산에 필요한 열역학적 단위의 개념과 단위 환산에 대한 내용을 다룬다. 먼저 열역학 과목에서 다루었던 단위인 온도, 압력, 일, 동력, 열, 엔탈피, 엔트로피 등에 대하여 알아보고, 마지막으로 냉동 분야에서만 특별히 사용하는 냉동톤에 대하여 학습한다.

2.1 온도(Temperature)

온드란 물체가 가지고 있는 열의 정도를 나타내는 것으로, 차거나 따뜻함을 느끼는 척도를 말한다. 온도는 온도계(thermometer)를 이용하여 측정하며, 온도 측정의 근거가 되는 자연 법칙은 열역학 제0법칙이다. 온도의 단위로는 섭씨온도(℃), 화씨온도(°F) 및 절대온도(K)가 있다.

(1) 섭씨온도(Celsius temperature)

표준대기압(760mmHg) 하에서 순수한 물의 어는 점(빙점, freezing point)을 0℃, 끓는 점(비등점, boiling point)을 100℃로 하고 그 사이의 길이를 100등분하여 1℃로 정한 것으로, 스웨덴의 A. Celsius가 고안하였다. 섭씨온도는 우리나라를 비롯하여 많은 나라에서 사용하고 있다.

(2) 화씨온도(Fahrenheit temperature)

표준대기압 하에서 순수한 물의 어는 점을 32°F, 끓는 점을 212°F로 하고 그 사이의 길이를 180등분하여 1°F로 정한 것으로, 독일의 D. Fahrenheit가 고안하였다. 화씨온도는 미국에서 사용하고 있다.

(3) 절대온도(absolute temperature)

물의 삼중점(triple point)을 273.16K(0.01℃)로 정하고 섭씨 눈금과 같은 간격으로 눈금을 정한 것으로, 영국의 Kelvin이 고안하였다. 절대온도는 켈빈(Kelvin)온도 또는 켈빈의 절대온도라고도 하며, 단위는 K를 사용한다. 켈빈온도는 온도에 대한 국제표준단위(SI unit)이며, 과학계에서 사용하고 있다.

섭씨온도를 t_c, 화씨온도를 t_f, 절대온도를 T라 하면, 위의 세 가지 온도 단위 사이에는 다음과 같은 관계가 있다.

- $t_c = \frac{5}{9}(t_f - 32)$
- $t_f = \frac{9}{5}t_c + 32$
- $T = t_c + 273.15$

예제 2-1

섭씨 20도(20℃)를 화씨온도 및 절대온도로 구하라.

풀이

① $t_f = \frac{9}{5}t_c + 32 = \frac{9}{5}(20) + 32 = 68(°F)$

② $T = t_c + 273.15 = 20 + 273.15 = 293.15(K)$

보충설명

- **열역학 제0법칙(The Zeroth Law of Thermodynamics)** : 어떤 두 물체가 제3의 물체와 각각 열평형 상태에 있을 때 이 두 물체는 서로 열평형 상태이다. 예를 들어 (그림 2-1)과 같이 3개의 물체 A, B, C가 있을 때, A와 B가 열평형 상태이고 A와 C가 열평형 상태이면, B와 C도 열평형 상태라고 말할 수 있다. 열평형 상태에 있는 물체는 그 온도가 서로 같다고 한다.
- **삼중점(triple point)** : 물질의 3가지 상태(phase)인 고체, 액체, 기체가 공존하는 상태를 말하며, 물의 삼중점은 (그림 2-2)과 같이 온도 0.01℃, 압력 4.579mmHg이다.

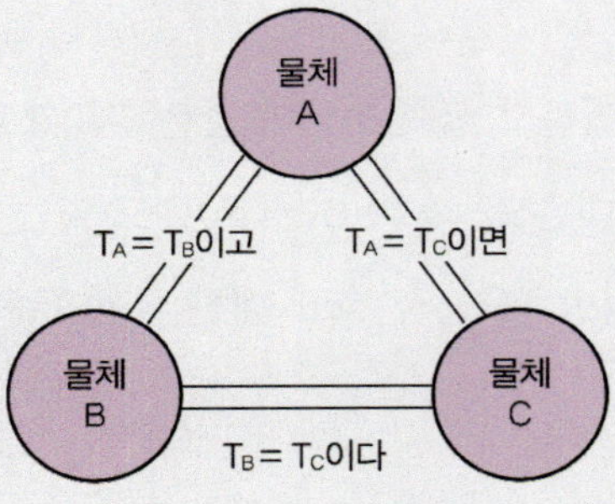

그림 2-1 열역학 제0법칙

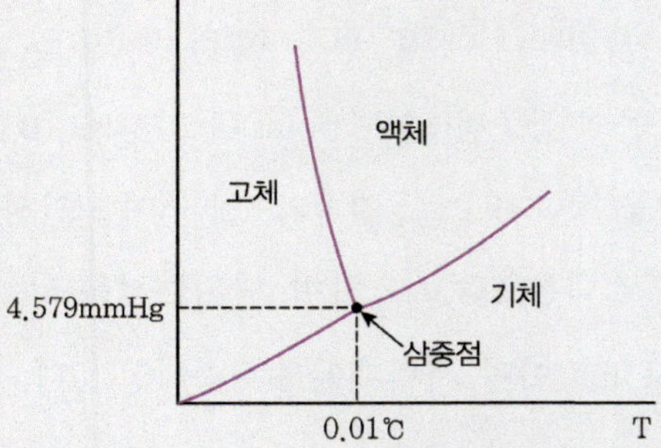

그림 2-2 물의 삼중점

2.2 압력(Pressure)

압력이란 단위 면적에 수직으로 작용하는 힘(normal force)을 말한다. 압력의 SI 단위는 파스칼(Pa, Pascal)이며, $1\,m^2$의 면적에 수직으로 $1\,N$의 힘이 가해질 때 $1\,Pa$의 압력이 작용한다고 말한다. 일반적으로 크기 F인 힘이 면적 A인 물체에 균일하게 작용할 경우 압력 P는 다음과 같이 표시한다.

$$P = \frac{F}{A}$$

표준대기압(standard atmospheric pressure, $760\,mmHg$)이란 지구의 중력가속도가 $9.80665m/s^2$이고 온도가 0℃일 때 수은의 액주를 760mm만큼 밀어 올릴 수 있는 대기의 압력을 말하며, $1\,atm$(atmosphere)으로 표시한다. 하지만 공학적으로는 표준대기압이 불편하므로 간략하게 kg/cm^2을 공학기압으로 정의하여 사용하기도 한다. 피트-파운드(feet-pound, $ft-lb$) 시스템을 사용하는 미국에서는 $1\,in^2$의 면적에 수직으로 1파운드(pound, lb)의 힘이 작용할 때의 단위인 $1\,psi$(pound per square inch, lb/in^2)를 주로 사용한다. 또한 미세한 압력의 변화를 다루는 분야에서는 $1\,mmAq$란 단위를 사용하기도 하는데, 이는 물을 $1\,mm$의 높이만큼 밀어 올릴 수 있는 압력을 말한다.

위에서 언급한 압력의 단위에 대한 관계는 다음과 같다.

$$1atm = 760mmHg = 101.3kPa = 14.7psi = 1.0332kg/cm^2$$
$$1kg/cm^2 = 980.7hPa = 735.6mmHg = 10mAq = 14.2psi$$

압력은 압력계(pressure gauge)로 측정하며 이와 같이 압력계로 측정한 압력을 계기압력(gauge pressure)이라고 한다. 압력계는 대기압을 기준으로 하여 측정한 값이기 때문에 계기압력은 0보다 크거나 작을 수 있다. 특별히 계기압력이 0보다 작을 때, 즉 대기압 이하의 압력은 진공압력(vacuum pressure) 또는 진공(vacuum)이라고 하며, 진공을 측정하는 압력계는 진공계(vacuum gauge)라고 한다. 진공의 단위로는 일반적으로 $torr$ 또는 $micron$이 사용되며, 그 관계는 다음과 같다.

$1\,torr = 1\,mmHg = 1{,}000\,micron$

또한 진공의 정도를 나타내는 값으로 진공도(degree of vacuum)를 사용하기도 하며, 대기압은 진공도 0, 완전진공은 진공도 100%이다.

$$진공도(\%) = \frac{진공압력}{대기압} \times 100$$

과학 계산에서는 대기가 전혀 없는 완전진공(절대압력 0)을 기준으로 측정한 압력인 절대압력(absolute pressure)을 사용하는 경우가 많다. 절대압력을 표시할 때는 흔히 압력의 단위 뒤에 (abs) 또는 (a)를 붙이기도 한다. 절대압력을 P_a, 계기압력을 P_g, 대기압을 P_0라 하면 이들의 관계식은 다음과 같으며, 이를 (그림 2-3)에 표시하였다.

$$P_a = P_0 + P_g \text{ 또는 } P_g = P_a - P_0$$

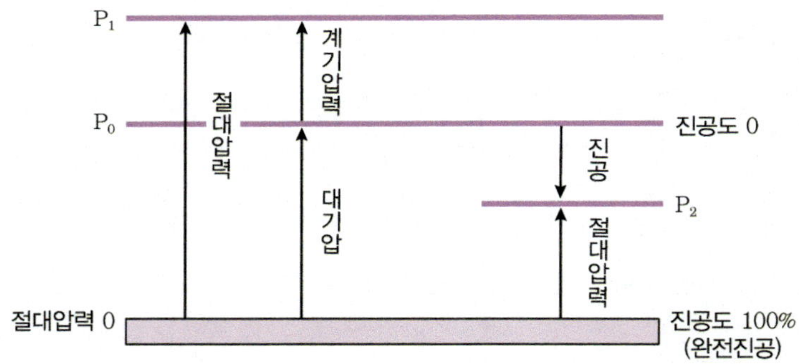

그림 2-3 계기압력과 절대압력

예제 2-2

$960hPa$인 태풍의 중심 압력을 $[kg/cm^2]$ 및 $[mmHg]$ 단위로 환산하라.

풀이

① $P = 960hPa \times \frac{1kg/cm^2}{980.7hPa} = 0.9796kg/cm^2$

② $P = 960hPa \times \frac{760mmHg}{1013hPa} = 720mmHg$

예제 2-3

다음과 같은 계기압력을 절대압력으로 환산하라. 단, 대기압은 $1\,atm$이다.

① 계기압력 6kg/cm^2인 공기가 들어 있는 압력 용기 내의 압력[$kg/cm^2\,abs$]

② 진공 500$mmHg$인 내연기관 연소실 내의 압력[$mmHg(abs)$]과 진공도(%)

풀이

① $P_{a1} = P_{g1} + P_0 = 6 + 1.0332 = 7.0332(kg/cm^2\,abs)$

② $P_{a2} = P_{g2} + P_0 = -500 + 760 = 260(mmHg\,abs)$

$$\text{진공도}(\%) = \frac{\text{진공압력}}{\text{대기압}} \times 100 = \frac{500}{760} \times 100 = 65.8\%$$

보충설명

- 압력의 단위에 대한 관계에 나오는 $980.7hPa$에서 h는 10^2을 뜻한다. 즉, $980.7hPa = 980.7 \times 10^2 Pa$이다. 이와 같이 단위의 앞에 표시함으로써 일정한 배수를 뜻하는 기호인 국제표준단위에서 사용하는 접두어는 다음과 같다.

표 2-1 SI 단위의 접두어

10의 배수	접두어	기호	10의 배수	접두어	기호
10^{24}	요타(yota)	Y	10^{-24}	욕토(yocto)	y
10^{21}	제타(zetta)	Z	10^{-21}	젭토(zepto)	z
10^{18}	엑사(exa)	E	10^{-18}	아토(atto)	a
10^{15}	페타(peta)	P	10^{-15}	펨토(femto)	f
10^{12}	테라(tera)	T	10^{-12}	피코(pico)	p
10^{9}	기가(giga)	G	10^{-9}	나노(nano)	n
10^{6}	메가(mega)	M	10^{-6}	마이크로(micro)	μ
10^{3}	킬로(kilo)	k	10^{-3}	밀리(milli)	m
10^{2}	헥토(hecto)	h	10^{-2}	센티(centi)	c
10^{1}	데카(deca)	da	10^{-1}	데시(deci)	d

2.3 일(work)과 동력(power)

일은 어떤 물체에 힘을 가하여 그 물체가 힘의 방향으로 이동했을 경우 힘과 이동거리와의 곱을 말한다. SI 단위에서 1 J(Joule)은 어떤 물체에 1 N(Newton)의 힘이 작용하여 힘을 준 방향으로 1 m 이동하였을 때 한 일을 뜻한다. 즉, $1\,J = 1N \cdot m$이다. 일부 공학 분야에서는 일의 단위로 $[kg \cdot m]$를 사용하기도 한다.

동력이란 단위 시간당 하는 일량, 즉 일의 능률을 뜻하며, 분야에 따라 일률, 공률, 출력 또는 마력이라고도 한다. SI 단위에서 1 W(Watt)는 1초 동안 1 J의 일을 하는 것을 의미한다. 공학 단위로는 마력(horsepower)이 널리 사용되고 있는데, 국내에서는 미터마력(또는 불마력)인 $[PS]$(pferde stärke)가 사용되며 일부 영국 단위계를 사용하는 나라에서는 영마력인 $[HP]$(horse power)를 사용한다. 동력의 단위 사이의 관계는 다음과 같다.

$$1\,PS = 75kg \cdot m/s = 736\,W = 632kcal/h = 0.987\,HP$$
$$1\,HP = 76kg \cdot m/s = 746\,W = 642kcal/h = 1.014PS$$
$$1\,kW = 1.36PS = 1.34HP = 860kcal/h$$

예제 2-4

압축기의 소요 동력이 10마력(PS)이라면, 이를 $[kW]$ 및 $[kcal/h]$의 단위로 환산하라.

풀이

① $[kW]$: $10PS \times \dfrac{1kW}{1.36PS} = 7.35kW$

② $[kcal/h]$: $10PS \times \dfrac{860kcal/h}{1.36PS} = 6{,}324kcal/h$

2.4 열(heat)과 비열(specific heat)

열(heat) 또는 열에너지(heat energy)는 물질을 구성하고 있는 분자의 운동에너지로서, 물질의 온도를 상승시키든지 분자의 상태를 변화시키든지 또는 외부에 대하여 일을 하게 되는 원인이 되는 것을 말한다. 온도가 다른 두 가지 물질을 서로 접촉시키면 고온의 물질은 점차 차가워지며, 저온의 물질은 차츰 뜨거워져 마침내 동일한 온도가 된다. 이처럼 열이 고온에서 저온의 물질로 이동하였다고 한다면 이동한 열의 양을 열량(quantity of heat)이라고 한다.

열은 일과 마찬가지로 에너지의 일종이므로 열의 국제표준단위는 [J](Joule)이다. 하지만 열의 단위로 실생활에서 널리 사용되는 것은 [$kcal$](kilocalory)이며, 1 $kcal$란 표준대기압(760 $mmHg$) 하에서 순수한 물 1 kg을 1℃ 변화시키는데 필요한 열량이다. 영국 단위계에서는 [Btu](British thermal unit)를 사용하는데, 1 Btu란 표준대기압 하에서 순수한 물 1 lb을 1°F 변화시키는데 필요한 열량이다. 열량의 단위 사이의 관계는 다음과 같다.

$$1\,kcal = 4.186\,kJ = 3.968\,Btu$$

$$1\,kWh = 3.6 \times 10^3\,kJ = 860\,kcal$$

물체에 열을 가하면 온도가 증가하는데 온도의 증가량은 물체의 중량에 따라 다르며, 중량이 같다 하여도 물질에 따라 다르다. 따라서 열에 의한 온도의 변화량을 비교하기 위해서는 일정한 기준이 필요하며 이를 비열이라고 한다. 비열은 단위 중량의 물질을 단위 온도만큼 변화시키는데 필요한 열량이라고 정의되며, 물질에 따라 고유한 값을 갖는다. 어떤 물질의 비열이 크다는 것은 다른 물질과 비교하여 동일한 중량을 동일한 온도로 올리는데 많은 열을 필요로 한다는 것을 의미한다. 일반적으로 온도가 t_1℃이고 중량이 $G\,kg$인 물체에 열량 $Q\,kcal$를 가했을 때 온도가 t_2℃가 되었다면,

$$Q = CG(t_2 - t_1)$$

의 관계가 성립된다. 여기서 비례상수 C를 비열이라고 하며, 공학 단위로는 [$kcal/kg \cdot$ ℃], SI 단위로는 [$kJ/kg \cdot K$]이 사용된다.

비열은 물체에 열이 가해지는 조건 및 상태에 따라 다르며, 특히 기체는 고체나 액체와는 달리 조건에 절대적인 영향을 받는다. 따라서 기체는 압력이 일정한 상태에서 가열할 때와 체적이 일정한 상태에서 가열할 때 온도 상승에 차이가 생긴다. 기체에 대해 압력이 일정할 때의 비열을 정압비열(specific heat at constant pressure), 체적이 일정할 때의 비열을 정적비열(specific heat at constant volume)이라 하고 각각 C_p, C_v로 표시한다. 또한 정압비열과 정적비열의 비를 비열비(specific heat ratio, κ)라 하는데, 항상 $C_p > C_v$ 이므로 $\kappa > 1$이다.

$$\kappa = \frac{C_p}{C_v} > 1$$

액체나 고체에서는 C_p와 C_v의 차이가 거의 없으므로 실용상 구분하지 않고 비열 C로 쓴다.

예제 2-5

온도가 15℃인 강구(steel ball) 100kg을 85℃로 가열하기 위하여 필요한 열량을 구하라. 단, 강의 비열은 0.113$kcal/kg$ · ℃ 이다.

풀이

$$Q = CG\Delta t = 0.113 \times 100 \times (85 - 15) = 791(kcal)$$

예제 2-6

온도가 500℃인 강구 2kg을 온도가 15℃인 물 8kg에 넣었을 때 평형상태에서의 온도를 구하라. 단, 강의 비열은 0.113$kcal/kg$ · ℃, 물의 비열은 1$kcal/kg$ · ℃ 이다.

풀이

평형상태에서의 최종 온도를 t라 하면 다음과 같이 강구가 잃은 열량은 물이 얻은 열량과 같다는 관계로부터 구한다.

$$C_s G_s (t_s - t) = C_w G_w (t - t_w)$$

$$\therefore t = \frac{C_w G_w t_w + C_s G_s t_s}{C_w G_w + C_s G_s} = \frac{(1)(8)(15)+(0.113)(2)(500)}{(1)(8)+(0.113)(2)} = 28.3(℃)$$

2.5 엔탈피(enthalpy)와 엔트로피(entropy)

엔탈피란 물체가 그 상태에서 보유하고 있는 에너지의 총합을 말하며, "내부에너지(internal energy)와 유동에너지(flow energy)의 합"으로 정의한다. 엔탈피 역시 에너지의 일종이므로 엔탈피의 국제표준단위는 [J]이며, 공학적으로는 [$kcal$]를 사용한다. 내부에너지란 물체의 온도나 압력 등에 따라 그 물체의 내부에 보유하고 있는 에너지를 말하며, 그 물체의 운동에너지나 위치에너지와는 관계없다. 미시적으로는 물체를 구성하고 있는 분자의 운동에너지, 진동에너지, 회전에너지 및 분자들 사이에서의 상호 분자력에 관계된 형태의 에너지 등의 총합을 말한다. 유동에너지는 유체(fluid)가 흐르기 위하여 자체적으로 가지고 있는 에너지로서 유동일(flow work)이라고도 하며, 압력과 체적의 곱으로 구한다. 책에 따라 엔탈피를 $I(kcal)$ 또는 $H(kcal)$로 표기하곤 하는데 이 책에서는 $I(kcal)$로 표기하기로 한다. 내부에너지를 $U(kcal)$, 압력을 $P(kg/cm^2)$, 체적을 $V(m^3)$로 표시하면, 이들의 관계는 다음과 같다.

$$I = U + PV$$

단위 중량당 엔탈피와 내부에너지는 각각 비엔탈피(specific enthalpy)와 비내부에너지(specific internal energy)라 하며, 기호로는 각각 소문자인 $i(kcal/kg)$와 $u(kcal/kg)$로 표시한다. 단위 중량당 체적인 비체적(specific volume)을 $v(m^3/kg)$라 표시하면, h는 다음과 같이 된다.

$$i = u + Pv$$

엔트로피란 측정할 수 없으며, 계산의 편의를 위하여 독일의 Clausius가 열역학 제2법칙에서 도입한 상태량이다. 엔트로피 및 단위 중량당 엔트로피인 비엔트로피(specific entropy)는 각각 $S(kcal/K)$ 및 $s(kcal/kg \cdot K)$로 표시하며, 다음 식에 의하여 정의된다.

$$dS = \frac{dQ}{T}, \quad ds = \frac{dq}{T}$$

위의 식에서 $Q(kcal)$ 및 $q(kcal/kg)$는 각각 열량 및 비열량, T(K)는 온도이다. 따라서 위의 식을 적분하면 엔트로피 및 비엔트로피의 변화량을 구할 수 있다.

$$\Delta S = S_2 - S_1 = \int_1^2 \frac{dQ}{T}, \quad \Delta s = s_2 - s_1 = \int_1^2 \frac{dq}{T}$$

예제 2-7

압력 $8kg/cm^2$, 체적 $1.2m^3$, 중량 $5kg$인 기체의 엔탈피 및 비엔탈피를 구하라. 단, 이 기체의 비내부에너지는 $10kcal/kg$이며, $1kcal = 427kg \cdot m$이다.

풀이

$$I = U + PV = Gu + PV = (5)(10) + (8 \times 10^4)(1.2)\left(\frac{1}{427}\right) = 274.82(kcal)$$

$$i = \frac{I}{G} = \frac{274.82}{5} = 54.96(kcal/kg)$$

예제 2-8

$1kg$의 공기를 실린더 내에서 온도 100℃로 등온 팽창하는 경우, 엔트로피의 변화를 구하라. 단, 팽창하는 동안 외부로부터 $30kcal$의 열량을 공급받는다.

풀이

등온 팽창 과정이므로 적분식을 간단하게 하여 구할 수 있다.

$$\Delta S = \int_1^2 \frac{dQ}{T} = \frac{\Delta Q}{T} = \frac{30}{100 + 273} = 0.0805(kcal/K)$$

2.6 냉동톤(RT, refrigeration ton)

냉등기의 냉동능력(refrigerating capacity)이란 냉동기가 단위 시간 동안 증발기에서 흡수할 수 있는 열량으로 정의되며, 단위로는 일반적으로 $[kcal/h]$이 사용되고 규모가 큰 냉동기에는 냉동톤$[RT]$이라는 단위를 더 많이 사용한다. $1RT$란 표준대기압에서 0℃의 순수한 물 1톤(1,000kg)을 하루(24시간) 동안에 0℃의 얼음으로 만드는 냉동기의 능력을 말한다. 물이 얼 때 필요한 잠열, 즉 응고잠열은 $79.68kcal/kg$이므로 $1RT$는 다음과 같다.

$$1RT = \frac{79.68kcal/kg \times 1,000kg}{24h} = 3,320kcal/h$$

위의 냉동톤$[RT]$은 미터제 냉동톤$[CGSRT]$이라고 하며, 미국에서 사용하는 미국냉동톤$[USRT]$과 구분하여 사용하여야 한다. $[RT]$ 계산에 사용하는 톤은 미터톤(tonne, metric ton)으로서 1,000kg을 뜻하지만, $[USRT]$ 계산에 사용하는 톤은 미국톤(short ton)으로서 2,000lb(=907.2kg)를 의미한다. 따라서 $[RT]$와 $[USRT]$의 값은 톤의 의미 차이만큼 다르다. 피트-파운드$(ft-lb)$ 시스템에서는 물의 응고잠열이 $144Btu/lb$이므로 $1USRT$는 다음과 같이 계산할 수 있다.

$$1USRT = \frac{144Btu/lb \times 2,000lb}{24h} = 12,000Btu/h = 3,024kcal/h$$

그러므로 $1RT$와 $1USRT$의 관계는 다음과 같다.

$$1RT = 1.098USRT, \quad 1USRT = 0.91RT$$

한편 얼음을 생산하는 제빙기(ice maker)의 냉동능력을 제빙능력(ice making capacity)이라고 하는데, 구체적으로는 제빙기가 하루 동안(24시간)에 생산할 수 있는 얼음의 ton수를 말한다. 그러나 제빙능력은 원수(raw water)의 온도와 얼음의 온도 및 제빙과정의 열손실 등에 따라 다르다. 제빙능력을 계산하는 방법을 (예제 2-9)에 나타내었다.

예제 2-9

t_w℃인 G ton의 물을 하루 동안에 t_i℃의 얼음으로 만들 수 있는 제빙기의 냉동능력을 구하라. 단, 물과 얼음의 비열($kcal/kg \cdot$ ℃)은 각각 C_w, C_i 이며, 물의 응고잠열은 $\gamma kcal/kg$, 제빙과정의 열손실은 ν이다. 또한, 일반적인 값(C_w=1, C_i=0.5, γ=80, ν=0.2)을 대입하여 냉동능력의 계산식을 간단히 표시하라.

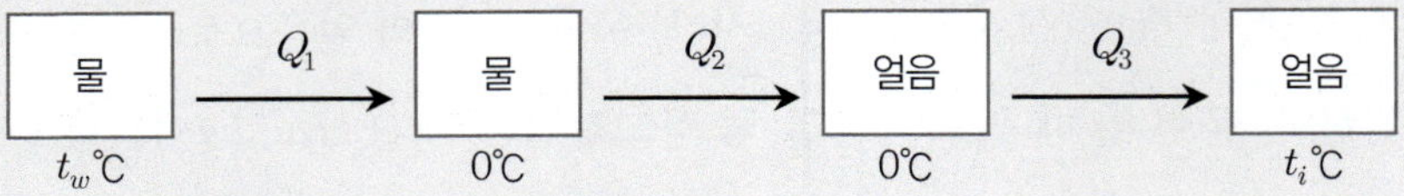

풀이

① t_w℃인 물 G ton을 0℃의 물로 냉각시키는데 제거해야 할 열량 (Q_1 kcal)

$$Q_1 = GC_w t_w \times 10^3$$

② 0℃인 물 G ton을 0℃의 얼음으로 얼리는데 제거해야 할 열량 (Q_2 kcal)

$$Q_2 = G\gamma \times 10^3$$

③ 0℃의 얼음 G ton을 t_i℃의 얼음으로 냉각시키는데 제거해야 할 열량 (Q_3 kcal)

$$Q_3 = -GC_i t_i \times 10^3$$

④ 제빙과정 중의 손실 열량 (Q_ℓ kcal)

$$Q_\ell = \nu(Q_1 + Q_2 + Q_3)$$

⑤ 필요한 얼음을 만드는데 제거해야 할 총열량 (Q_T kcal)

$$Q_T = (Q_1 + Q_2 + Q_3) + Q_\ell = (1+\nu)(Q_1 + Q_2 + Q_3)$$

⑥ 따라서 하루 동안(24h)에 Q_T의 열량을 제거해야 하는 제빙기의 냉동능력(Q kcal/h)은 다음과 같이 구한다.

$$Q = (1+\nu)(Q_1 + Q_2 + Q_3)/24h = G \times 10^3 (1+\nu)(C_w t_w + \gamma - C_i t_i)/24 (kcal/h)$$

또한 일반적인 값인 $\nu = 0.2$, $C_w = 1, C_i = 0.5, \gamma = 80$을 대입하여 정리하면,

$$Q = G \times 10^3 (1+0.2)(t_w + 80 - 0.5t_i)/24$$
$$= 50G(t_w + 80 - 0.5t_i) kcal/h$$

또는

$$Q = 50G(t_w + 80 - 0.5t_i) kcal/h \times \frac{1RT}{3{,}320 kcal/h}$$
$$= 0.015G(t_w + 80 - 0.5t_i) RT$$

1. 섭씨온도, 화씨온도 및 Kelvin의 절대온도는 어떻게 정하였는지 설명하라.

2. 화씨온도 68도(68°F)는 섭씨온도(℃) 및 절대온도(K)로는 몇 도인가? [20℃, 293K]

3. 섭씨온도로 5℃ 증가하였을 때 화씨온도로는 몇 °F, 절대온도로는 몇 K 증가한 것인가? [9°F, 5K]

4. 사람의 최고 혈압이 150$mmHg$ 이상일 때 고혈압이라고 한다. 이 때 심장을 펌프라고 가정하면 혈액을 어느 정도의 압력(kg/cm^2)으로 밀어낸다고 할 수 있나? (단, 1.0332kg/cm^2=760$mmHg$) [0.204kg/cm^2]

5. 대기압이 750$mmHg$일 때 어느 탱크의 압력계가 9.51kg/cm^2를 가리키고 있다면, 이 탱크의 압력은 절대압($kg/cm^2\ abs$)으로 얼마인가? [10.53$kg/cm^2\ abs$]

6. 물 1kg을 10℃ 증가시킬 수 있는 열량으로 철 2kg은 몇 ℃ 증가시킬 수 있나? 단, 물의 비열은 $1kcal/kg \cdot ℃$, 철의 비열은 $0.1kcal/kg \cdot ℃$ 이다. [50℃]

7. 물의 비열($1kcal/kg \cdot ℃$)이 철의 비열($0.11kcal/kg \cdot ℃$)보다 10배 가까이 크다는 것으로부터 물이 철보다 어떤 성질을 가지고 있다는 것인지 설명하라.

8. 냉동톤(RT)이란 무엇인지 설명하라.

9. 25℃인 1 ton의 물을 하루 동안에 −10℃의 얼음으로 만들 수 있는 제빙기의 냉동능력을 $[kcal/h]$와 $[RT]$ 단위로 구하라. 단, 물과 얼음의 비열($kcal/kg$ · ℃)은 각각 1, 0.5이며, 물의 응고잠열은 80$kcal/kg$, 제빙과정의 열손실은 20%이다.
[5,500$kcal/h$, 1.65RT]

CHAPTER 03

냉매

구성

내용

냉동기의 발달은 새로운 냉매의 개발에 힘입은 바 크다. 3장에서는 냉매의 정의로부터 시작하여 냉매가 갖추어야 할 조건을 알아보고, 주요 냉매의 특성에 대한 내용을 다룬다. 또한 냉매에 의한 오존층 파괴 현상에 대하여 알아보고, 이에 대한 대처 방안인 대체냉매의 개발 현황에 대하여 학습한다.

3.1 냉매(refrigerant)란

냉매란 냉동 사이클 내를 순환하면서 열을 이동시키는 역할을 하는 물질로서, 저온열원에서 열을 흡수하여 고온열원에 열을 방출하며 냉동효과를 얻는 냉동 사이클의 동작유체(working fluid)를 말한다. 일반적으로 냉매는 열을 흡수하기 위해 증발하고 열을 방출하기 위해 응축하는 상변화(phase change) 과정을 거치는데, 이와 같이 냉동 사이클 내에서 상변화를 하면서 잠열을 이용하는 냉매를 1차 냉매(primary refrigerant)라고 한다.

2차 냉매(secondary refrigerant)는 1차 냉매에 의하여 냉동된 물질로서 상변화를 하지 않고 감열을 이용하여 냉동효과를 얻는다. 따라서 2차 냉매는 항상 1차 냉매와 함께 사용된다. 2차 냉매는 브라인(brine)이라고도 부르며, 브라인은 항상 액체 상태에서 감열을 이용하여 열을 흡수하고 방출한다. 공기냉동기에서의 공기는 상변화를 하지 않지만 1차 냉매이다.

3.2 냉매의 구비조건

냉매는 종류에 따라 물리적, 화학적 및 환경적 특성이 다르므로, 냉동기의 목적 및 적용 온도 범위에 따라 적절한 냉매를 선정하여야 한다. 냉매는 냉동기의 성능을 최대화하고, 안전성 및 운전의 신뢰성을 확보할 수 있어야 하며, 환경의 친화성도 있어야 한다. 일반적으로 상온에서 액화가 가능한 가스는 모두 냉매로 사용할 수 있지만, 이상적인 냉매는 다음과 같은 요구 조건을 모두 만족시켜야 한다. 그러나 실제 사용되는 냉매는 다음의 요구 조건을 모두 만족시키지 못하므로, 냉동기의 목적에 알맞은 특성을 가지고 있는 냉매를 사용한다. 냉매에 대한 상세한 자료는 부록 A에 수록하였다.

3.2.1 물리적 특성

(1) 증발잠열이 클 것(표 3-1 참조)

증발잠열이 크면 약간의 액체 냉매를 증발시켜 큰 냉동능력을 얻지만, 증발잠열이 작으면 다량의 냉매를 증발시켜야 한다. 동일한 냉동능력의 냉동기에서 R-12를 사용하는 경우 암모니아보다 약 8배의 냉매가 필요하다. (-10℃에서 증발잠열 : 암모니아 309.64 $kcal/kg$, 프레온-12 38.09$kcal/kg$)

(2) 저온에서도 증발압력이 대기압 이상일 것

냉매의 증발압력이 대기압보다 낮으면 냉동장치 내에 공기가 침투하여, 압축기의 출구 압력이 높아지며, 산소 및 수분의 영향으로 윤활유의 산화 및 재료의 부식 등이 발생한다.

표 3-1 냉매의 증발잠열

구분	증발잠열(kcal/kg, -10℃)
암모니아	309.64
메틸클로라이드	99.31
아황산가스	93.60
탄산가스	62.51
프레온-12	38.09

표 3-2 냉매의 응축압력

구분	응축압력(kg/㎠, 25℃)
탄산가스	65.59
암모니아	10.23
프레온-12	6.64
메틸클로라이드	5.80
아황산가스	3.97

(3) 응축압력이 가급적 낮을 것(표 3-2 참조)

응축압력이 높으면 냉매의 누설이 일어나기 쉽고, 압축기의 출구 온도가 높아져 윤활유의 변질이나 체적효율 감소로 인한 동력 손실이 발생한다. 또한 압축일량의 증가로 인하여 압축기 및 배관의 강도를 높여야 한다.

(4) 임계온도가 높고 상온에서 액화할 것(표 3-3 참조)

임계온도(critical temperature)가 상온보다 낮으면 아무리 압력을 높여도 액화가 되지 않으므로 냉동기의 기능을 상실한다. 탄산가스는 임계온도가 31℃로서 냉각수의 온도가 약간만 높아도 액화되지 않으므로, 특수한 분야 외에는 거의 사용하지 않는다.

(5) 응고온도가 낮을 것(표 3-4 참조)

응고점이 높으면 증발온도가 낮아질 경우 냉매가 응고하여 유동성을 상실하므로 냉동작용을 수행할 수 없게 된다. 암모니아는 응고점이 -77.7℃로서 실제로는 -60℃ 정도까지 사용할 수 있으며, 프레온-12(R-12)는 응고점이 -155℃로서 -80℃ 정도의 저온으로 사용해도 지장이 없다.

표 3-3 냉매의 임계온도

구분	임계온도(℃)
아황산가스	157
메틸클로라이드	143
암모니아	133
프레온-12	111
탄산가스	31

표 3-4 냉매의 응고점

구분	응고점(℃)
프레온-12	-155
메틸클로라이드	-98
탄산가스	-78.5
암모니아	-77.7
아황산가스	-73

(6) 액체 비열이 작을 것

포화액이 팽창밸브를 통과하면서 온도는 낮아지고 그 일부가 포화증기로 변하는데, 액체비열이 크면 팽창밸브를 통과하면서 더 많은 열량이 증발에 사용되므로 증기 발생량이 많아져서 건조도가 큰 습증기로 변하여 냉동효과가 감소한다. (단, 비교 냉매의 증발잠열이 같은 경우)

7) 점도(viscosity)가 작을 것

점도가 크면 유동저항이 증가하고 압축기의 체적효율 감소되어 냉동능력이 감소한다.

(8) 전열작용(heat transfer)이 양호할 것

전열작용이 나쁘면, 즉 냉매의 열전달율이 작으면 응축기 및 증발기의 전열면적을 크게 하거나 온도차를 크게 해야 하기 때문에 냉동기의 효율이 나빠진다. 프레온 냉매는 전열작용이 나쁘기 때문에 응축기의 냉각관에 핀(fin)을 붙인 특수한 관을 사용해야 하지만, 암모니아는 전열작용이 좋기 때문에 나관(bare tube)으로도 충분하다.

(9) 누설(leakage) 시 발견이 용이할 것

암모니아는 악취 때문에 새는 것을 발견하기 쉽지만, 프레온 냉매는 무색무취라서 발견이 쉽지 않다.

(10) 수분을 용해할 것

냉매가 수분을 용해하지 않으면 팽창밸브에서 수분이 동결하여 냉매가 통과하지 못하게 된다. 프레온 냉매는 수분을 용해하지 않으므로 팽창밸브 전에 반드시 건조기(dryer)를 설치하여 수분을 제거해 준다.

(11) 윤활유와 작용하지 않을 것

냉매에 윤활유가 용해되면 증발온도가 상승하여 증발압력을 내리지 않으면 냉매가 증발하지 않게 되며, 오일의 점도가 내려가 윤활성을 저해한다. 또한 오일분리기에서 오일과 냉매가스가 잘 분리되지 않기 때문에 윤활유가 증발기에 다량으로 고여 전열작용을 방해하게 된다. 프레온 냉매는 윤활유에 용해되므로 별도의 배관이 필요하지만, 암모니아는 윤활유를 용해하지 않으므로 배관이 필요하지 않다.

(12) 비열비($\kappa = C_p / C_v$)가 작을 것(표 3-5)

냉매의 비열비가 크면 압축기 출구의 냉매온도가 증가하여 윤활유가 변질될 염려가 있으며, 압축비를 크게 할 수 없으므로 단단 압력으로 낮은 온도를 얻기 어렵다. R-12는 비열비($\kappa = 1.13$)가 작기 때문에 증발온도가 -50℃ 정도라도 1단 압축으로 충분하지만,

암모니아($\kappa = 1.69$)는 비열비가 크기 때문에 -40℃ 이하이면 2단 압축으로 해야 한다. 단열압축 과정에서의 온도와 압력과의 관계식은 다음과 같다.

$$T_2 / T_1 = (P_2 / P_1)^{1-1/\kappa}$$

표 3-5 냉매의 비열비

구분	정압비열(C_P, kcal/kg℃)	정적비열(C_V, kcal/kg℃)	비열비($\kappa = C_p / C_V$)
암모니아	0.508	0.300	1.69
아황산가스	0.155	1.24	1.25
메틸클로라이드	0.240	0.200	1.20
프레온-12	0.144	0.127	1.13

(13) 전기절연성이 좋을 것

밀폐형 압축기에서는 냉매가스 속에서 전동기(motor)가 운전되기 때문에 냉매의 전기절연성이 좋을수록 전동기의 설계가 편해진다. 암모니아는 전기절연성이 나쁘므로 밀폐형 압축기에는 일반적으로 사용하지 않는다.

(14) 패킹(packing) 재료를 침식(erosion), 팽윤(swelling)시키지 않을 것

암모니아는 천연 고무를 침식시키지 않기 때문에 천연 고무와 석면을 혼합한 패킹을 사용하지만, 프레온 냉매는 천연 고무를 침식시키므로 특수 고무를 배합한 패킹을 사용한다.

(15) 증기의 비체적이 작을 것

증기의 비체적이 작으면 단위 냉동능력당 왕복식 압축기의 피스톤 배출량이 작아지고 수액기(receiver)의 용량도 작게 할 수 있다.

3.2.2 화학적 특성

(1) 화학적 결합상태가 안정되어 있을 것

냉매의 화학적 결합상태가 불안하면 압축 과정 중의 압력과 온도에 의해서 분해되어 냉매의 특성이 변하게 된다.

(2) 금속을 부식하지 않을 것

암모니아는 아연, 주석, 구리(copper) 및 동합금을 부식시키므로 냉동기의 배관 재료로 철(iron)이나 강(steel)을 사용한다.

(3) 인화성, 폭발성이 없을 것

인화성(inflammability)이나 폭발성이 있는 냉매를 사용할 경우에는 반드시 화기가 없는 곳에 사용하거나 사용을 금지해야 한다. 암모니아는 인화성과 폭발성이 있을 뿐만 아니라 인체에 대한 독성도 있기 때문에 공공건물 등에서는 사용이 불가하다.

3.2.3 환경적 특성

(1) 독성이 없어 인체에 해롭지 않을 것

냉매가 누설되어도 인체에 자극을 주거나 해롭지 않아야 한다.

(2) 악취가 없을 것

냉매가 누설되었을 때 악취가 없어야 하지만, 냄새가 전혀 없으면 누설의 발견이 곤란하므로 약간의 냄새가 있는 약품을 첨가하는 경우도 있다.

(3) 냉장품을 손상시키지 않을 것

냉매가 누설되어도 냉동기 내의 식료품이나 약품을 손상시키지 말아야 한다.

암모니아는 프레온 냉매에 비해 모든 특성 면에서 우수하지만, 위의 3가지 환경적 특성과 인화성, 폭발성 때문에 그 용도가 상당히 제한적이다.

(4) 가격이 저렴할 것

암모니아는 프레온 냉매에 비해 가격이 약 1/5밖에 되지 않으므로 대형 산업용 냉동기에 사용하는데 유리하다.

3.3 냉매의 분류

오늘날 냉매로 널리 사용되고 있는 것은 프레온과 암모니아이며, 일부 공업용에서는 메탄, 에탄, 프로판 등의 탄화수소도 냉매로 사용되고 있다. 냉동기 개발 초기에 사용되었던 메틸 클로라이드(R-40), 탄산가스(R-744), 아황산가스(R-764) 등은 그 특성의 제한성 때문에 지금은 거의 사용하지 않는다. 최근 일부 프레온 냉매는 오존층 파괴나 지구온난화 때문에 생산, 판매가 점차 제한되고 있으며, 대체 프레온이 개발되어 사용 영역을 넓혀가고 있다. 한편 흡수식 냉동기 중 암모니아/물(NH_3/H_2O) 시스템에서는 암모니아가 냉매이며, 물/취화리튬($H_2O/LiBr$) 시스템에서는 물이 냉매이다.

냉매는 크게 무기화합물 냉매와 유기화합물 냉매로 분류하며, 무기화합물 냉매로는 암모니아(NH_3), 탄산가스(CO_2), 아황산가스(SO_2), 물(H_2O) 등이 있다. 유기화합물 냉매는 다시 할로겐화탄화수소 냉매, 탄화수소 냉매, 공비혼합 냉매 등으로 분류한다. 할로겐화탄화수소(halogenated hydrocarbon) 냉매는 할로겐족(halogen family) 원소인 불소(F), 염소(Cl), 취소(브롬, Br) 등을 포함하는 탄화수소 냉매로서, 구성 원소에 따라 CFC 냉매, HFC 냉매, HCFC 냉매 및 할론(Halon) 냉매로 구분한다.

CFC(chloro fluoro carbon) 냉매는 염소(Cl, chlorine), 불소(F, fluorine), 탄소(C, carbon)만으로 화합된 냉매이다. 대부분이 규제 대상으로서 흔히 프레온(Freon)이라 부르는 냉매가 바로 CFC 냉매이며, R-11(CCl_3F), R-12(CCl_2F_2), R-13($CClF_3$), R-113

(CCl_2FCClF_2) 등이 이에 포함된다. HFC(hydro fluoro carbon) 냉매는 수소(H, hydrogen), 불소(F), 탄소(C)만으로 구성된 냉매이다. HFC 냉매는 오존을 파괴하는 염소(Cl)를 포함하지 않으므로 CFC 냉매의 대체냉매로 각광받고 있으며, R-134a (CH_2FCF_3)와 R-152a(CH_3CHF_2)가 대표적인 냉매이다. HCFC(hydro chloro fluoro carbon) 냉매는 수소(H), 염소(Cl), 불소(F), 탄소(C)만으로 구성된 냉매로서, R-22 ($CHClF_2$), R-123($CHCl_2CF_3$) 등이 대표적인 냉매이다. HCFC 냉매에 포함된 염소는 공기 중에서 쉽게 분해하지 않아 오존층에 대한 영향이 적으므로 HFC 냉매가 개발되기 전까지 대체냉매로서 사용되었다. 할론(halon) 냉매는 브롬(Br)을 포함하는 냉매로서 소화제로 널리 사용되며, 오존층 파괴 물질이므로 사용이 제한되고 있다.

탄화수소 냉매는 수소와 탄소만으로 이루어진 냉매로서, 메탄(CH_4, methane), 에탄 (C_2H_6, ethane), 프로판(C_3H_8, propane), 부탄(C_4H_{10}, butane) 등이 있다. 공비혼합 냉매(azeotrope)는 서로 다른 할로겐화탄화수소 냉매를 혼합하여 혼합물의 비등점이 일치하는 냉매로서 R-500(R-12와 R-152a의 혼합), R-502(R-22와 R-115의 혼합) 등이 있다.

위에서 언급한 냉매의 분류 현황을 (표 3-6)에 정리하였다.

표 3-6 냉매의 분류 현황

냉매의 구분			주요 냉매
무기화합물 냉매			암모니아(NH_3), 탄산가스(CO_2),아황산가스(SO_2), 물(H_2O)
유기 화합물 냉매	할로겐화 탄화수소 냉매	CFC 냉매	R-11(CCl_3F), R-12(CCl_2F_2), R-13($CClF_3$), R-113(CCl_2FCClF_2)
		HFC 냉매	R-134a(CH_2FCF_3), R-152a(CH_3CHF_2)
		HCFC 냉매	R-22($CHClF_2$), R-123($CHCl_2CF_3$)
		할론 냉매	
	탄화수소 냉매		methane(CH_4), ethane(C_2H_6), propane(C_3H_8), butane(C_4H_{10})
	공비 혼합 냉매		R-500(R-12/R-152a), R-502(R-22/R-115)
	기타 유기화합물 냉매		ethyl ether($C_2H_5OC_2H_5$), methyl amine(CH_3NH_2), ethyl amine($C_2H_5NH_2$)

보충설명

- **무기화합물(inorganic compound)** : 일반적으로 광물체로부터 얻어지는 물질을 말하며, 무기물이라고도 한다. 탄소 이외의 원소만으로 이루어지는 화합물 전부(NH_3, H_2O, N_2O, SO_2 등)와 탄소를 함유하는 일부 간단한 화합물(CO, CO_2, KCN 등)을 총칭한다.
- **유기화합물(organic compound)** : 일반적으로 생명현상에 관련되어 만들어지는 화합물을 말하며, 유기물이라고도 한다. 하나 이상의 탄소 원자가 주로 수소, 산소, 질소를 비롯한 다른 원소의 원자와 공유결합을 이루고 있는 탄소 화합물(단원소물질인 탄소와 산화탄소, 금속의 탄산염, 시안화탄화물 등은 제외)을 총칭한다.

3.4 냉매의 표기방법

냉매는 종류도 많고 화학명도 복잡하고 길며 화학식은 다르나 화학명이 같은 경우도 있으므로, 화학명을 그대로 사용하는 것은 아주 불편하다. 따라서 프레온과 같이 개발된 상품명을 사용하기도 하지만, 공식적으로는 다음과 같은 방법으로 냉매에 고유 번호를 부여하여 표기한다.

(1) 할로겐화탄화수소 냉매의 표기법

할로겐화탄화수소 냉매는 탄소(C), 수소(H), 불소(F), 염소(Cl) 등의 원소화합물이므로 화학식은 다음과 같이 표시된다.

$$C_kH_lF_mCl_n$$

우 화학식의 원자수 사이에는 $2k+2=l+m+n$의 관계가 있으며, 냉매 번호 $R-(x)(y)(z)$는 다음의 법칙에 의하여 구한다. R은 냉매의 영문자 "Refrigerant"의 머리글자이다.

(x) : $x=k-1$: 100단위 숫자 … 탄소(C)의 원자수 -1

(y) : $y = l + 1$: 10단위 숫자 … 수소(H)의 원자수+1
(z) : $z = m$: 1단위 숫자 … 불소(F)의 원자수

예제 3-1

냉매 CCl_2F_2의 냉매번호를 구하라.

풀이

$C_kH_lF_mCl_n$와 $R-(x)(y)(z)$의 관계식에서

$x = k - 1 = 1 - 1 = 0$

$y = l + 1 = 0 + 1 = 1$

$z = m = 2$

이므로, CCl_2F_2의 냉매번호는 R-12이다.

예제 3-2

냉매 R-123의 화학식을 구하라.

풀이

$C_kH_lF_mCl_n$와 $R-(x)(y)(z)$의 관계식에서

$x = k - 1 = 1 \quad \rightarrow \quad k = 2$

$y = l + 1 = 2 \quad \rightarrow \quad l = 1$

$z = m = 3 \quad \rightarrow \quad m = 3$

또한

$2k + 2 = l + m + n \rightarrow n = 2k + 2 - (l + m) = 2(2) + 2 - (1 + 3) = 2$

이므로, R-123의 화학식은 $C_2HF_3Cl_2$이다.

할로겐화탄화수소 냉매를 표기할 때는 냉매기호의 R 대신에 그 세부 분류의 명칭을 사용하기도 한다. 즉, R-12는 CFC 냉매이므로 CFC-12라고 표기하기도 하며, R-123은

HCFC 냉매이므로 HCFC-123으로 하는 식이다.

(2) 무기화합물 냉매의 표기법

R-700으로 표시하며, 숫자 7의 다음 두 자리는 그 냉매의 분자량을 정수로 환산하여 사용한다. 예를 들면, 암모니아는 분자량이 17.03이므로 R-717, 물은 18.02이므로 R-718, 공기는 28.96이므로 R-729이다.

(3) 공비 혼합 냉매의 표기법

R-500부터 개발된 순서에 따라 R-501, R-502, …와 같이 일련번호를 붙인다.

3.5 주요 냉매의 특성

3.5.1 할로겐화탄화수소 냉매

할로겐화탄화수소(halogenated hydrocarbon) 냉매는 할로겐족 원소인 불소(F), 염소(Cl), 브롬(Br) 등을 포함하는 탄화수소 냉매이며, 1921년 미국의 Carrier가 최초로 냉동기에 적용하였다. 이 냉매는 1930년 미국의 듀퐁(Dupon)사에 의해 상품화되어 프레온(Freon)이라는 상품명으로도 불리면서, 오늘날 가장 널리 사용하는 냉매가 되었다. 그러나 프레온 냉매의 상당수가 오존층을 파괴하는 것이 알려진 다음부터 국제적으로 그 사용과 제조가 규제되고 있다. 할로겐화탄화수소 냉매의 일반적 특성은 다음과 같다.

(1) 장점

- 화학적으로 안정되고 독성이 거의 없다.
- 식료품과 반응하지 않으므로 식품의 가치를 손상시키지 않는다.
- 연소성이 없으므로 암모니아에 비해 안전하다.
- 전기절연성이 좋으므로 밀폐형 압축기에 적합하다.

- 비열비가 작아(k=1.3, R-12) 압축기의 출구 온도가 높지 않으므로 공랭식 압축기를 사용할 수 있고, -50℃ 정도의 저온을 얻을 때도 1단 압축으로 가능하다.
- 금속에 대한 부식성이 작다. 그러나 수분이 있으면 철(Fe), 납(Pb), 마그네슘(Mg) 등을 부식시키므로 배관(pipe)은 동(copper)을 사용한다.

(2) 단점

- 값이 비싸다.
- 증발잠열이 작으므로(암모니아 대비 1/6-1/9) 많은 냉매순환량이 필요하며, 따라서 배관의 치수가 커야 한다.
- 천연 고무를 침식시키므로 특수 고무를 배합한 패킹(packing)을 사용하여야 한다.
- 수분을 용해하지 않으므로 팽창밸브 내에서 수분이 동결되어 냉매 유동저항을 증가시켜 냉동능력을 감소시킨다. 따라서 팽창밸브 전에 반드시 건조기(dryer)를 설치하여 수분을 제거해 준다.
- 전열작용이 암모니아보다 나쁘므로 같은 냉동능력이라도 증발기와 응축기의 전열면적을 크게 하거나, 핀을 붙인 특수한 관(finned tube)을 사용하여야 한다.
- 무색, 무취의 기체이므로 누설을 발견하기 위해서는 가스 검지기(halide torch)를 사용하여야 한다.

(3) 주요 할로겐화탄화수소 냉매의 특성

- R-11(CCl_3F) : 비등점이 23.8℃로 비교적 높고, 냉매가스의 비중이 크므로 주로 터보식 압축기에 사용한다.
- R-12(CCl_2F_2) : 비등점이 -29.8℃로서 프레온 냉매 중 제일 먼저 개발되었으며, 최근까지 가장 널리 사용되어 온 냉매이다. 하지만 오존파괴지수(ODP, ozone depletion potential)와 지구온난화지수(GWP, global warming potential)가 매우 높아 가장 강력히 규제되는 냉매이다. R-12는 왕복식 압축기에 가장 많이 사용되고 있는 일반적인 냉매이다.

- R-13($CClF_3$) : 비등점(-81.5℃)과 응고점(-181℃)이 매우 낮으므로 -100℃ 이하의 극저온 냉동기에 사용한다. 포화압력(-15℃에서 $13.46kg/cm^2$)이 다른 냉매에 비해 매우 높아 R-22 냉매와 더불어 극저온을 얻는 2원 냉동기의 저온측 냉매로도 쓰인다.
- R-22($CHClF_2$) : 열역학적 성질이 암모니아와 흡사한 냉매로서 R-12와 더불어 가장 많이 사용된다. 비등점(-40.8℃) 및 응고점(-160℃)이 낮고 저온영역에서 냉동능력이 암모니아보다 우수하므로 -50~-80℃까지의 2단 압축 냉동기에 쓰인다.
- R-113(CCl_2FCClF_2) : 에탄(ethane)계의 할로겐화탄화수소 냉매이며, 포화압력이 대단히 낮다. 비등점(47.57℃)과 응고점(-35℃)이 비교적 높아 냉방용에 알맞으며, 소형 터보 압축기(60~100RT)에 사용된다.
- R-134a(CH_2FCF_3) : HFC 냉매로서 열역학적 성질이 R-12와 비슷하고, 염소를 포함하지 않으므로 오존파괴지수(ODP)는 0이며, 지구온난화지수(GWP)도 1300으로 R-12에 비해 매우 낮기 때문에 R-12의 대체냉매로 개발되었다. 현재 가정용 냉장고 및 자동차 에어컨에 널리 사용되고 있다.

보충설명

지구 온난화(global warming)와 온실효과(green house effect)

태양으로부터 지구로의 복사에너지는 대부분 가시광선이지만 대기를 통하여 지표면에 도달하여 그 곳을 가열한다. 가열된 지구 표면으로부터 방사되는 에너지는 파장이 10㎛ 정도의 전자파인 원적외선이며, 그것은 대기 중의 수증기, 탄산가스, 메탄, 오존, 이산화질소 및 프레온 등의 기체에 의해 강한 흡수를 받는다. 이 때문에 지구 표면으로부터 적외선으로 방출된 에너지는 직접 우주공간에 유출되지 않는다. 적외선을 흡수한 기체들은 동시에 그 온도에 상응한 강도의 열방사를 행한다. 말하자면 대기는 태양으로부터의 복사에너지는 용이하게 통과시키지만 지구 표면으로부터 열방사의 유출은 막는다. 따라서 지구 표면 온도는 같은 복사를 받고도 대기층이 없었던 경우의 온도보다도 높아지게 된다. 대기층에 의한 이 효과를 온실효과라고 하며, 지구 온난화를 유발시키는 직접적인 원인이 된다.
지구온난화에 의해 지구 표면의 온도가 상승하면, 혹서, 사막화 현상, 강우량의 증가, 국지적 강수량 분포의 변화, 지역 식생의 변화, 해수 온도와 해수면의 상승 및 지진의 잦은 발생 등으로 지구의 환경에 영향을 미치게 된다. 따라서 지구온난화에 대처하기 위해서는 원천적으로 지구온난화에 큰 영향을 미치는 온실 가스(탄산가스, 메탄 및 프레온 등)의 배출을 최소화하는 것이 필요하다. 이것은 그 동안 우리 생활에 익숙한 화석 연료의 소비를 감소시켜야 한다는 것을 말하며, 아울러 온실 가스의 흡수원인 산림의 확대 등을 추진해야 한다.

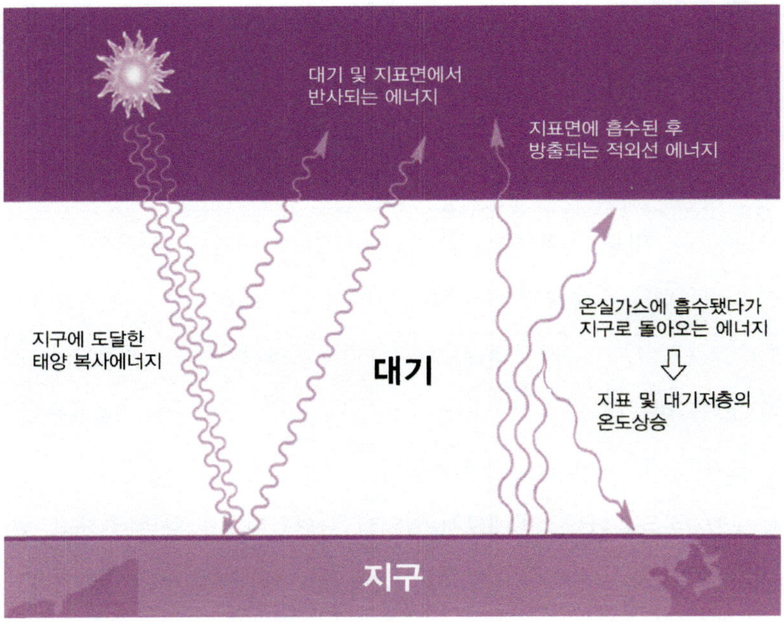

그림 3-1 지구온난화 발생 메카니즘

- 지구온난화지수(GWP, global warming potential) : CO_2를 1.0으로 기준하여 다른 냉매가 지구온난화에 미치는 영향을 100년간 측정한 값이다. GWP의 값이 작을수록 환경에 좋은 냉매이다.
- 오존파괴지수(ODP, ozone depletion potential) : CFC-11을 1.0으로 기준하여 다른 냉매의 오존파괴력을 중량비율로 표시한 것이다. ODP의 값이 작을수록 오존층에 좋은 냉매이다. (오존파괴에 대한 상세 내용은 3.7절 참조)

(표 3-7)은 주요 프레온 냉매의 ODP 및 GWP를 나타낸 것이다.

표 3-7 프레온 냉매의 ODP 및 GWP

구분	기호	화학식	비점(℃)	ODP	GWP
CFC냉매	R-11	CCl_3F	23.8	1.00	4000
	R-12	CCl_2F_2	-29.8	1.00	8100
	R-113	CCl_2FCClF_2	47.6	0.80	~4000

구분	기호	화학식	비점(℃)	ODP	GWP
HCFC 냉매	R-22	$CHClF_2$	-40.8	0.05	1700
	R-123	$CHCl_2CF_3$	-28.7	〈0.05	〈800
HFC냉매	R-125	CHF_2CF_3	-48.3	0	3200
	R-134a	CH_2FCF_3	-26.5	0	1300
HC냉매	R-290	Propane	-42.6	0	3
혼합냉매	R-407c	R32:R125:R134a=23:25:52	-44.0	0	1370
	R-410a	R32:R125=50:50	-51.0	0	1370

3.5.2 암모니아(Ammonia, NH_3, R-717)

암모니아는 현재까지 알려진 냉매 가운데 이상적인 냉매의 구비조건을 대부분 만족시키고 있어, 제빙, 양조, 냉동, 냉장 등 산업용의 중, 대형 냉동기에 널리 이용되며 가장 오랫동안 사용되어 온 냉매이다. 암모니아는 할로겐화탄화수소 냉매의 출현으로 사용 범위와 사용량이 격감하였으나 환경 문제로 인하여 프레온 냉매를 규제함에 따라 다시 많이 이용될 전망이다. 냉매의 일반적 특성은 다음과 같다.

(1) 장점

- 가격이 싸다.
- 증발잠열이 매우 크므로 냉동효과가 커 냉매순환량을 줄일 수 있다.
- 물에 잘 용해하므로 흡수식 냉동기에 사용하기가 용이하다.
- 천연 고무를 침식시키지 않으므로 패킹(packing) 재료에 천연 고무 사용이 가능하다.
- 전열작용이 프레온보다 좋으므로 증발기와 응축기의 전열면적을 작게 할 수 있으며, 나관(bare tube)의 사용이 가능하다.

(2) 단점

- 독성이 매우 강하며, 자극성 냄새를 갖는 무색 기체이다

- 누설되어 식료품과 반응하면 식료품의 품질을 떨어뜨린다.
- 가연성 물질로서 공기 중에 13-27%(체적비)가 존재하면 폭발 위험성이 있다.
- 동 및 동합금, 아연에 대한 부식성이 강하므로 배관은 주로 강관을 사용한다.
- 비열비가 커서(k=1.69) 압축기 출구의 온도가 높으므로 큰 압축비가 곤란하다.
- 응고점이 비교적 높으므로(-77.7℃) 극저온을 요하는 냉매로는 사용이 곤란하다.
- 전기절연도가 나빠 밀폐식 압축기에는 적당하지 않다.

3.5.3 공비 혼합냉매(azeotrope)

공비혼합냉매란 2종의 할로겐화탄화수소 냉매를 일정 비율로 혼합했을 때 전혀 다른 새로운 특성을 가지면서 혼합물의 비등점이 일치하는 냉매를 말한다. 공비혼합냉매를 사용하면 응축압력을 감소시키거나 압축기의 압축비를 줄일 수 있다.

(1) 주요 공비혼합냉매의 특성

- R-500(R-12 + R-152a) : 중량비로 R-12가 73.8%, R-152a가 26.2% 혼합된 냉매로서 R-12보다 냉동능력이 10% 정도 향상된다. 주로 밀폐형 소형 냉동기에 사용한다.
- R-502(R-22 + R-115) : 중량비로 R-22가 48.8%, R-115가 51.2% 혼합된 냉매로서 저온에서는 R-22보다 냉동능력이 10% 정도 향상된다. 저온용 냉매로 사용되고 있다.

3.5.4 기타 냉매

(1) 물(Water, H_2O, R-718)

가장 안전하고 투명한 무해, 무취의 냉매로, 응고점이 너무 높고 비체적이 크므로 증기압축식 냉동기에는 사용이 불가능하며, 증기분사식 냉동기 또는 흡수식 냉동기 등의 공기조화용으로 사용된다.

(2) 공기(Air, R-729)

물과 같이 안전하고 투명한 무해, 무취의 냉매로, 소요 동력이 크고 성능계수가 낮으므로 항공기의 냉방과 같은 특수한 목적의 공기냉동기 및 공기액화 등에 사용된다.

(3) 이산화탄소(Carbon Dioxide, CO_2, R-744)

투명하고 무해, 무취이며, 공기보다 무겁고, 연소 및 폭발성이 없는 냉매이다. 프레온 냉매가 개발되기 전에는 선박이나 건물 등의 냉방용 냉매로 널리 사용되었으나, 최근에는 특수한 용도 외에는 거의 사용되지 않는다. 가스의 비체적이 매우 작기 때문에 체적 유량이 적으며, 소형의 냉동 시스템 제작이 가능하다. 그러나 임계점(31℃)이 매우 낮아서 냉각수의 온도가 충분히 낮지 않으면 응축기에서 액화가 곤란하다.

(4) 아황산가스(Sulfur Dioxide, SO_2, R-764)

소형 냉동기에 적합한 특성이 있어 초기에 가정용 냉동기 등에 널리 사용되었으나, 냄새와 독성이 매우 강해 그 후에 메칠클로라이드(Methyl Chloride, CH_3Cl, R-40), 프레온 냉매 등으로 대체되면서 현재는 거의 사용되지 않는다.

(5) 프로판(Prppane, C_3H_8, R-290)

자연 냉매로서 오존층 파괴나 지구온난화에 미치는 영향이 없고, 가연성을 제외하면 기존의 압축기오일을 사용할 수 있을 뿐만 아니라 열역학적으로도 매우 우수한 냉매이기 때문에 R-22의 대체냉매로 개발되고 있다. 가정용 공조기와 같은 소형 공조기에 적합하다.

3.6 브라인(Brine)

냉동기는 증발기에서 동작유체(1차 냉매)의 증발잠열을 이용하여 공간 또는 냉동품으로부터 직접 열을 흡수하지만, 대용량의 냉동기는 제2의 동작유체를 이용하여 냉동품으로부터 간접적으로 열을 흡수한다. 이와 같이 간접적으로 열을 흡수하는 냉동기에서 상변화 없이 감열을 통하여 냉동품으로부터 열을 흡수하여 증발기의 1차 냉매로 방출하는 제2의 동작유체를 2차 냉매 또는 브라인이라고 한다.

브라인이란 원래 염수(salted water), 즉 염화칼슘이나 염화나트륨 등의 수용액을 말하며, 동결온도가 빙점(ice point) 이하이기 때문에 제빙이나 0℃ 이하의 냉각 및 동결장치 등에 사용한다. 브라인으로는 염수 외에 에틸렌글리콜, 프로필렌글리콜 수용액 등도 금속에 대한 부식 억제가 가능하기 때문에 많이 사용되며, R-11 등의 동결온도가 낮은 냉매도 브라인으로 사용되고 있다.

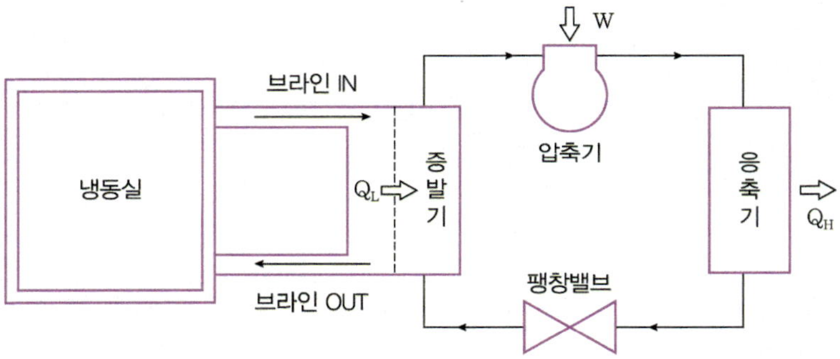

그림 3-2 브라인

3.6.1 브라인의 온도-농도 특성

브라인의 특성을 설명하기 위하여 염화칼슘 브라인의 온도-농도 곡선을 (그림 3-3)에 나타내었다. 염화칼슘의 농도는 물과 염화칼슘의 합계 중량에 대한 염화칼슘의 중량을 (%)로 표시한 것이다. (그림 3-3)에서 동결점 곡선은 브라인의 온도를 낮출 때 얼음을 석출하기 시작하는 온도를 연결한 선이다. 점 A 상태의 브라인을 냉각하면 점 B의 온도에서 얼음의 석출이 시작되며 석출된 얼음만큼 염화칼슘의 농도가 증가한다. 냉각을 계속하면 B~E 곡선(동결점 곡선)을 따라 농도가 상승하고 온도는 낮아진다. 이 온도와 농도의 관계가 동결점 곡선이다. 또한 물에 염화칼슘을 녹일 때 염의 양이 많으면 모두 녹지 못하고 여분은 염의 알맹이로 남는다. 더 이상 용해하지 않는 상태를 그 용액의 "포화상태"라고 한다. 포화상태의 농도와 온도의 관계는 N~E 곡선으로 나타난다. 동결점 곡선과 포화농도 곡선은 점 E에서 하나로 만나는데, 이 농도에서 동결온도가 최저가 된다. 이 상태점 E를 공융점(共融點, eutectic point)이라 하고, 이 때의 온도 및 농도를 각각 공융온도 및 공융농도라 하며, 이 상태점의 용액을 공융혼합물(eutectic mixture)이라 한다. 브라인을 최적의 조건으로 하려면 수용액의 농도를 공융농도와 같게 하여야 한다.

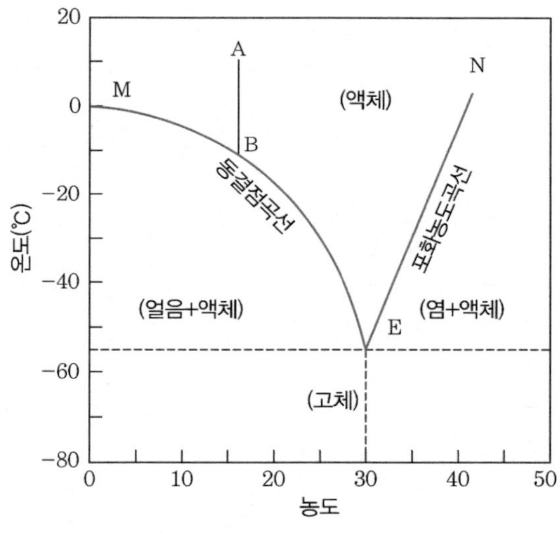

그림 3-3 염화칼슘 브라인의 온도-농도 곡선

(표 3-8)은 현재 주로 사용되는 브라인의 종류와 공융농도, 공융온도를 나타낸 것이며, (표 3-9)-(표 3-11)은 각 브라인의 동결온도 등을 표시한 용액표이다. 표에서 [용액의 염 함유량(%)]은 물과 브라인의 합계 중량에 대한 브라인의 중량을 %로 나타낸 것이며, [보메도]란 액체의 비중을 나타내는 수치로 다음과 같다.

$$\text{보메도} = 144.3 - 144.3/\text{비중}$$

3.6.2 브라인의 종류와 특성

브라인의 종류는 크게 무기질 브라인과 유기질 브라인으로 분류한다. 각 브라인의 종류별 특성은 다음과 같다. 괄호() 안의 값은 각각 브라인의 분자화학식, 공융온도, 공융점에서의 용질의 농도를 나타낸다.

(1) 무기질 브라인

무기질 염류의 수용액을 무기질 브라인이라 하며, 유기질 브라인에 비해 일반적으로 부식성이 크고 값이 싸다.

- 염화칼슘($CaCl_2$, -55℃, 29.9%) : 가장 많이 사용되는 브라인으로 식품의 냉동, 냉장 및 제빙용으로 쓰인다. 동결온도가 낮고, 부식성도 비교적 적으며, 값도 싸다. 그러나 쓴 맛 때문에 식품의 동결에 사용할 때는 접촉이 없는 간접적인 동결방법을 사용해야 한다.
- 염화나트륨($NaCl$, -21℃, 23.1%) : 식품의 냉동, 냉장용으로 사용되며, 식품에 무해하기 때문에 어류에 직접 식염수를 살포하여 동결시키는 액체 침지식 동결법에 많이 쓰인다. 브라인 중 부식성이 가장 강하다.
- 염화마그네슘($MgCl_2$, -33.6℃, 20.6%) : 염화칼슘보다 동결점이 높고 부식성도 크기 때문에 요즘에는 거의 사용되지 않는다.

표 3-8 주요 브라인의 종류별 특성

브라인 명칭	화학식	공융농도 용액 100g 중 염의 중량(%)	공융온도 (℃)	용도
염화칼슘 용액	$CaCl_2$	29.9	-55	제방, 냉장
염화나트륨 용액	$NaCl$	23.1	-21.2	식품의 냉동, 냉장
염화마그네슘 용액	$MgCl_2$	20.6	-33.6	냉장 (현재 미사용)
R-11	CCl_3F	-	-111*	동결, 냉장
R-12	CCl_2F_2	-	-158*	동결, 냉장

브라인 명칭	화학식	공융농도 용액 100g 중 염의 중량(%)	공융온도 (℃)	용도
에틸알코올	C_2H_5OH	76.3	-114.1	식품의 냉동
에틸렌글리콜	$HOCH_2CH_2OH$	46.4	-33	소형냉동기, 냉장
물	H_2O	-	0*	냉방

* 표는 동결온도 임

(2) 유기질 브라인

일반적으로 무기질 브라인에 비해 부식성이 거의 없으며 동결온도도 매우 낮아 요즈음 많이 사용되고 있지만, 값이 비싸다.

- 에틸알코올(C_2H_5OH, -114.15℃, 76.3%) : -100℃까지 식품의 초저온 동결에 사용할 수 있지만, 마취성과 인화성이 있어서 취급에 주의를 요한다.
- 에틸렌글리콜($HOCH_2CH_2OH$, -46℃, 60%) : 부동성이므로 자동차, 항공기 엔진 등의 동절기에 대한 냉각액으로 사용되고 있다. 다소 부식성이 있으므로 첨가제를 가하여 부식성을 감소시켜 사용한다.

표 3-9 염화칼슘의 용액표

비중	보메度	용액의 염함유량 (%)	물 100에 대한 염함유량	동결점 (℃)	용액의 비열						
15℃에서					-40℃	-30℃	-20℃	-10℃	0℃	10℃	20℃
1 00	0.1	0.1	0.1	0.0					1.003	0.999	0.998
1 01	1.6	1.3	1.3	-0.6					0.986	0.984	0.983
1 02	0.3	2.5	2.6	-1.2					0.968	0.967	0,967
1.03	4.3	3.6	3.7	-1,8					0.950	0.950	0.951
1.04	5.7	4.8	5.0	-2.4					0.932	0.933	0.934
1.05	7.0	5.9	6.3	-3.0					0.915	0.917	0.918
1.06	8.3	7.1	7.6	-3.7					0.899	0.901	0.903
1.07	9.6	8.3	9.0	-4.4					0.882	0.885	0.887

비중	보메度	용액의 염함유량 (%)	물 100에 대한 염함유량	동결점 (℃)	용액의 비열						
15℃에서					-40℃	-30℃	-20℃	-10℃	0℃	10℃	20℃
1.08	10.8	9.4	10.4	-5.2					0.866	0.869	0.872
1.09	12.0	10.5	11.7	-6.1					0.851	0.854	0.858
1.10	13.2	11.5	13.0	-7.1					0.836	0.840	0.844
1.11	14.4	12.6	14.4	-8.1					0.822	0.825	0.830
1.12	15.6	13.7	15.9	-9.1					0.808	0.813	0.817
1.13	16.7	14.7	17.3	-10.2				0.789	0.795	0.800	0.805
1.14	17.8	15.8	18.8	-11.4				0.776	0.782	0.788	0.793
1.15	18.9	16.8	20.2	-12.7				0.764	0.770	0.776	0.781
1.16	20.0	17.8	21.7	-14.2				0.753	0.758	0.764	0.770
1.17	21.1	18.9	23.3	-15.7				0.742	0.747	0.753	0.759
1.18	22.1	19.9	24.9	-17.4				0.731	0.737	0.742	0.748
1.19	23.1	20.9	26.5	-19.2				0.721	0.727	0.732	0.738
1.20	24.1	21.9	28.0	-21.2			0.705	0.711	0.717	0.723	0.729
1.21	25.1	22.9	29.6	-23.3			0.696	0.702	0.708	0.704	0.720
1.22	26.1	23.8	31.2	-25.7			0.688	0.694	0.700	0.706	0.712
1.23	27.1	24.7	32.9	-28.3			0.680	0.686	0.692	0.698	0.704
1.24	28.0	25.7	34.6	-31.2		0.667	0.673	0.679	0.685	0.691	0.697
1.25	29.0	26.6	36.2	-34.6		0.660	0.666	0.672	0.678	0.684	0.690
1.26	29.9	27.5	37.9	-38.6		0.653	0.659	0.665	0.671	0.677	0.683
1.27	30.8	28.4	39.7	-43.6	0.640	0.646	0.652	0.658	0.664	0.670	0.676
1.28	31.7	29.4	41.6	-50.1	0.634	0.640	0.646	0.652	0.658	0.664	0.670
1.286	32.2	29.9	42.7	-55.0	0.630	0.636	0.642	0.648	0.654	0.660	0.666
1.29	32.5	30.3	43.5	-50.6	0.627	0.633	0.639	0.645	0.651	0.657	0.663
1.30	33.4	31.2	45.4	-41.6	0.621	0.627	0.633	0.639	0.645	0.651	0.657
1.31	34.2	32.1	47.3	-43.9		0.620	0.626	0.633	0.639	0.645	0.651
1.32	35.1	33.0	49.3	-27.1			0.620	0.627	0.633	0.639	0.645
1.33	35.9	33.9	513.	-21.2			0.614	0.621	0.627	0.634	0.640
1.34	36.7	34.7	53.2	-15.6				0.615	0.621	0.628	0.634
1.35	37.5	35.6	55.3	-10.2				0.609	0.616	0.622	0.629
1.36	38.3	36.4	57.4	-5.1					0.610	0.617	0.624

표 3-10 염화나트륨의 용액표

비중	보메度	용액의 염함유량 (%)	물 100에 대한 염함유량	동결점 (℃)	용액의 비열						
15℃에서					-40℃	-30℃	-20℃	-10℃	0℃	10℃	20℃
1.00	0.1	0.1	0.1	0.0					1.001	0.999	0.997
1.01	1.6	1.5	1.5	-0.8					0.973	0.975	0.978
1.02	3.0	2.9	3.9	-1.7					0.956	0.959	0.963
1.03	4.3	4.3	4.5	-2.7					0.941	0.945	0.948
1.04	5.7	5.6	5.9	-3.6					0.927	0.931	0.924
1.05	7.0	7.0	7.5	-4.6					0.914	0.917	0.920
1.06	8.3	8.3	9.0	-5.5					0.901	0.904	0.907
1.07	9.6	9.6	10.6	-6.6					0.889	0.892	0.895
1.08	10.8	11.0	12.3	-7.8					0.878	0.881	0.884
1.09	12.0	12.3	14.0	-9.1					0.867	0.870	0.873
1.10	13.2	13.6	15.7	-10.4				0.855	0.857	0.860	0.863
1.11	14.4	14.9	17.5	-11.8				0.845	0.848	0.850	0.853
.12	15.6	16.2	19.3	-13.2				0.836	0.839	0.841	0.844
.13	16.7	17.5	21.2	-14.6				0.828	0.830	0.832	0.835
1.14	17.8	18.8	23.1	-16.2				0.819	0.822	0.824	0.826
1.15	18.9	20.2	25.0	-17.8				0.811	0.814	0.816	0.818
1.16	20.0	21.2	26.9	-19.4				0.803	0.806	0.808	0.810
1.17	21.1	22.4	29.0	-21.2		0.793	0.796	0.798	0.800	0.800	0.803
1.18	22.1	23.7	31.1	-17.3			0.789	0.791	0.793	0.793	0.795
1.19	23.1	24.9	33.1	-11.1			0.782	0.784	0.786	0.786	0.755
1.20	24.2	26.1	35.3	-2.7				0.778	0.779	0.779	0.781
1.203	24.4	26.3	35.7	0.1				0.776	0.778	0.778	0.780

표 3-11 에틸렌글리콜의 용액표

중량 (%)	동결점 (℃)	에틸렌글리콜의 비열							
		-5℃	-10℃	-15℃	-20℃	-25℃	-30℃	-35℃	-40℃
10	-3.3	1.00							
20	-7.8	0.94	0.94						
30	-13.5	0.87	0.87	0.86	0.86				
40	-22.1	0.84	0.84	0.83	0.83	0.82	0.82		
50	-35.4	0.78	0.78	0.77	0.76	0.75	0.75	0.74	
60	-46	0.73	0.72	0.72	0.71	0.71	0.70	0.70	0.69
70		0.70	0.69	0.69	0.69	0.68	0.68	0.67	0.67
80		0.68	0.67	0.67	0.67	0.66	0.66	0.65	0.65
90		0.65	0.64	0.64	0.64	0.63			
100		0.52							

3.7 오존층 파괴와 대체냉매

3.7.1 오존층 파괴

(1) 오존층이란

오존층(ozone layer)이란 성층권에 존재하며, 지상으로부터 25-30km 높이에 오존이 밀집되어 있는 지역이다. 오존층은 태양으로부터 방출되는 유해 자외선(UV or ultraviolet ray)을 흡수, 차단하여 지상의 생물을 보호하며, 또한 열을 흡수하여 성층권 상부의 기온을 높이는 역할을 한다.

(2) 오존층의 파괴 메카니즘(mechanism)

지표에서 방출된 보통의 가스(NH_3, CH_4, C_3H_8 등)는 대개 대류권 내에서 분해되어 눈, 비 등과 함께 다시 지표로 돌아오지만, 프레온 가스는 매우 안정된 물질이기 때문에 대류권에서 분해되지 않고 머리 성층권까지 확산되어 가서, 거기서 태양의 강력한 에너

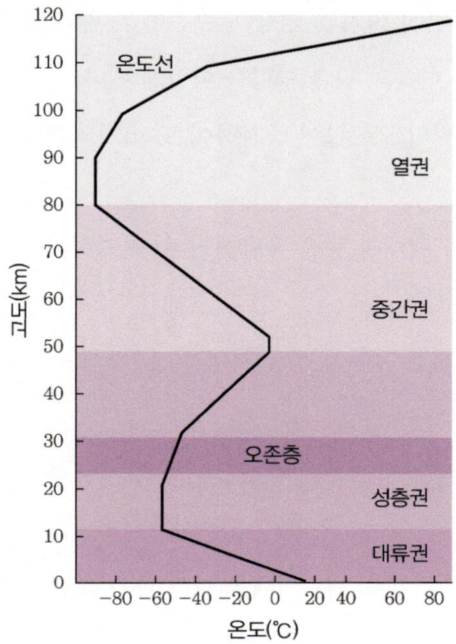

그림 3-4 대기권과 오존층의 온도변화

스에 의해 분해되어 염소(Cl) 원자를 방출한다(①). Cl은 오존(O_3)과 반응하여 O_3을 파괴하면서 ClO를 생성하고(②), ClO는 다시 O_3과 반응하여 Cl을 생성하면서(③) 연쇄적으로 오존층을 파괴한다. 이 때 염소 원자 1개가 1년에 10만 개의 오존 분자를 파괴한다. 이와 같은 반응(①-③)을 수십만 번 반복 후 지표에서 올라온 미량의 CH_4와 반응하여 Cl이 소멸된다(④).

① Cl 분리 : $CFCl_3 + h\nu$(자외선) $\rightarrow CFCl_2 + Cl$

② 오존 파괴 : $Cl + O_3 \rightarrow ClO + O_2$

③ 염소 재생 : $ClO + O_3 \rightarrow Cl + 2O_2$

④ 염소 소멸 : $CH_4 + Cl \rightarrow HCl + CH_3$

- 오존층 파괴가 지표면에 미치는 영향(오존층이 파괴되면 유해 자외선이 바로 지표에 도달하게 되므로, 다음과 같은 영향을 미치게 된다.)
  - 대기 오염 : 대류권의 오존량이 증가하여 도시 지역의 광화학 스모그 현상이 심해진다.
  - 인체 : 피부암이나 백내장 등을 유발시키며, 면역력이 약해져 말라리아 등의 질병이 늘어난다.
  - 식물 : 광합성 억제로 인하여 성장 저해 현상이 나타나면서 농작물의 수확량과 품질이 저하된다.
  - 해양 생태계 : 식물 플랑크톤이 감소하여 바다 생물의 먹이 사슬이 깨지면서 어획량이 감소한다.
  - 건축물 : 나무, 돌 등 건축 재료의 부식과 노화가 촉진된다.

(3) 오존층 파괴 물질 규제 일정

- 1987년 9월 최초의 몬트리올 의정서(Montreal protocol)가 채택되어 1989년 1월부터 발효하게 되었으며, 5가지의 CFC 냉매(R-11, R-12, R-113, R-114, R-115)에 대해 1998년 7월 1일까지 1986년의 소비량을 기준으로 하여 50%를 삭감하기로 결정함.
- 1990년 6월 런던 회의(2차), 1992년 11월 코펜하겐 회의(4차)에서 규제가 더욱 강화됨. 즉, 선진국의 경우 1996년 1월 1일부터 5가지 CFC 냉매의 생산이 중단되었으며, 개발도상국(우리나라 포함)은 생산 중단에 대해 10년간의 유예기간을 가지기로 함.
- 1995년 비엔나 회의(7차)에서는 중간 대체물질인 HCFC 냉매에 대한 규제를 강화함. 즉, 선진국에서는 2030년부터 생산을 중단하기로 하고, 개발도상국에서는 2015년의 소비량을 기준으로 생산량을 동결하면서 2040년에는 완전 중단하기로 함.
- 2016년 10월 르완다 키갈리 회의(28차)에서는 대체냉매로 널리 사용되는 HFC 냉매가 CO_2보다 온실효과가 1,000배 이상 크기 때문에(수퍼 온실가스) 규제하기로 결정함. 선진국은 2018년부터 HFC 냉매의 생산을 중단하며, 2019년부터 감축을 시작하여 2036년까지 85%를 줄이기로 함. 개발도상국(우리나라 포함)은 2024년부터 감축을 시작하여 2045년까지 80%를 줄이기로 함.

3.7.2 대체냉매

대체냉매(alternative refrigerant)란 오존층 파괴의 주범으로 알려진 염소(Cl), 브롬(Br) 등을 포함하지 않는 냉매로서 ODP, GWP가 낮아야 하며, 독성 및 가연성이 없어야 하고, 냉매로서 우수한 열역학적 특성을 가지고 있어야 한다.

할로겐화탄화수소 냉매 중에서는 HFC 냉매의 단일 성분 또는 2개 이상의 순수 물질을 적절한 조성비로 혼합하여 환경친화적이 된 혼합냉매를 대체냉매로 사용한다. 또한 물, 암모니아, 공기, 이산화탄소, 프로판, 부탄 등의 자연 냉매는 인공화합물이 아니고 지구상에 자연적으로 존재하므로 지구 환경에 악영향이 전혀 없기 때문에 대체냉매로의 적용이 검토되고 있다. 자연 냉매 중 프로판은 가연성을 제외하면 기존의 압축기 오일을 사용할 수 있을 뿐만 아니라 열역학적으로도 가장 우수한 냉매이기 때문에 가장 적극적으로 사용되고 있다.

가정용 냉장고 및 자동차 에어컨 등에 널리 사용되고 있는 R-12를 대체할 수 있는 냉매로는 R-134a 및 R-152a 등이 있으며, 열펌프 및 각종 공조기기에 사용되고 있는 R-22의 대체냉매로는 R-407c 및 R-410a 등의 HFC 혼합냉매와 프로판이 사용되고 있다. 또한 저온 냉매로 주로 사용하고 있는 R-502의 대체냉매로는 R-404a, R-407a, R-507 등의 HFC 혼합냉매가 개발되었다. (표 3-12)는 기존의 프레온 냉매 대신 현재 개발 또는 사용되고 있는 대체냉매를 정리한 것이다.

표 3-12 대체냉매 개발 현황

냉매		용도
기존 냉매	대체냉매	
R-12	R-134a, R-152a	가정용 냉장고, 자동차 에어컨
R-22	R-407c, R-410a, R-290	열펌프, 공조기기
R-502	R-404a, R-407a, R-507	저온용 냉동기

Exercise

1. 냉매란 무엇인지 설명하라.

2. 냉매의 특성으로서 구비조건을 설명하라.

3. 암모니아와 할로겐화탄화수소 냉매의 장단점을 비교 설명하라.

4. 브라인이란 무엇인지 설명하라.

5. 브라인의 종류와 특성에 대하여 설명하라.

6. 오존층에서 오존이 파괴되는 메커니즘을 설명하라.

7. 할로겐화탄화수소 냉매 중 CFC, HFC, HCFC 냉매에 대하여 비교, 설명하라.

8. 공비혼합냉매의 특성에 대하여 설명하라.

9. 대체냉매의 개발 필요성과 사용 현황에 대하여 설명하라.

10. 다음 괄호() 안에 적절한 냉매기호 또는 화학식을 구하라.

냉매 기호	화학식	냉매 기호	화학식
(①)	CCl_2F_2	R-290	(②)
(③)	CCl_3F	R-13	(④)
R-113	(⑤)	(⑥)	$CHClF_2$

(답) ① R12 ② C_3H_8 ③ R11 ④ $CClF_3$ ⑤ $C_2Cl_3F_3$ ⑥ R22

CHAPTER 04

증기압축식 냉동사이클

구성

내용

증기압축식 냉동사이클은 실제로 가장 많이 이용되는 냉동사이클이다. 이 사이클에서는 증기가 압축되어 액체로 응축되고, 그 다음에 압력을 떨어뜨려 저압에서 액체가 증발한다. 4장에서는 이상적인 카르노 사이클부터 시작하여 이론적 냉동사이클, 다단 사이클, 다원 사이클까지 단계적으로 학습한다. 또한 냉동사이클을 해석하는데 필요한 몰리에르 선도 활용법과 냉매가 냉동사이클에 미치는 영향에 대하여 학습한다.

4.1 카르노 사이클(Carnot cycle)

카르노 사이클(Carnot cycle)은 열에너지를 일에너지로 최대한 변환시킬 수 있는, 즉 효율이 가장 좋은 이상적인 열기관(heat engine) 사이클로서, 1824년 프랑스의 Sadi Carnot가 제안했다. 카르노 사이클은 (그림 4-1)에 나타낸 바와 같이 두 개의 단열과정과 두 개의 등온과정으로 구성되며, 모든 과정은 가역적(reversible)이다. 카르노 사이클은 선도 상에서 시계 방향으로 변화하며 동작유체는 완전가스이고, 그 과정은 다음과 같다.

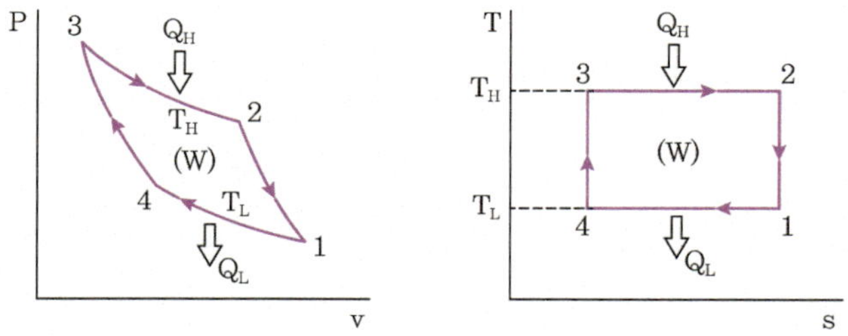

그림 4-1 Carnot cycle

- 과정 3→2(등온팽창) : 등온(T_H) 하에 고온열원으로부터 열량(Q_H)을 흡수하며 팽창한다.
- 2→1(단열팽창) : 열 교환 없이 팽창하면서 온도는 내려가고(T_H→ T_L) 외부에 대해 일(W)을 한다.
- 과정 1→4(등온압축) : 등온(T_L) 하에 저온열원으로 열량(Q_L)을 방출하며 압축한다.
- 과정 4→3(단열압축) : 열 교환 없이 압축되면서 사이클을 완성한다.

열기관의 열효율(thermal efficiency)은 일량을 공급열량으로 나눈 값으로 정의되며 η라 하고, 카르노 사이클로 작동하는 열기관의 열효율을 η_c라 하면 다음과 같다. 단, T_H와 T_L은 각각 고온열원과 저온열원의 온도이며 단위는 절대온도(K)이다.

$$\eta = \frac{W}{Q_H} = \frac{Q_H - Q_L}{Q_H} = 1 - \frac{Q_L}{Q_H}$$

$$\eta_c = \frac{W}{Q_H} = \frac{(T_H - T_L)(s_1 - s_4)}{T_H(s_1 - s_4)} = \frac{T_H - T_L}{T_H} = 1 - \frac{T_L}{T_H}$$

따라서 카르노 사이클로 작동하는 열기관이 최대의 열효율을 얻기 위해서는 가능한 한 고온열원의 온도 T_H는 높게 하고, 저온열원의 온도 T_L은 낮게 하여야 한다. 카르노 사이클은 다음과 같은 특징을 가지고 있다.

- 카르노 사이클의 열효율은 동작유체와 관계없이 작동하는 열원의 절대온도에만 관계된다.
- 동일한 온도 범위에서 작동하는 가역사이클의 열효율은 항상 카르노 사이클의 열효율과 같다.
- 비가역 사이클의 열효율은 항상 카르노 사이클의 열효율보다 작다.
- 카르노 사이클은 열효율이 가장 좋은 열기관의 이상적인 사이클이다.

예제 4-1

50℃~1,500℃ 사이에서 카르노 사이클로 작동하는 열기관의 열효율을 구하라.

풀이

고온열원과 저온열원의 온도를 각각 절대온도로 표시하면,

$$T_H = 1{,}500 + 273 = 1{,}773(K),\ \ T_L = 50 + 273 = 323(K)$$

$$\therefore \eta_c = 1 - \frac{T_L}{T_H} = 1 - \frac{323}{1{,}773} = 0.818 = 81.8\%$$

4.2 역카르노 사이클(reversed Carnot cycle)

시계 방향으로 변화하는 카르노 사이클은 가역 사이클이므로 반시계 방향의 사이클도 성립된다. 이와 같은 역방향의 카르노 사이클을 역카르노 사이클이라 하며, 이상적인 냉동기관 사이클, 즉 성능계수가 가장 큰 냉동기관 사이클이 된다. 역카르노 사이클 역시 두 개의 단열과정과 두 개의 등온과정으로 구성되며, 그 과정은 다음과 같다.

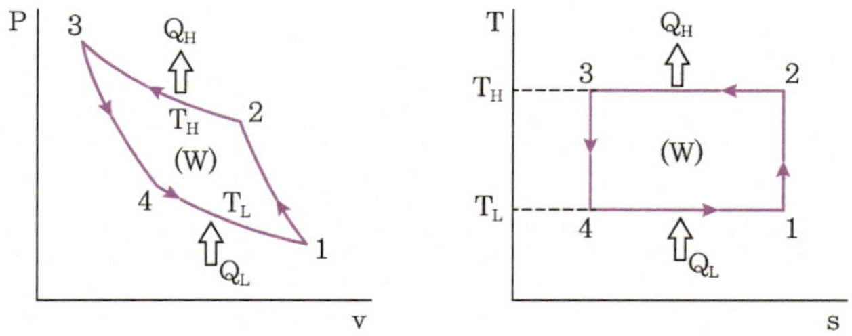

그림 4-2 Reversed Carnot cycle

- 과정 1→2(단열압축) : 저온저압의 냉매증기가 열 교환 없이 압축되어 고온고압의 냉매증기로 되는 과정 (압축기)
- 과정 2→3(등온압축) : 고온고압의 냉매증기가 등온(T_H) 하에 고온열원으로 열량(Q_H)을 방출하며 냉매액으로 응축하는 과정 (응축기)
- 과정 3→4(단열팽창) : 고온고압의 냉매액이 열 교환 없이 팽창되어 저온저압의 냉매액(실제로는 습증기)으로 되는 과정 (팽창밸브)
- 과정 4→1(등온팽창) : 저온저압의 냉매액이 등온(T_L) 하에 저온열원으로부터 열량(Q_L)을 흡수하면서 냉동을 수행하고 냉매증기로 증발하는 과정 (증발기)

열기관의 열효율과 유사한 개념으로 냉동기에서는 성능계수(COP, coefficient of performance)를 사용한다. 냉동기의 성능계수는 증발기에서 냉매가 흡수한 열량(Q_L)과 압축기에 공급된 일량(W)의 비로 정의된다. 냉동기의 성능계수를 ϵ_r, 역카르노 사이클로 작동하는 냉동기의 성능계수를 ϵ_{rc}라 하면 다음과 같다.

$$\epsilon_r = \frac{Q_L}{W} = \frac{Q_L}{Q_H - Q_L}$$

$$\epsilon_{rc} = \frac{T_L}{T_H - T_L}$$

냉동사이클에서 응축기로 방출되는 열량(Q_H)을 이용하는 경우 열펌프(heat pump)라 하며, 열펌프의 성능계수는 응축기에서 냉매가 방출한 열량(Q_H)과 압축기에 공급된 일량(W)의 비로 정의된다. 열펌프의 성능계수를 ϵ_h, 역카르노 사이클로 작동하는 열펌프의 성능계수를 ϵ_{hc}라 하면 다음과 같다.

$$\epsilon_h = \frac{Q_H}{W} = \frac{Q_H}{Q_H - Q_L}$$

$$\epsilon_{hc} = \frac{T_H}{T_H - T_L}$$

냉동 시에 T_L은 냉동온도 또는 증발기 온도이고, T_H는 주위로의 열방출 온도 또는 응축기 온도이다. 최저 냉동온도는 $T_L = 0$(절대영도)이며, 이 때 $\epsilon_{rc} = 0$이다. 최고 냉동온도는 주위온도와 같을 때, 즉 $T_L = T_H$일 때이며, 이 때 $\epsilon_{rc} = \infty$이다. 따라서 역카르노 사이클로 작동하는 냉동기의 성능계수는 0과 ∞ 사이에서 변화한다. 난방 시 T_L은 주위의 열흡수 온도 또는 증발기 온도이고, T_H는 실내 난방온도 또는 응축기 온도이다. 이론상으로 역카르노 사이클로 작동하는 열펌프의 성능계수는 1과 ∞ 사이에서 변화한다.

따라서 역카르노 사이클로 작동하는 냉동기 또는 열펌프의 성능계수를 최대로 하기 위해서는 고온열원과 저온열원의 온도차($T_H - T_L$)를 작게 하거나, 저온열원의 온도(T_L)(냉동기인 경우) 또는 고온열원의 온도(T_H)(열펌프인 경우)를 높게 하여야 한다.

예제 4-2

냉동기와 열펌프의 성능계수에 대한 관계식을 구하라.

풀이

$$\epsilon_h = \frac{Q_H}{Q_H - Q_L} = \frac{Q_H - Q_L + Q_L}{Q_H - Q_L} = 1 + \frac{Q_L}{Q_H - Q_L} = 1 + \epsilon_r$$

또는

$$\epsilon_{hc} = \frac{T_H}{T_H - T_L} = \frac{T_H - T_L + T_L}{T_H - T_L} = 1 + \frac{T_L}{T_H - T_L} = 1 + \epsilon_{rc}$$

따라서 동일한 사이클로 작동하는 경우 열펌프의 성능계수는 반드시 냉동기의 성능계수보다 1 만큼 크다.

예제 4-3

t_L=-10℃, t_H=40℃ 사이에서 역Carnot cycle로 작동하는 냉동기 및 열펌프의 성능계수를 구하라.(ϵ_{rc}, ϵ_{hc})

풀이

$$T_L = t_L + 273 = 263K, \quad T_H = t_H + 273 = 313K$$

① $\epsilon_{rc} = \dfrac{T_L}{T_H - T_L} = \dfrac{263}{313 - 263} = 5.26$ ② $\epsilon_{hc} = 1 + \epsilon_{rc} = 6.26$

예제 4-4

역Carnot cycle로 작동되는 냉동기의 성능계수가 5이고 증발기의 온도가 -40℃일 때, 응축기의 온도(t_H)를 구하라.

풀이

$$T_L = t_L + 273 = -40 + 273 = 233(K)$$

$$\epsilon_{rc} = \frac{T_L}{T_H - T_L}$$

$$\therefore T_H = T_L \frac{\epsilon_{rc} + 1}{\epsilon_{rc}} = (233)\frac{5+1}{5} = 279.6(K) = 6.6(℃)$$

보충설명

열펌프(heat pump)

냉동기와 열펌프에 사용되는 장치는 동일하지만, 그 목적은 다르다. 냉동기는 저온에서 열을 흡수하여 냉동을 하는 것이고, 열펌프는 고온으로 열을 방출하여 난방을 하는 것이다. 이 장치를 응용하면 산업 장비의 한 부문은 냉각을 시키고 동시에 다른 부문은 가열시킬 수가 있다. 또한 한 개의 장치로써 열펌프와 냉동기를 교대로 작동시킬 수 있는데, 바로 냉난방 겸용 공기조화장치로 여름에는 건물의 냉방에 이용되고, 겨울에는 난방에 이용된다.

열펌프는 종종 물펌프(water pump)와 비교되곤 한다. 자연 상태의 물은 높은 곳에서 낮은 곳으로 흐르는데, 외부의 장치, 즉 물펌프를 이용하면 거꾸로 낮은 곳의 물을 높은 곳으로 이동시킬 수가 있다. 이와 마찬가지로 자연 상태에서는 온도가 높은 곳(고온열원)에서 낮은 곳(저온열원)으로 열이 이동하는데, 외부의 장치, 즉 열펌프를 이용하면 저온열원으로부터 고온열원으로 열을 이동시킬 수가 있게 된다. 따라서 물펌프는 낮은 곳의 물을 높은 곳으로 뿜어 올리는 장치이며, 열펌프는 저온열원의 열을 고온열원으로 배출시키는 장치인 것이다.

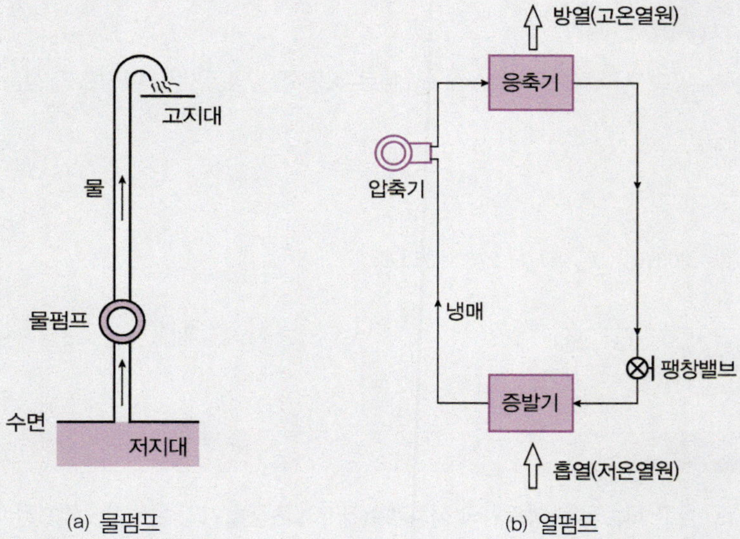

그림 4-3 물펌프와 열펌프의 비교

4.3 몰리에르 선도(Mollier diagram)

냉매의 물리적 성질은 온도(T), 압력(P), 비체적(v), 비내부에너지(u), 비엔탈피(i), 비엔트로피(s)의 관계를 사용하여 표시할 수 있다. 이들은 서로 일련의 관계를 갖고 있으므로 일부의 값을 알면 나머지 값은 상호간의 관계에서 구할 수 있다. 이와 같은 값들은 기체의 상태방정식으로부터 계산된 값과 실제로 측정된 값 등을 종합하여 증기표로 만들거나 증기선도로 그려져 이용된다. 열역학 사이클의 정밀한 계산을 위해서는 증기표를 이용하는 것이 좋으며, 그렇지 않은 경우에는 열역학적 상태량을 쉽게 알아볼 수 있는 증기선도를 이용하는 것이 편리하다. 일반적으로 가장 기본적으로 이용되는 증기선도에는 $P-v$ 선도와 $T-s$ 선도가 있으며, 증기사이클에는 $i-s$ 선도, 냉동사이클에는 $P-i$ 선도를 이용하는 것이 편리하다.

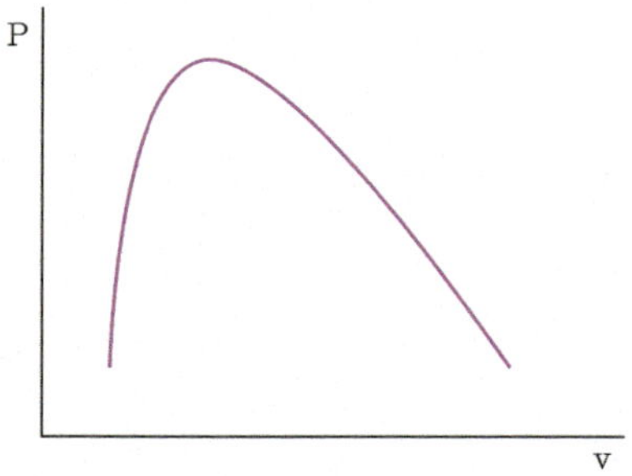

그림 4-4 $P-v$ 선도

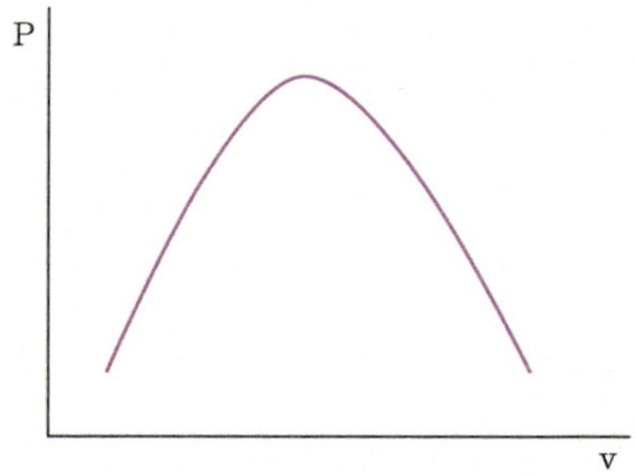

그림 4-5 $T-s$ 선도

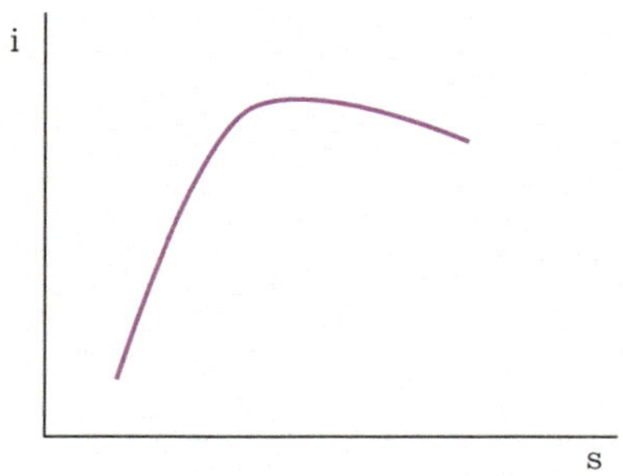

그림 4-6 $i-s$ 선도

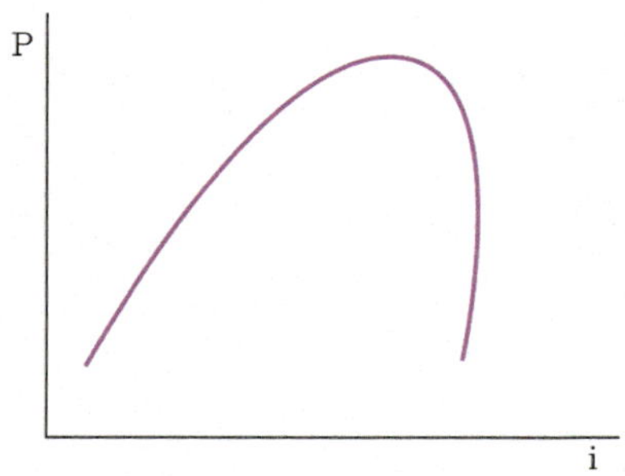

그림 4-7 $P-i$ 선도

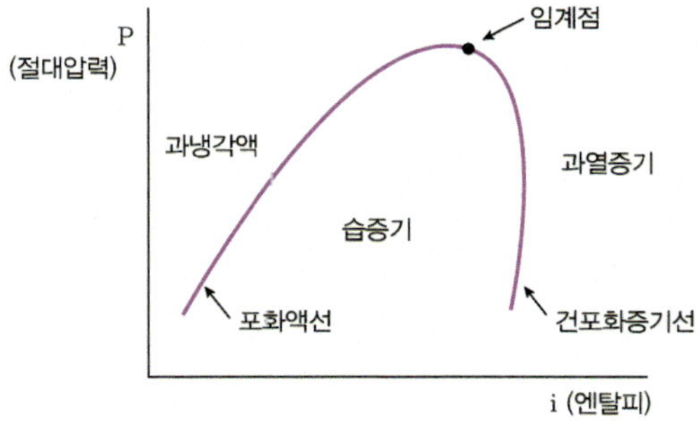

그림 4-8 Mollier $P-i$ 선도의 영역 구분

$P-i$ 선도는 독일의 R. Mollier가 1904년에 고안한 것으로 Mollier 선도 또는 Mollier $P-i$ 선도라고도 하며, 냉동기나 열펌프의 사이클 계산에 매우 유용하다. 수증기에 대한 Mollier 선도인 $i-s$ 선도와 구분하여, $P-i$ 선도를 냉매에 대한 Mollier 선도라고도 한다.

냉매의 종류에 따라 $P-i$ 선도에 대한 포화액 및 건포화증기의 각 선의 모양은 약간씩 다르지만, 기본적으로는 (그림 4-8)에 나타낸 것과 같이 된다. 세로축에는 절대압력(보통 $\log P$)을, 가로축에는 엔탈피(i)를 나타낸다. $P-i$ 선도에서는 포화액선과 건포화증기선의 경계선에 의해서 3개의 영역으로 구분된다. (그림 4-8)에서 포화액선을 기준으로 왼쪽 영역은 포화액 압력이 동일하여도 온도는 낮아지기 때문에 과냉각액이라 한다. 건포화증기선을 기준으로 오른쪽 영역은 포화액 압력이 동일하여도 온도는 높아지기 때문에 과열증기라고 한다. 또한 포화액선과 건포화증기선에 의해 둘러싸인 내부의 영역은 포화액과 포화증기가 공존하는 영역이므로 습증기라고 한다.

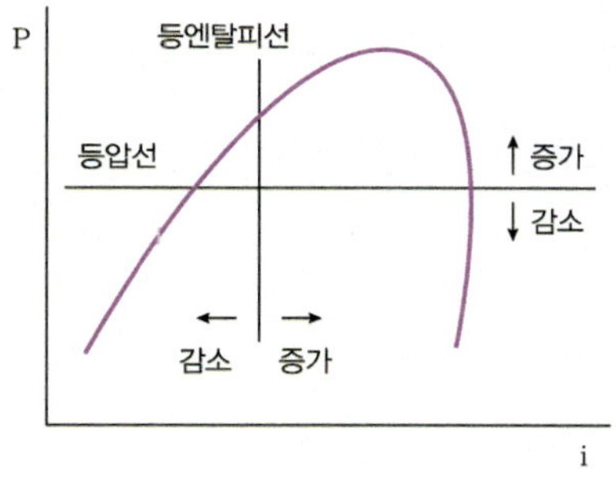

그림 4-9 등압선과 등엔탈피선

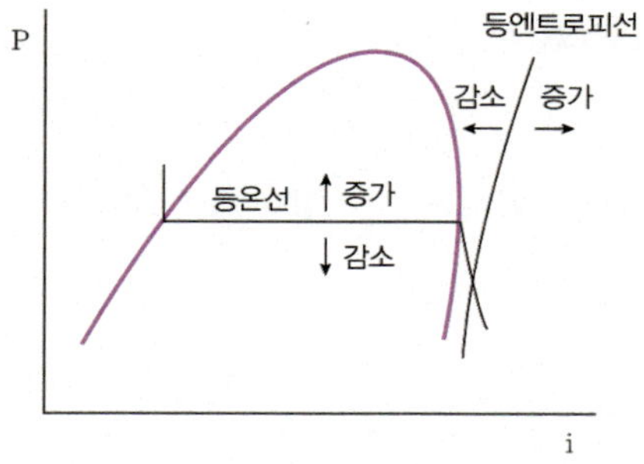

그림 4-10 등온선과 등엔트로피선

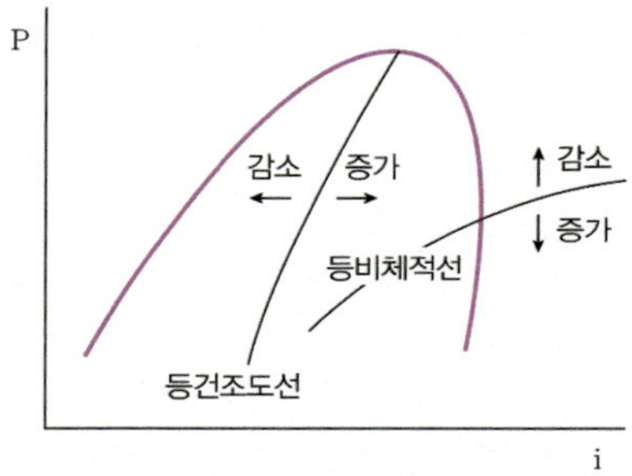

그림 4-11 등비체적선과 등건조도선

$P-i$ 선도를 통하여 냉매의 열역학적 성질 6가지인 온도(T), 압력(P), 비체적(v), 비엔탈피(i), 비엔트로피(s) 및 건조도(x)를 알 수 있으며, (그림 4-9)부터 (그림 4-11)은 이에 대한 등성곡선을 나타낸 것이다.

- 등압선 : 단위는 $kg/cm^2\,(abs)$ 또는 $kPa\,(abs)$이며, 수평선을 따라 등압이 된다.
- 등엔탈피선 : 단위는 $kcal/kg$ 또는 kJ/kg이며, 수직선을 따라 등엔탈피로 된다.
- 등온선 : 단위는 ℃ 또는 K이며, 등온선은 과냉각액 영역에서는 수직에 가까운 선이고, 습증기 영역에서는 수평선을 이루며, 과열증기 영역에서는 오른쪽으로 급한 경사선이 된다.
- 등엔트로피선 : 단위는 $kcal/kg$ · ℃ 또는 kJ/kg · K이며, 수직에 가까운 상태에서 오른쪽으로 기울어진 곡선을 따라 등엔트로피선이고, 단열 압축 과정일 때 이 선을 따라 압력이 상승한다.

- 등비체적선 : 단위는 m^3/kg이며, 오른쪽으로 기울어진 곡선을 따라 등비체적이고, 보통 파선으로 표시된다.
- 등건조도선 : 건조도란 습증기에서 건포화증기의 비율을 나타내는 수치로서, 다음과 같이 구한다.

$$x = \frac{\text{포화증기의 중량}}{(\text{포화액} + \text{포화증기})\text{의 중량}}$$

따라서 포화액선 상의 건조도는 0이며, 건포화증기선 상의 건조도는 1이다. 등건조도선은 포화액선과 건포화증기선으로 둘러싸인 영역을 균등 분할하여 표시되며, 단위는 없다.

예제 4-5

Mollier 선도 보는 법 연습

냉매 R-12의 $P-i$ 선도(부록 A.5 참조)를 이용하여 R-12가 다음과 같은 상태일 때의 열역학적 성질(P, v, i, s)을 구하라. 단, 포화액의 비체적은 증기선도에서 구하기 곤란하므로 증기표를 이용한 다음 예제에서 구하라.

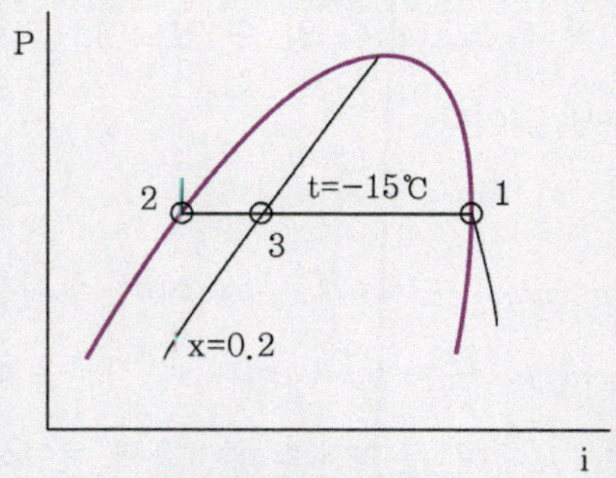

그림 4-12 (예제 4-5)의 그림

풀이

	P (kg/cm^2)	v (m^3/kg)	i ($kcal/kg$)	s ($kcal/kg℃$)
① t=-15℃인 포화증기				
② t=-15℃인 포화액		---------		
③ t=-15℃, x=0.2인 습증기				

예제 4-6

증기표 보는 법 연습 : R-12의 증기표(부록 A.8 참조)를 이용하여 (예제 4-5)에서 구한 값을 확인하라. 단, 건조도 x인 습증기의 값은 다음 식을 이용하여 구하라.

$$v_x = xv_g + (1-x)v_\ell,\ i_x = xi_g + (1-x)i_\ell,\ s_x = xs_g + (1-x)s_\ell$$

풀이

	P (kg/cm^2)	v (m^3/kg)	i $(kcal/kg)$	s $(kcal/kg℃)$
① t=-15℃인 포화증기	1.862	0.093	135.3	1.1372
② t=-15℃인 포화액	1.862	0.69×10^{-3}	96.7	0.9878
③ t=-15℃, x=0.2인 습증기	1.862	0.019	104.42	1.0177

$$v_x = xv_g + (1-x)v_\ell = (0.2)(0.093) + (1-0.2)(0.69\times10^{-3}) = 0.019$$

$$i_x = xi_g + (1-x)i_\ell = (0.2)(135.3) + (1-0.2)(96.7) = 104.42$$

$$s_x = xs_g + (1-x)s_\ell = (0.2)(1.1372) + (1-0.2)(0.9878) = 1.0177$$

4.4 이론적 증기압축 냉동사이클

4.4.1 습압축 및 건압축 냉동사이클

증발기에서 증발된 냉매가 습증기 상태로 압축기에 유입되며, 압축기는 이 습증기를 압축하여 건포화증기로 한다. 압축된 건포화증기는 응축기에서 응축되어 포화액으로 되는 사이클을 습(wet)압축 냉동사이클이라고 한다. 이 사이클은 압축 후 증기 상태의 냉매 온도가 그리 높지 않으므로, 공랭식 압축기를 사용할 수 있는 장점이 있다. 그러나 압축기로 들어가는 냉매가 습증기이므로 냉매의 액적(liquid drop)으로 인하여 여러 가지 문제가 발생한다. 즉, 냉매의 액적이 압축기 내에 들어가면 다음 흡입행정에서 증발되어 압축기의 체적효율이 감소하고, 실린더 내에서 피스톤이 올라올 때 밸브나 실린더헤드를 손상시키며, 액적이 실린더 벽의 윤활유를 씻어내려 마모를 촉진시킨다. 이 사이클은 주로 소용량의 냉동기에 사용되다가 현재는 거의 쓰이지 않는다. (그림 4-13)의 $P-i$ 선도에서 $1'-2'-3-4-1$이 습압축 냉동사이클이다.

증발기에서 증발된 건포화증기 상태의 냉매를 압축하여 과열증기로 만든 후, 응축시키는 냉동사이클을 건(dry)압축 냉동사이클이라 한다. 건압축 냉동사이클은 압축기가 습압축의 경우와는 달리 건포화증기를 흡입하므로 냉매의 액적으로 인한 문제는 발생하지 않는다. 그러나 압축 후 냉매의 온도가 높아짐으로 인하여 압축기 윤활유의 질 저하 문제라던가, 응축기의 방열량이 증가하게 되어 대형의 응축기가 필요하게 되는 등의 문제가 발생한다. 현재 사용하는 냉동기는 대부분 건압축 냉동사이클로 작동한다. (그림 4-13)의 $P-i$ 선도에서 $1-2-3-4-1$이 건압축 냉동사이클이다.

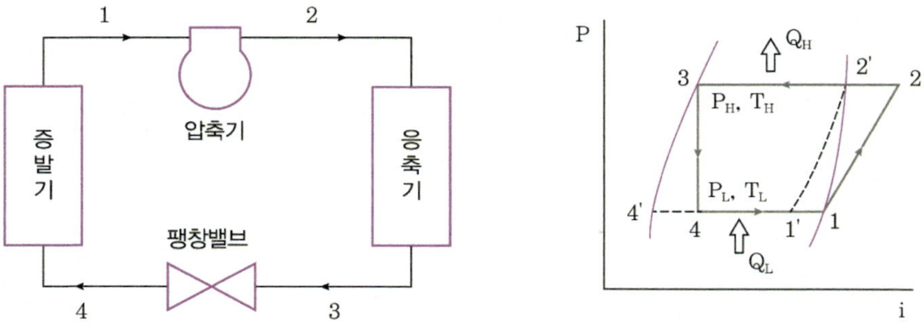

그림 4-13 이론적 증기압축 냉동사이클

4.4.2 건압축 냉동사이클의 이론적 해석

건압축 냉동사이클(그림 4-14 참조)에서 $P-i$ 선도 및 증기표를 이용하여 각 상태점의 엔탈피 구하는 방법은 다음과 같다.

- 점1 : 냉매의 증발압력선(P_L)과 포화증기선(x=1.0)이 만나는 점이며, 증기표에서는 P_L인 포화증기의 값을 구한다.
- 점2 : 냉매의 응축압력선(P_H)과 점1을 지나는 등엔트로피선이 만나는 점이며, 증기표에서는 P_H인 과열증기의 값을 구한다. 편의상 $P-i$ 선도를 이용하여 구하는 경

우가 많다.

- 점3 : 냉매의 응축압력선(P_H)과 포화액선(x=0)이 만나는 점이며, 증기표에서는 P_H 인 포화액의 값을 구한다.
- 점4 : 냉매의 증발압력선(P_L)과 점3을 지나는 등엔탈피선이 만나는 점이며, 점3의 엔탈피와 동일하다. 냉매 상태는 습증기이다.
- 점4' : 냉매의 증발압력선(P_L)과 포화액선(x=0)이 만나는 점이며, 증기표에서는 P_L 인 포화액의 값을 구한다.

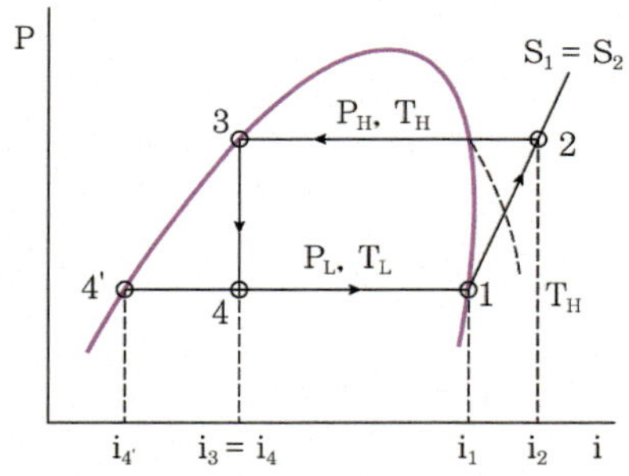

그림 4-14 건압축 냉동사이클

건압축 냉동사이클(그림 4-14 참조)에서 냉매의 변화과정과 냉동사이클의 에너지 계산하는 방법은 다음과 같다.

[1 → 2] : 압축기의 압축과정이며, 등엔트로피과정이다.

- 압축기의 압축일량

$w = i_2 - i_1$, $kcal/kg$; $W = G(i_2 - i_1)$, $kcal/h$

G는 냉매순환량(kg/h)이며, 압축기의 총일량인 W는 소요 동력으로서 흔히 [PS] 단위를 사용한다.

[2 → 3] : 응축기의 응축과정이며, 등압과정이다.

- 응축기의 방출열량으로 난방에 이용

$q_H = q_L + w = i_2 - i_3$

$\rightarrow$ 가열효과(heating effect), kcal/kg

$Q_H = Q_L + W = Gq_H = G(i_2 - i_3)$

$\rightarrow$ 가열능력(heating capacity), kcal/h

[3 → 4] : 팽창밸브의 팽창과정이며, 등엔탈피 과정이다.

- 습증기 점4의 건조도

$$x = \frac{i_4 - i_{4'}}{i_1 - i_{4'}} = \frac{i_3 - i_{4'}}{\gamma}, \gamma = \text{증발잠열}(kcal/kg)$$

[4 → 1] : 증발기의 증발과정이며, 등압과정이다.

- 증발기의 흡수열량으로 냉동에 이용

$q_L = i_1 - i_4 = i_1 - i_3$

$\rightarrow$ 냉동효과(refrigerating effect), kcal/kg

$Q_L = Gq_L = G(i_1 - i_3)$

$\rightarrow$ 냉동능력(refrigerating capacity), kcal/h

따라서 냉동사이클이 냉동기 또는 열펌프로 작동할 때의 성능계수는 다음과 같다.

- 냉동기의 성능계수 : $\epsilon_r = \frac{q_L}{w} = \frac{i_1 - i_3}{i_2 - i_1}$
- 열펌프의 성능계수 : $\epsilon_h = \frac{q_H}{w} = \frac{i_2 - i_3}{i_2 - i_1}$ or $\epsilon_h = 1 + \epsilon_r$

예제 4-7

(그림 4-15)과 같이 Freon-12를 냉매로 사용하는 이론적 증기압축 냉동사이클에서 증발 온도 t_L=-25℃, 응축 온도 t_H=40℃일 때 다음을 구하라. 단, 냉매순환량은 600kg/h이고, 과냉각도 (Δt_c=0)와 과열도(Δt_h=0)는 무시하라. 부록에 있는 R-12의 증기표(A.8)와 $P-i$ 선도(A.5)를 이용하고, 각 문제의 우측 끝에 있는 답을 참조하여 풀어본 후 다음 쪽의 풀이 결과와 비교하라.

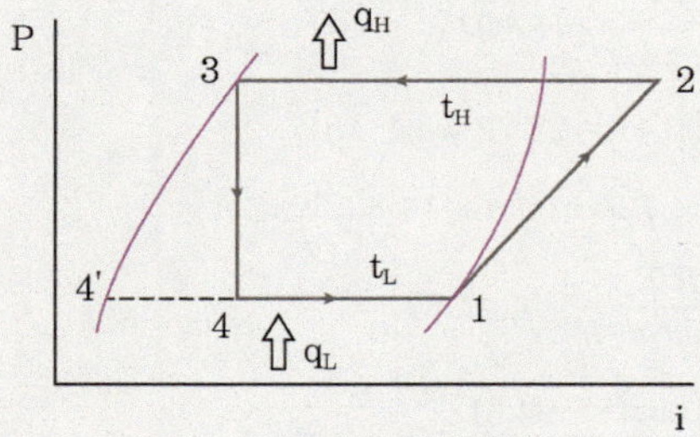

그림 4-15 (예제 4-7)의 그림

① 냉동사이클의 증발압력(P_L)과 응축압력(P_H) : [1.2616, 9.7707$kg/cm^2(abs)$]

② 각 상태점의 엔탈피($kcal/kg$) : i_1, i_2, i_3, i_4, $i_{4'}$

[i_1=134.13, i_3=i_4=109.41, $i_{4'}$=94.61, i_2=143.5]

③ 압축기의 압축일량($kcal/kg$) w : [9.37$kcal/kg$]

④ 압축기의 소요 동력(PS) W : [8.90PS]

⑤ 냉동효과($kcal/kg$) q_L : [24.72$kcal/kg$]

⑥ 냉동능력(RT) Q_L : [4.47RT]

⑦ 상태점 1, 4, 4 '의 건조도 x : [1, 0.37, 0]

⑧ 냉동기의 성능계수 ϵ_r : [2.64]

⑨ 응축기의 방출열량($kcal/kg$) q_H : [34.1$kcal/kg$]

⑩ 이 냉동사이클을 열펌프로 사용하는 경우의 성능계수 ϵ_h : [3.64]

⑪ 이 냉동사이클의 온도조건(t_L, t_H)에서 냉동기가 역Carnot cycle로 작동하는 경우 성능계수 ϵ_{rc} : [3.82]

⑫ ϵ_r/ϵ_{rc}의 비(ratio) : [0.691]

⑬ (그림 4-15)의 냉동사이클을 (부록 A.5)의 $P-i$ 선도에 표시하라.

풀이

① 증기표 이용 : P_L= 1.2616$kg/cm^2(abs)$, P_H= 9.7707$kg/cm^2(abs)$

② 증기표 이용 : i_1=134.13$kcal/kg$, i_3=i_4=109.41$kcal/kg$, $i_{4'}$=94.61$kcal/kg$

$P-i$ 선도 이용 : i_2=143.5$kcal/kg$

③ $w = i_2 - i_1 = 143.5 - 134.13 = 9.37(kcal/kg)$

④ $W = Gw = (600kg/h)(9.37kcal/kg) = 5622.00kcal/h$

$\therefore 5622.00kcal/h \times \dfrac{1PS}{632kcal/h} = 8.90PS$

⑤ $q_L = i_1 - i_4 = 134.13 - 109.41 = 24.72(kcal/kg)$

⑥ $Q_L = Gq_L = 600kg/h \times 24.72kcal/kg = 14{,}832kcal/h$

$\therefore 14{,}832kcal/h \times \dfrac{1RT}{3{,}320kcal/h} = 4.47RT$

⑦ $x_1 = 1,\ x_4 = \dfrac{i_4 - i_{4'}}{i_1 - i_{4'}} = \dfrac{109.41 - 94.61}{134.13 - 94.61} = 0.37,\ x_{4'} = 0$

⑧ $\epsilon_r = \dfrac{q_L}{w} = \dfrac{24.72}{9.37} = 2.64$

⑨ $q_H = i_2 - i_3 = 143.5 - 109.41 = 34.09(kcal/kg)$

⑩ $\epsilon_h = 1 + \epsilon_r = 1 + 2.64 = 3.64$ 또는 $\epsilon_h = \dfrac{q_H}{w} = \dfrac{34.09}{9.37} = 3.64$

⑪ $\epsilon_{rc} = \dfrac{T_L}{T_H - T_L} = \dfrac{(273-25)}{40-(-25)} = 3.82$

⑫ $\dfrac{\epsilon_r}{\epsilon_{rc}} = \dfrac{2.64}{3.82} = 0.691 = 69.1\%$

⑬

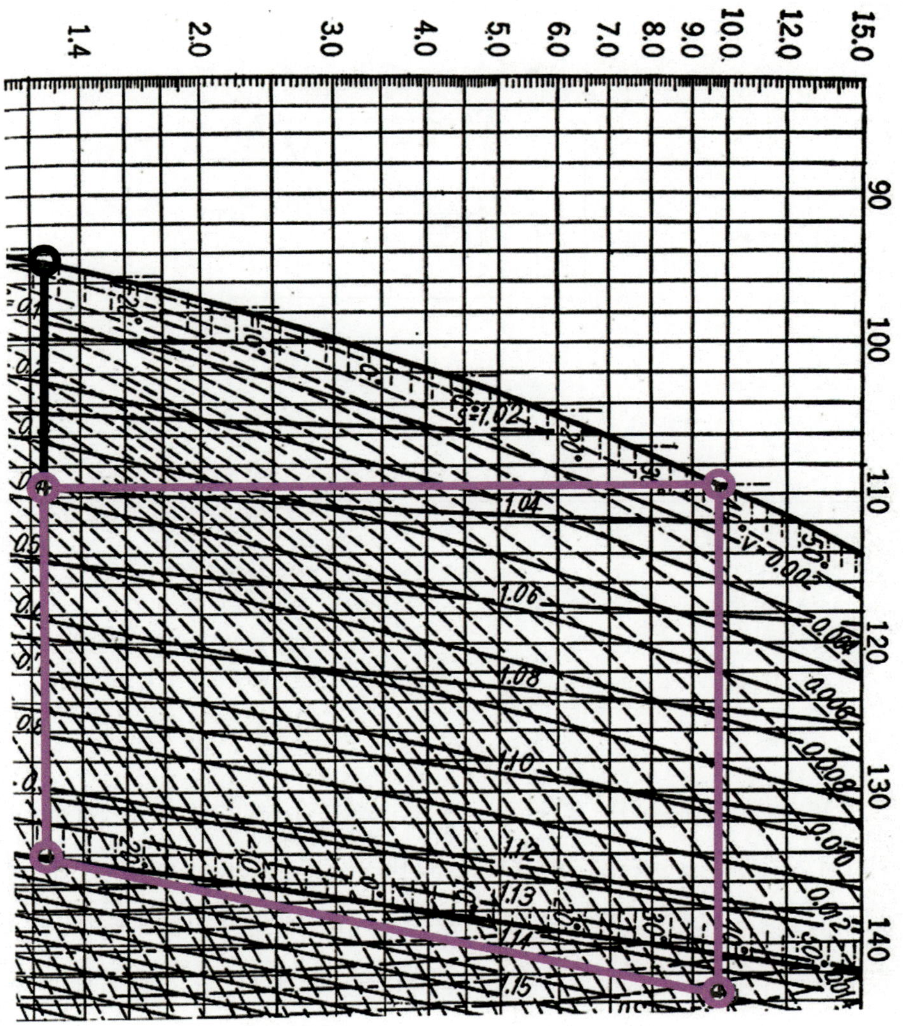

그림 4-16 (예제 4-7)의 풀이 ⑬의 그림

4.4.3 역카르노 사이클과 이론적 증기압축 냉동사이클 비교

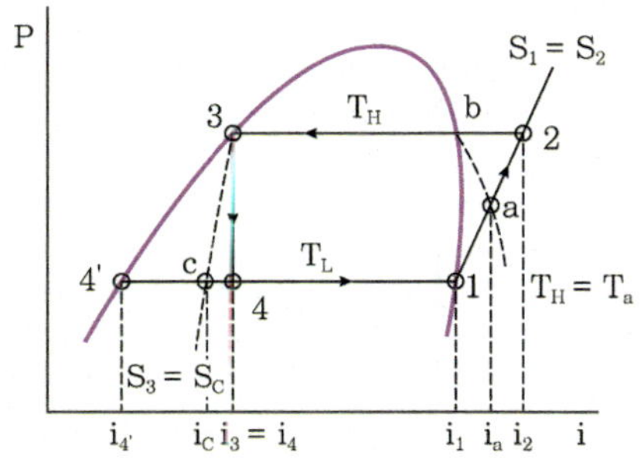

그림 4-17 $P-i$ 선도 상의 역카르노 사이클과 이론적 증기압축 냉동사이클

표 4-1 이론적 증기압축 냉동사이클과 역카르노 사이클의 상태변화

역카르노 사이클		이론적 증기압축 냉동사이클
압축기(단열압축) $w' = i_a - i_1$ 응축기(등온응축) 팽창밸브(단열팽창 : 등엔트로피) 증발기(등온증발) $q_L{}' = i_1 - i_c$	⇨	압축기(단열압축) $w = i_2 - i_1$ 응축기(등압응축) 팽창밸브(교축팽창 : 등엔탈피) 증발기(등온증발) $q_L = i_1 - i_4$

(그림 4-17)과 (표 4-1)는 역카르노 사이클과 이론적 증기압축 냉동사이클을 비교하기 위하여 각각 $P-i$ 선도 및 상태변화표를 나타낸 것이다. 두 사이클의 차이점은 역카르노 사이클에서 팽창밸브의 단열과정과 응축기의 등온과정이 이론적 증기압축 냉동사이클에서는 각각 교축과정과 등압과정으로 바뀐 것이다. (그림 4-17)에서 역카르노 사이클은 $1-a-b-3-c-1$이며, 이론적 증기압축 냉동사이클은 $1-2-3-4-1$이다. 따라서 역카르노 사이클일 때 압축일량은 줄어들고 증발기의 흡수열량은 증가하므로 성능계수가 더 좋다는 것을 알 수 있다.

4.5 냉매의 상태가 냉동사이클에 미치는 효과

냉동기는 성능계수가 클수록 효과적인 것은 당연하다. 그러나 성능계수가 아무리 크다 해도 사용 조건에 맞지 않으면 반드시 좋은 냉동기라고 말할 수 없다. 따라서 성능계수를 증가시키는 방법을 강구하여 냉동사이클을 이에 맞게 개선하여야 한다. 성능계수는 $\epsilon_r = q_L/w$로 표현되므로 성능계수를 크게 하려면 냉동효과(q_L)를 크게 하거나 압축기의 압축일량(w)을 작게 하여야 한다. 따라서 이 절에서는 냉동효과와 압축기의 압축일량에 영향을 주는 냉매의 열역학적 상태를 검토하기로 한다. 검토 대상으로는 증발온도(T_L), 응축온도(T_H), 압축기 입구의 냉매증기 온도(과열도, Δt_h) 및 팽창밸브 입구의 냉매액 온도(과냉각도, Δt_c) 등이 있다.

4.5.1 증발온도(또는 증발압력)

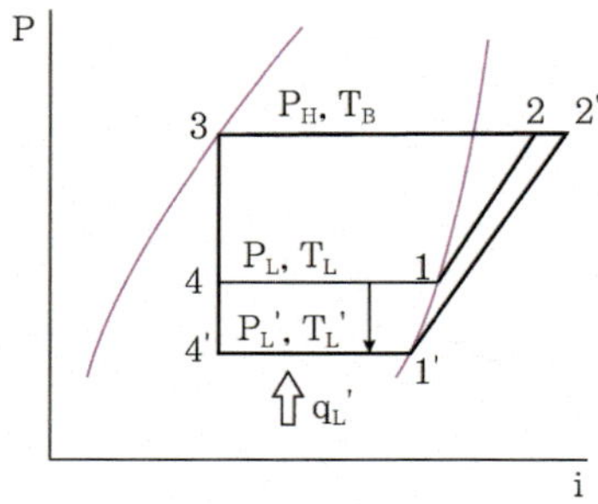

그림 4-18 증발온도의 영향

응축온도 T_H는 일정한 상태에서 냉매의 증발온도가 $T_L \rightarrow T_L'$으로 낮아지는 경우의 서로 다른 두 개의 냉동사이클을 (그림 4-18)에 나타내었다. 이하에는 증발온도의 저하가 냉동사이클에 미치는 영향을 정리하였다.

① 냉동효과 감소: $q_L'(= i_{1'} - i_3) < \ q_L(= i_1 - i_3)$

② 압축일 증가 : $w'(= i_{2'} - i_{1'}) > \ w(= i_2 - i_1)$

③ 성능계수 감소 : $\epsilon_r{}'(=q_L{}'/w') < \epsilon_r(=q_L/w)$

④ 압축기 출구의 냉매증기 온도 증가 : $t_{2'} > t_2$

→ 압축기의 과열로 압축기 윤활유의 질이 저하됨에 따라, 압축기의 내구성능이 떨어진다.

⑤ 압축기 입구 냉매증기의 비체적 증가 : $v_{1'} > v_1$

→ 동일한 압축기 용량에 대하여 냉동능력이 감소하거나,

$$Q_L{}'\left(=G'q_L{}'=\frac{V}{v_{1'}}q_L{}'\right)<Q_L\left(=Gq_L=\frac{V}{v_1}q_L\right)$$

또는 동일한 냉동능력에 대하여 압축기의 일량이 증가한다.

$$W'\left(\frac{Q_L}{\epsilon'}\right) > W\left(\frac{Q_L}{\epsilon}\right)$$

⑥ 압축비 증대 : $\dfrac{P_H}{P_L{}'} > \dfrac{P_H}{P_L} \quad (\because P_L{}' < P_L)$

이상을 종합하면, 증발온도가 낮아질수록 전반적으로 냉동사이클에 나쁜 영향을 미친다. 따라서 증발온도는 높을수록 좋으나 증발온도는 냉동기의 사용 조건에 의해 결정된다.

4.5.2 응축온도(또는 응축압력)

증발온도 T_L는 일정한 상태에서 냉매의 응축온도가 $T_H \rightarrow T_H{}'$으로 높아지는 경우의 서로 다른 두 개의 냉동사이클을 (그림 4-19)에 나타내었다. 이하에는 응축온도의 상승이 냉동사이클에 미치는 영향을 정리하였다.

① 냉동효과 감소 : $q_L{}'(=i_1-i_{3'}) < q_L(=i_1-i_3)$

② 압축일 증가 : $w'(=i_{2'}-i_1) > w(=i_2-i_1)$

③ 성능계수 감소 : $\epsilon_r{}'(=q_L{}'/w') < \epsilon_r(=q_L/w)$

④ 압축기 출구 냉매증기 온도 증가 : $t_{2'} > t_2$

⑤ 압축비 증대 : $\frac{P_H{'}}{P_L} > \frac{P_H}{P_L} \quad (\because P_H{'} > \ P_H)$

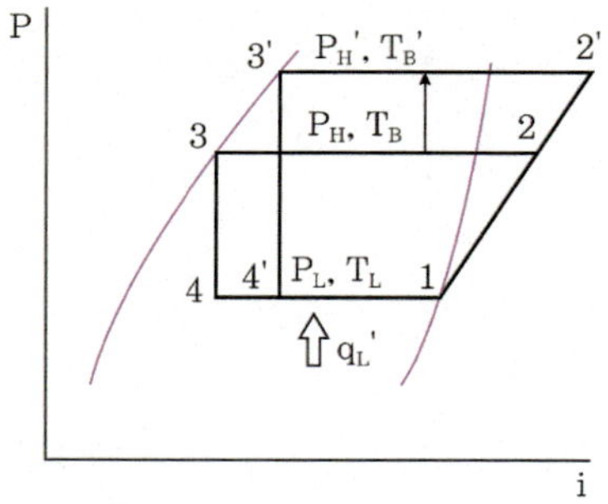

그림 4-19 응축온도의 영향

이상을 종합하면, 응축온도가 높아질수록 전반적으로 냉동사이클에 나쁜 영향을 미침을 알 수 있다. 그러나 압축기로 유입되는 냉매의 비체적은 변하지 않으므로 응축온도가 냉동기에 미치는 영향은 증발온도보다 적다.

4.5.3 압축기 입구의 냉매증기 온도(과열도)

포화증기(saturated vapor)를 포화압력 하에서 포화온도 이상으로 가열하면 과열증기(superheated vapor)가 되며 이를 과열(superheating)이라 한다. 이 때 과열증기의 온도와 그 압력에 상당하는 포화온도와의 차이를 과열도(Δt_h)라 한다. 이하에는 압축기 입구 냉매증기의 과열이 냉동사이클에 미치는 영향을 정리하였다.

① 과열도 : $\Delta t_h = t_{1'} - t_L$

② 냉동효과 증대 : $q_L{'}(= i_{1'} - i_3) > \ q_L(= i_1 - i_3)$

③ 압축기 입구 냉매증기의 비체적 증가로 인한 냉매순환량 감소 → 냉동능력 감소

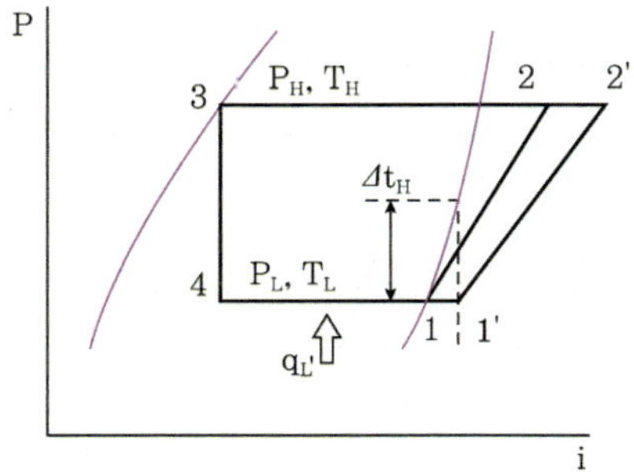

그림 4-20 과열의 영향

압축기 입구에서 냉매의 상태가 과열증기로 되는 경우는 증발기의 냉동능력에 비해 팽창밸브의 개방도가 작을 때 발생하며 대개는 성능계수가 증가한다. 그러나 과열증기가 된 후 증발기 내에서의 열전달은 상변화가 없는 상태로 이루어지므로 열전달계수가 떨어진다. 따라서 증발기의 크기를 크게 하여야 유효하게 사용할 수 있다. 그러므로 실제 냉동사이클에서는 압축기 입구에서 냉매의 상태를 건포화증기로 만드는 것이 바람직하나 조절이 매우 어려우므로 과열도를 약간(Δt_h=5℃) 주는 것이 보통이다.

4.5.4 팽창밸브 입구의 냉매액 온도(과냉각도)

포화액을 포화압력하에서 포화온도 이하로 냉각하는 것을 과냉(subcooling)이라 하고, 그와 같은 상태에 있는 액을 과냉각액(subcooled liquid)이라 한다. 그리고 과냉각액의 온도와 포화온도와의 차이를 과냉각도(Δt_c)라 한다. 이하에는 팽창밸브 입구 냉매액의 과냉이 냉동사이클에 미치는 영향을 정리하였다.

① 과냉각도 $\Delta t_C = t_H - t_{3'}$

② 냉동효과 증대 : $q_L'(= i_1 - i_{3'}) > \ q_L(= i_1 - i_3)$

③ 성능계수 증대 : $\epsilon_r'(= q_L'/w) > \ \epsilon_r(= q_L/w)$

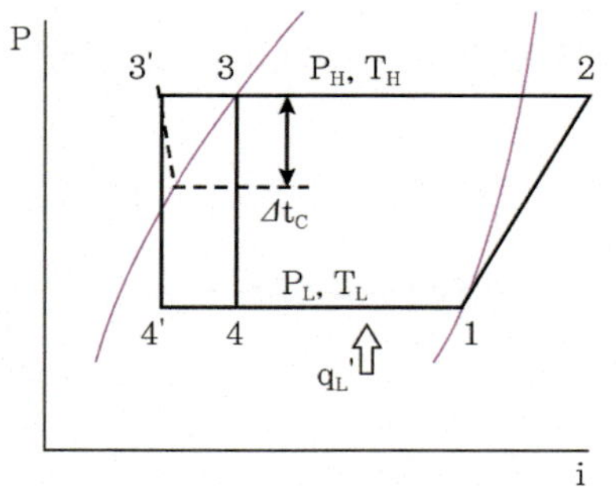

그림 4-21 과냉의 영향

이와 같이 팽창밸브 입구의 냉매액을 과냉시키면 증발기 입구에서 냉매의 건조도가 감소하므로 냉동기의 성능은 향상된다. 그러나 이렇게 과냉을 시키기 위해서는 응축온도보다 더 낮은 온도를 유지해 주는 특별한 냉각장치가 필요하다. 따라서 열교환기를 설치하여 과열·과냉 사이클로 사용하는 것이 일반적이다. 즉, (그림 4-22)과 같이 열교환기(heat exchanger)를 설치하면 증발기 출구의 냉매는 과열되는 반면, 응축기 출구의 냉매는 과냉되어 성능계수가 향상된다. 이 때 열교환기를 통과하면서 과열증기가 흡수하는 열량($\Delta i_H = i_1' - i_1$)은 과냉각액이 방출하는 열량($\Delta i_c = i_4 - i_4'$)과 같다.

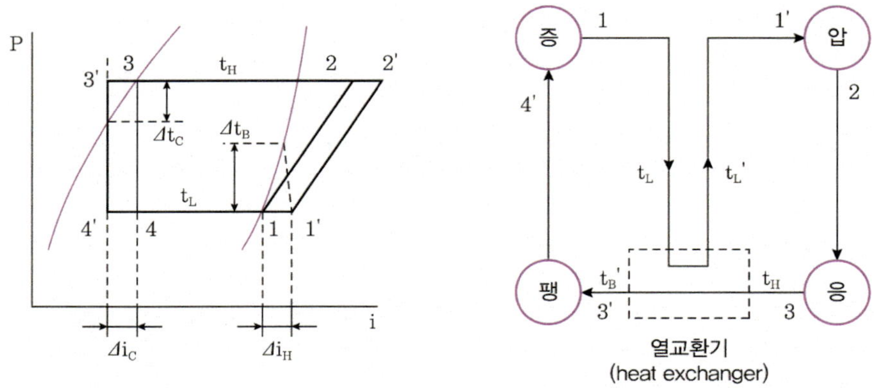

그림 4-22 과열・과냉 사이클

4.6 표준 냉동사이클(standard refrigeration cycle)

냉동기의 냉동능력과 소요 동력은 응축온도, 증발온도 및 과열도, 과냉각도 등의 온도 조건에 따라 다르다. 그러므로 냉동기를 설계하거나 성능을 비교할 경우에는 동일한 온도 조건에서 실시하여 적절성을 판단하여야 한다. 이와 같이 온도 조건을 동일하게 정한 상태에서 이루어지는 냉동사이클을 표준 냉동사이클이라 한다. 표준 냉동사이클의 온도 조건은 나라마다 약간의 차이가 있으며, (표 4-2)는 각 나라에서 사용하는 표준 냉동사이클의 온도 조건을 나타낸 것이다.

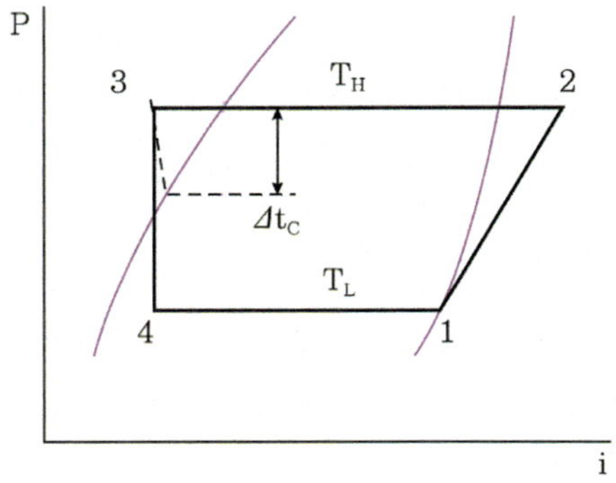

그림 4-23 표준 냉동사이클

표 4-2 표준 냉동사이클의 온도 조건

구분	한국, 일본	미국
증발온도(t_L)	-15℃	-15℃
응축온도(t_H)	30℃	30℃
과냉각도(Δt_c)	5℃	5℃
과열도(Δt_h)	-	5℃

4.7 실제 증기압축 냉동사이클

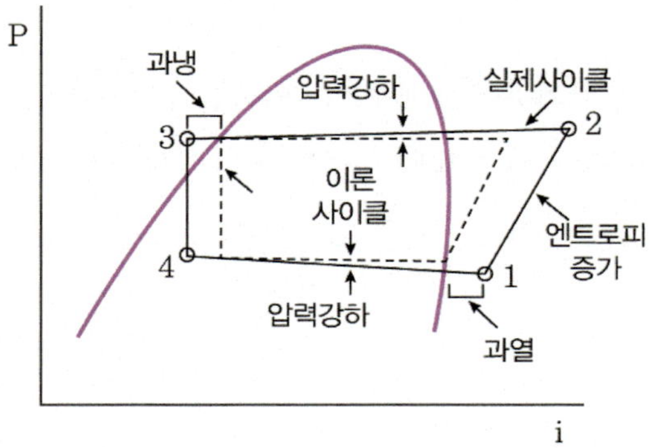

그림 4-24 실제와 이론적 증기압축 냉동사이클의 비교

실제 증기압축 냉동사이클은 이론적 증기압축 냉동사이클과 비교하면 효율이 떨어진다. (그림 4-24)는 이론적 증기압축 냉동사이클의 $P-i$ 선도 상에 실제 사이클을 첨가하여 그려서 비교한 것이다. 실제와 이론 사이클의 기본적인 차이점은 응축기와 증발기의 압력강하, 응축기 출구의 액체의 과냉, 증발기 출구 증기의 과열 등이라 할 수 있다. 이론 사이클은 응축기와 증발기의 압력강하가 없다고 가정한다. 그러나 마찰 때문에 실제 사이클에서는 냉매의 압력이 강하한다. 이런 압력강하의 결과로 점1과 점2 사이의 압축과정에 소요되는 일량은 이론 사이클보다 커진다. 응축기 출구 액체의 과냉은 일반적으로 100% 액체가 팽창밸브에 들어가게 하여 바람직하다. 증발기에서 증기의 과열도 일반적이며 압축기에 냉매 액적이 들어가지 않도록 권장하고 있다. 실제 사이클에서 마지막 차이점은 압축은 등엔트로피 과정이 아니며 마찰과 기체 손실에 의하여 효율이 떨어진다.

4.8 다단 압축 냉동사이클(multi-stage compression refrigeration cycle)

1대의 압축기를 사용하여 -30℃ 이하의 저온을 얻으려면 증발압력이 대기압보다 훨씬 낮아진다. 이렇게 낮아진 압력을 응축압력까지 압축하려면 압축기의 압축비가 너무 커지며 따라서 압축 후 냉매증기의 온도도 높아지므로 압축기의 체적효율, 압축효율이 감소하여 냉동능력이 감소된다. 그리고 압축기가 과열되므로 윤활유가 변질되기 쉽고, 압축기의 소비 동력이 증가하므로 성능계수도 떨어진다. 그러므로 온도가 낮은 냉동장치에는 압축기를 2대 이상 설치하여 냉매증기의 압축을 여러 단(stage)으로 나누어 실시하면 이런 문제를 방지할 수 있다. 일반적으로는 압축을 할 때마다 온도를 낮추기 위하여 중간냉각을 실시한다.

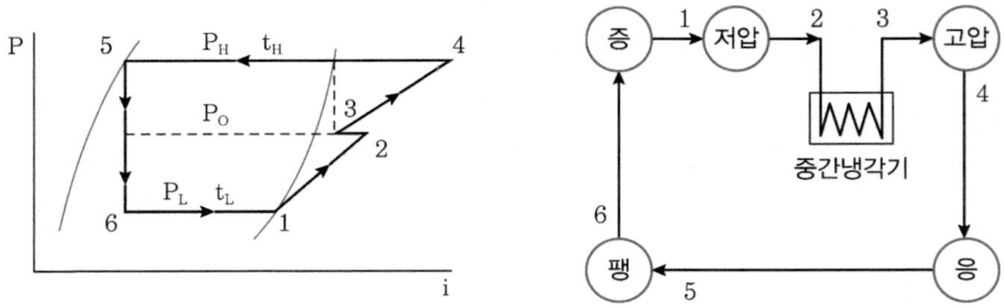

그림 4-25 2단 압축 1단 팽창 냉동사이클

다단 압축은 -30℃~-60℃ 정도의 저온을 얻기 위하여 이용되며, 보통 2-3단이 많이 쓰인다. 압축기 1대의 압축비는 6-8 정도이며, 압축비가 10을 넘으면 3단으로 한다.

(그림 4-25)는 다단 압축 냉동사이클에서 가장 널리 쓰이는 2단 압축 1단 팽창 냉동사이클에 대한 시스템도 및 $P-i$ 선도이다. 이 사이클은 증발기에서 증발한 냉매증기를 저압 압축기에서 압축하여 과열증기로 만들며, 이 과열증기는 중간냉각기(intercooler)에서 냉각된다. 중간냉각기는 주위의 공기나 물을 이용하여 냉각하는 것이므로 중간냉각기를 통과한 냉매증기는 응축온도와 같다고 가정한다. 냉각된 증기는 고압 압축기로 유입되어 다시 2단 압축된다. 저압 압축기와 고압 압축기의 압축비는 같은 것이 이상적이므로 중간압력(중간냉각기의 압력) P_0는 저압(P_L)과 고압(P_H)의 기하평균으로 구한다. 즉, $P_0 = \sqrt{P_L \cdot P_H}$이다. 이하에서는 2단 압축 1단 팽창 냉동사이클에서 에너지 계산하는 방법을 설명한다.

- 점3 구하는 법 : 응축온도선(T_H)과 중간압력선(P_0)이 만나는 점을 $P-i$ 선도 상에서 구하는 것이 편리하며, 증기표에서는 중간압력이면서 온도가 T_H인 과열증기를

구한다.

- 중간압력($kg/cm^2(abs)$) : $P_0 = \sqrt{P_L \cdot P_H}$
- 저압 압축기의 소요일량($kcal/kg$) : $w_1 = i_2 - i_1$
- 고압 압축기의 소요일량($kcal/kg$) : $w_2 = i_4 - i_3$
- 압축기의 총압축일량($kcal/kg$) : $w = w_1 + w_2 = (i_2 - i_1) + (i_4 - i_3)$
- 성능계수 : $\epsilon = \dfrac{q_L}{w} = \dfrac{q_L}{w_1 + w_2} = \dfrac{i_1 - i_5}{(i_2 - i_1) + (i_4 - i_3)}$
- 중간냉각기의 방열량($kcal/kg$) : $q_{H1} = i_2 - i_3$
- 응축기의 방열량($kcal/kg$) : $q_{H2} = i_4 - i_5$

4.9 다단 팽창 냉동사이클

증발기 입구에 들어가는 냉매(습증기)의 건조도를 개선하여 냉동효과를 증대시킬 목적으로 개량된 것이 다단 팽창 냉동사이클이다. (그림 4-26)은 일반적으로 많이 쓰이는 2단 압축 2단 팽창 냉동사이클을 나타낸 것이다. (그림 4-26)에서 분리기(separator)는 냉매가 교축팽창하면 습증기로 되며 습증기 중 건포화증기는 증발기에서 증발되지 않으므로 이를 제거하여 증발기로 들어가는 냉매의 건조도를 감소시키는 역할을 한다. 이하에서는 2단 압축 2단 팽창 냉동사이클에서 에너지 계산하는 방법을 설명한다.

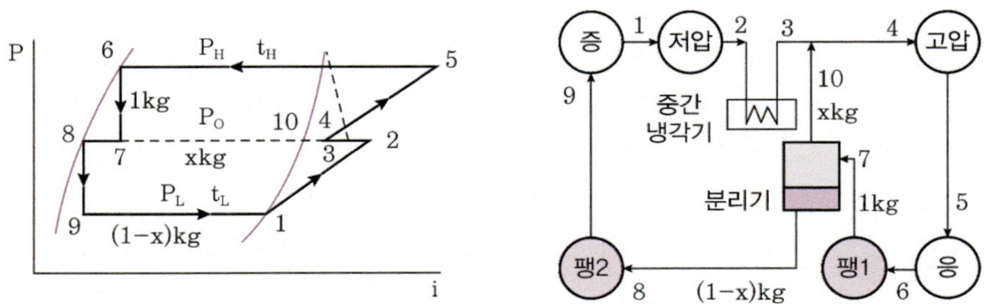

그림 4-26 2단 압축 2단 팽창 냉동사이클

(1) 중간압력 : $P_0 = \sqrt{P_L \cdot P_H}$

- 점3 구하는 법 : 응축온도선(T_H)과 중간압력선(P_0)이 만나는 점을 $P-i$ 선도 상에서 구하는 것이 편리하며, 증기표에서는 중간압력이면서 온도가 T_H인 과열증기를 구한다.
- 1단 팽창 후 습증기의 건조도 : $x_7 = \dfrac{i_6 - i_8}{i_{10} - i_8}$

(2) i_4 구하는 법:

- 중간냉각기에서 오는 (1-x)kg의 냉매증기가 빼앗긴 열량 = $(1-x)(i_3 - i_4)$
- 분리기에서 오는 xkg의 건포화증기가 얻은 열량 = $x(i_4 - i_{10})$

$(1-x)(i_3 - i_4) = x(i_4 - i_{10})$

$\therefore i_4 = xi_{10} + (1-x)i_3$

- 저압 압축기의 소요일량 : $w_1 = i_2 - i_1$
- 고압 압축기의 소요일량 : $w_2 = i_5 - i_4$
- 총압축일량 : $w = w_1 + w_2 = (i_2 - i_1) + (i_5 - i_4)$

(3) 성능계수 : $\epsilon = \dfrac{q_L}{w} = \dfrac{q_L}{w_1 + w_2} = \dfrac{i_1 - i_9}{(i_2 - i_1) + (i_5 - i_4)}$

- 중간냉각기의 방열량 : $q_{H1} = i_2 - i_3$
- 응축기의 방열량 : $q_{H2} = i_5 - i_6$
- 증발기를 순환하는 냉매량 : $G_1 = G(1-x)$
- 냉동능력 : $Q_L = G_1 q_L = G(1-x)q_L$

4.10 다원 냉동사이클(multi-stage cascade refrigeration cycle)

왕복식 압축기를 갖는 냉동기에서는 압축기의 흡입압력이 너무 낮으면 체적효율이 너무 작아져, 동일한 냉매를 사용하는 경우에는 아무리 다단 압축을 하여도 저온을 얻는데 한계가 있다. 따라서 저온부에는 비교적 고압의 냉매를 사용하는 사이클을, 고온부에는 저압의 냉매를 사용하는 사이클을 채택하여, 이들을 조합한 사이클을 이용하면 필요로 하는 저온을 얻을 수 있다.

다원 냉동시스템은 복합시스템(cascade system)이라고도 하며, 이 시스템은 효율이 매우 좋고 초저온 설비나 또는 전체의 압축비가 매우 높은 설비에서 매우 적합하다. 별도의 사이클에는 서로 다른 냉매를 사용할 수 있으므로 특정한 용도에 적당한 특성을 갖는 냉매를 사용할 수 있다. 2원, 3원 또는 그 이상의 별도의 압축 단계를 갖는 다중의 복합시스템을 이용하면, 요구되는 거의 모든 증발온도 또는 응축온도에서 냉동을 할 수 있다.

(그림 4-27)은 일반적으로 많이 쓰이는 이원 냉동시스템을 나타낸 것이다. 이원(two stage) 냉동시스템은 보통 -80℃~-130℃의 저온을 얻기 위하여 사용되는 것으로 2개의 냉동사이클로 구성된다. 냉동은 저압측 증발기로 하고, 저압측 응축기는 고압측 증발기에 의하여 냉각된다. 사용 냉매로는 고압측에 R-12, R-22 또는 R-502가, 저압측에는 R-13, 에탄 또는 에틸렌 등이 많이 사용된다.

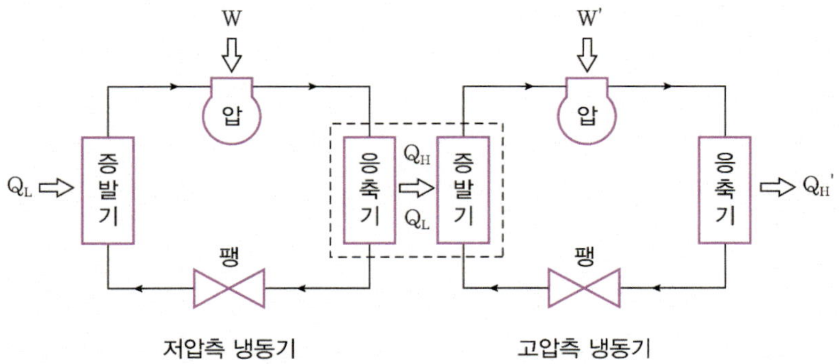

그림 4-27 이원 냉동시스템

이하에서는 $P-i$ 선도를 이용한 이원 냉동사이클(그림 4-28)의 성능을 계산하는 방법에 대하여 설명한다.

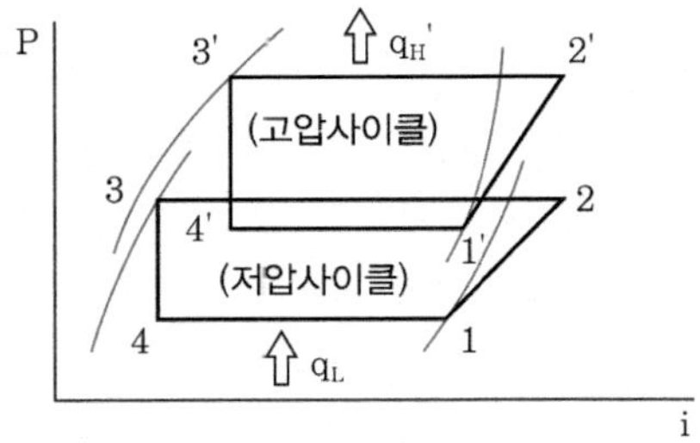

그림 4-28 이원 냉동사이클($P-i$ 선도)

저압사이클의 냉동능력을 $Q_L(kcal/h)$, 고압사이클의 냉동능력을 $Q_L'(kcal/h)$이라 하면, 저온부의 냉매순환량 $G(kg/h)$와 고온부의 냉매순환량 $G'(kg/h)$는

$$G=\frac{Q_L}{i_1-i_4},\quad G'=\frac{Q_L'}{i_1'-i_4'}$$

한편 열교환기에서 저온부의 응축기 방열량은 고온부의 증발기 흡열량과 같아야 하므로

$$G(i_2-i_3)=G'(i_1'-i_4')$$

$$\frac{G'}{G}=\frac{i_2-i_3}{i_1'-i_4'}$$

$$\therefore G'=G\frac{i_2-i_3}{i_1'-i_4'}=\frac{Q_L(i_2-i_3)}{(i_1-i_4)(i_1'-i_4')}$$

그리고 저온부와 고온부의 냉동효과를 각각 q_L과 q_L'이라 하면, 저온부의 성능계수 ϵ과 고온부의 성능계수 ϵ'는

$$\epsilon=\frac{q_L}{w}=\frac{i_1-i_4}{i_2-i_1},\quad \epsilon'=\frac{q_L'}{w'}=\frac{i_1'-i_4'}{i_2'-i_1'}$$

따라서 2원 냉동사이클의 성능계수 ϵ_2은

$$\epsilon_2 = \frac{Q_L}{W+W'} = \frac{(i_1 - i_4)(i_1{}' - i_4{}')}{(i_2 - i_1)(i_1{}' - i_4{}') + (i_2 - i_3)(i_2{}' - i_1{}')}$$

또는

$$\epsilon_2 = \frac{\epsilon\epsilon'}{\epsilon' + \epsilon + 1}$$

이다.

예제 4-8

(그림 4-28)과 같은 이원 냉동사이클의 성능계수 ϵ_2은

$$\epsilon_2 = \frac{(i_1 - i_4)(i_1{}' - i_4{}')}{(i_2 - i_1)(i_1{}' - i_4{}') + (i_2 - i_3)(i_2{}' - i_1{}')}$$

또는

$$\epsilon_2 = \frac{\epsilon\epsilon'}{\epsilon' + \epsilon + 1}$$

은을 증명하라.

풀이

① $$\epsilon_2 = \frac{Q_L}{W+W'} = \frac{Q_L}{Gw + G'w'} = \frac{G(i_1 - i_4)}{G(i_2 - i_1) + G'(i_2{}' - i_1{}')}$$

$$= \frac{G(i_1 - i_4)}{G(i_2 - i_1) + G\dfrac{i_2 - i_3}{i_1{}' - i_4{}'}(i_2{}' - i_1{}')}$$

$$= \frac{(i_1 - i_4)(i_1{}' - i_4{}')}{(i_2 - i_1)(i_1{}' - i_4{}') + (i_2 - i_3)(i_2{}' - i_1{}')}$$

② $$\epsilon_2 = \frac{Q_L}{W+W'} = \frac{Q_L}{\dfrac{Q_L}{\epsilon} + \dfrac{Q_L{}'}{\epsilon'}} = \frac{Q_L}{\dfrac{Q_L}{\epsilon} + \dfrac{Q_H}{\epsilon'}}$$

$$= \frac{Q_L}{\dfrac{Q_L}{\epsilon} + \dfrac{Q_L + W}{\epsilon'}} = \frac{\epsilon\epsilon' Q_L}{\epsilon' Q_L + \epsilon(Q_L + W)}$$

$$= \frac{\epsilon\epsilon'}{\epsilon' + \epsilon\left(1 + \dfrac{W}{Q_L}\right)} = \frac{\epsilon\epsilon'}{\epsilon' + \epsilon\left(1 + \dfrac{1}{\epsilon}\right)}$$

$$= \frac{\epsilon\epsilon'}{\epsilon' + \epsilon + 1}$$

보충설명

보간법(interpolation)이란

실변수 x의 함수 $f(x)$의 모양은 미지(unknown)이나, 어떤 간격(등간격이나 부등간격이나 상관없다)을 가지는 2개 이상인 변수의 값 $x_i\,(i=1,\ 2,\ \ldots\ ,\ n)$에 대한 함수값 $f(x_i)$가 알려져 있을 경우, 그 사이의 임의의 x에 대한 함수값을 추정하는 것을 말한다. 실험이나 관측에 의하여 얻은 관측값으로부터 관측하지 않은 점에서의 값을 추정하는 경우나 로그표 등의 함수표에서 표에 없는 함수값을 구하는 등의 경우에 이용된다. 가장 간단한 방법으로서는, 함수의 전개를 이용하여 변수 x_1, x_2의 근방에서 함수 $f(x)$를 근사적으로 나타내는 방법으로 선형보간법이라고 한다. 이하는 삼각형의 비례식을 이용한 선형보간법으로 미지의 중간값을 구하는 방법에 대한 설명이다.

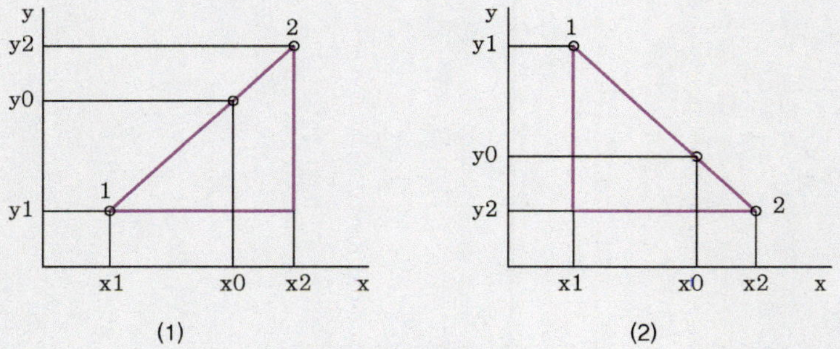

그림 4-29 선형보간법

(1) $x_1 \to x_2$에서 y가 ~증가시

$$(x_0 - x_1) : (x_2 - x_1) = (y_0 - y_1) : (y_2 - y_1) \;\Rightarrow\; y_0 = y_1 + \frac{x_0 - x_1}{x_2 - x_1}(y_2 - y_1)$$

(2) $x_1 \to x_2$ 에서 y가 감소시

$$(x_2 - x_0) : (x_2 - x_1) = (y_0 - y_2) : (y_1 - y_2) \;\Rightarrow\; y_0 = y_2 + \frac{x_2 - x_0}{x_2 - x_1}(y_1 - y_2)$$

선형보간법은 단지 근사법으로서 오차 발생이 예상되지만, 표에 나타난 값의 증분이 작으면 보토 그 오차는 무시할 수 있다. 실제로 증기표를 이용하는 경우 증기표의 값을 그대로 사용하는 경우는 드물고, 보간법을 통하여 구한 값을 이용하는 경우가 많으므로 위의 계산에 익숙해질 필요가 있다.

예제 4-9

물의 증기표가 다음과 같이 주어졌을 때, 보간법을 이용하여 물의 비등점이 125℃가 되는 압력을 구하라.

압력 (kg/cm^2)	포화온도 (℃)	비체적 (m^3/kg)		비엔탈피 $(kcal/kg)$		비엔트로피 $(kcal/kgK)$	
P	t_s	v_ℓ	v_g	i_ℓ	i_g	s_ℓ	s_g
1	99.09	0.0010428	1.725	99.12	638.5	0.3096	1.7586
2	119.62	0.0010600	0.9018	119.86	646.0	0.3638	1.7033
3	132.88	0.0010725	0.6170	133.36	650.5	0.3975	1.6710

풀이

$$P_t = P_{t1} + (P_{t2} - P_{t1})\frac{t - t_1}{t_2 - t_1} = 2 + (3-2)\frac{125 - 119.62}{132.88 - 119.62} = 2.406(kg/cm^2)$$

Exercise

1. (표준 냉동사이클)

   증기압축식 냉동기가 표준냉동사이클(증발온도 -15℃, 응축온도 30℃, 과냉각도 5℃)로 작동할 때, 작동 냉매가 암모니아 또는 프레온 12(R-12)인 경우에 대하여 각각 다음 값을 구하라. 부록에 있는 R-12의 증기표(A.8)와 $P-i$ 선도(A.5) 및 암모니아의 증기표(A.7)와 $P-i$ 선도(A.4)를 이용하라.

   ① 응축압력(kg/cm^2) ② 증발압력(kg/cm^2)

   ③ 냉동효과($kcal/kg$) ④ 압축일량($kcal/kg$)

   ⑤ 성능계수

구분	응축압력 (kg/cm^2)	증발압력 (kg/cm^2)	냉동효과 ($kcal/kg$)	압축일량 ($kcal/kg$)	성능계수
암모니아	11.895	2.410	269.0 (269.1)	55.1 (54.9)	4.88 (4.90)
프레온 12	7.581	1.862	29.57 (29.8)	5.97 (6.2)	4.95 (4.81)

2. (2단 압축 1단 팽창 냉동사이클)

   그림과 같이 암모니아를 냉매로 사용하는 2단 압축 1단 팽창 냉동사이클에서 증발온도 $t_L = -30℃$, 응축온도 $t_H = 20℃$ 일 때 다음을 구하라. 단, 냉동기의 냉동능력은 5,000 $kcal/h$이다.

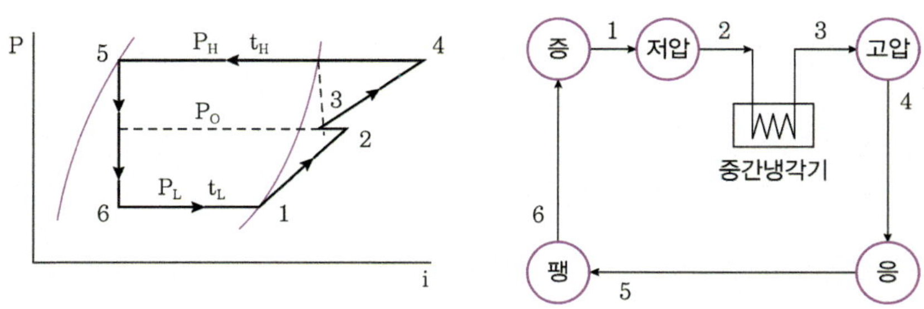

그림 4-30 2번 문제

(1) 각 상태점에서의 엔탈피($kcal/kg$) 및 압력(kg/cm^2)

① (증기표) i_1, i_5 : [391.91], [122.38]

② (증기표) 증발압력 P_L 및 응축압력 P_H : [1.2190], [8.741]

③ 중간냉각기의 압력 P_0 : [3.264]

④ ($P-i$ 선도) i_2, i_3, i_4 : [423-424], [415-416], [452-453]

(2) 냉매순환량 G kg/h : [18.55kg/h]

(3) 압축기의 소요일량($kcal/h$)

① 저압 압축기의 소요일량 W_1 : [577-595$kcal/h$]

② 고압 압축기의 소요일량 W_2 : [668-705$kcal/h$]

(4) 방열량(kcal/h)

① 중간냉각기의 방열량 Q_{H1} : [130-167$kcal/h$]

② 응축기의 방열량 Q_{H2} : [6,114-6133$kcal/h$]

(5) 냉동기의 성적계수 ϵ_r : [3.85-4.02]

3. (2단 압축 2단 팽창 냉동사이클)

그림과 같이 암모니아를 냉매로 사용하는 2단 압축 2단 팽창 냉동사이클에서 증발압력 P_L 및 응축압력 P_H 가 각각 1.546kg/cm^2 (abs), 10.225kg/cm^2 (abs)일 때 다음을 구하라. 단, 냉동기의 냉동능력은 5,000$kcal/h$이다.)

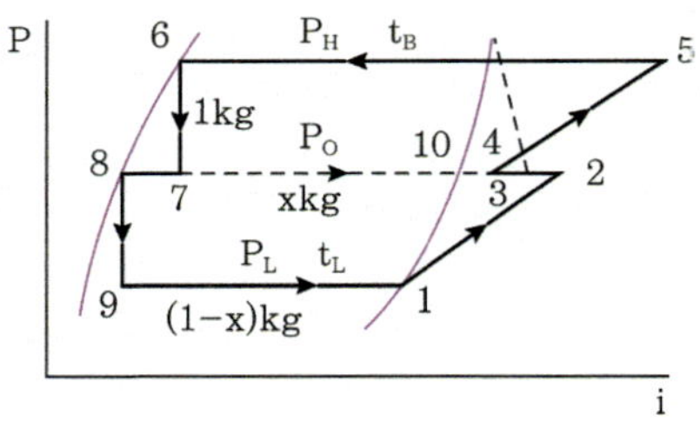

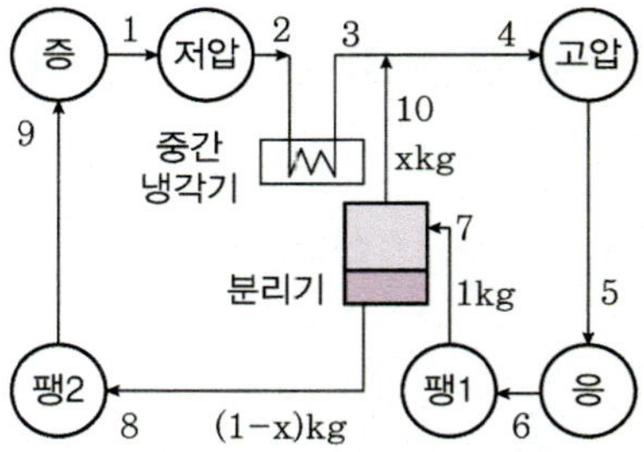

그림 4-31 3번 문제

(1) 각 상태점에서의 엔탈피($kcal/kg$) 및 압력(kg/cm^2 (abs))

① (증기표) i_1, i_6:

② 중간냉각기의 압력 P_0:

③ (증기표) i_8, i_{10} (보간법, interpolation 이용):

④ ($P-i$ 선도) i_2, i_3:

⑤ 상태점 7에서의 건도 x:

⑥ (계산) i_4, ($P-i$ 선도) i_5:

(2) 냉매순환량 $G\ kg/h$:

① 증발기를 순환하는 냉매량 G_1 : [$16.86 kg/h$]

② 총 냉매순환량 G : [$18.73 kg/h$]

(3) 압축기의 소요일량($kcal/h$)

① 저압 압축기의 소요일량 W_1 : [$493.66 kcal/h$]

② 고압 압축기의 소요일량 W_2 : [$610.97 kcal/h$]

(4) 방열량($kcal/h$)

① 중간냉각기의 방열량 Q_{H1} : [$101.16 kcal/h$]

② 응축기의 방열량 Q_{H2} : [$5,991.91 kcal/h$]

(5) 냉동기의 성적계수 ε_r : [4.526]

4. (2원 냉동사이클)

그림과 같은 2원 냉동기에서 다음을 구하라. 각 점의 상태값은 아래와 같고, 냉동능력은 1RT이다.

$i_1 = 116.3kcal/kg,\ i_2 = 124.1kcal/kg,\ i_3 = 93.5kcal/kg$

$i_1' = 146.0kcal/kg,\ i_2' = 157.5kcal/kg,\ i_3' = 107.0kcal/kg$

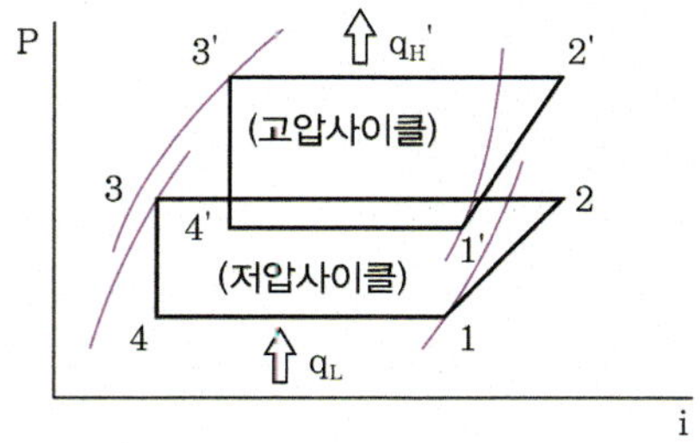

그림 4-32 4번 문제

(1) 저온부 냉매순환량(kg/h) G : [145.6kg/h]

(2) 저온부 압축기 일량$(kcal/h)$ W : [1,135.8$kcal/h$]

(3) 저온부 성능계수 ϵ : [2.92]

(4) 고온부 냉매순환량(kg/h) G' : [114.3kg/h]

(5) 고온부 압축기 일량$(kcal/h)$ W' : [1313.9$kcal/h$]

(6) 고온부 성능계수 ϵ' : [3.39]

(7) 2원 냉동기 성능계수 ϵ_2 : [1.36]

CHAPTER 05

증기압축식 냉동장치

구성

내용

5장에서는 증기압축식 냉동장치를 구성하는 4대 구성 요소인 압축기, 응축기, 증발기 및 팽창밸브에 대하여 그 종류 및 구조에 대한 특징에 대하여 학습한다. 이어서 부속장치인 수액기, 유분리기, 액분리기, 건조기, 열교환기 및 냉각탑 등의 구조에 대하여 다룬다.

5.1 압축기(compressor)

증기압축식 냉동기의 4대 구성 요소(압축기, 응축기, 증발기, 팽창밸브) 중 가장 중요한 것이 바로 압축기이다. 따라서 냉동기의 종류를 말할 때 왕복식 냉동기, 회전식 냉동기, 원심식 냉동기 및 스크루 냉동기 등과 같이 압축기의 종류에 따라 부르는 것이 일반적이다. 이미 4장에서도 언급한 바와 같이 압축기는 증발이 쉽게 이루어지도록 증발된 저온, 저압의 냉매증기를 흡입하는 펌프의 역할, 흡수된 증기를 쉽게 응축될 수 있도록 고온, 고압의 증기로 압축하는 역할 및 압축의 힘으로 냉매를 냉동기 내에 순환시키는 역할을 연속적으로 행한다.

본 절에서는 압축기의 종류별 구조와 작동원리 그리고 특징에 대하여 설명한다. 압축기의 종류는 (표 5-1)과 같이 분류되며, 압축방법 및 구조에 의하여 분류되는 압축기에 대한 설명은 이하에서 별도로 정리한다.

표 5-1 압축기의 분류

분류방법	종류	특징
압축 방법	왕복식(reciprocating type) : 피스톤이 왕복하면서 압축	
	회전식(rotary type) : 회전자(rotor)가 회전하면서 압축	
	원심식(centrifugal or turbo type) : 임펠러가 고속회전하면서 압축	
	스크루식(screw type) : 암, 수나사의 로터가 회전하면서 압축	
구조	개방형(open type) : 압축기와 모터를 분리하여 설치	
	반밀폐형(semi-hermetic type) : 압축기와 모터를 개방이 가능한 케이스에 설치	
	밀폐형(hermetic type) : 압축기와 모터를 같은 케이스에 설치	
압축 단수	1단 (single stage)	증발 및 응축 압력이 높지 않은 경우, 냉동장치 내에 압축기가 1개인 경우
	다단 (multi stage)	압축비가 6-10 이상인 경우, 냉동장치 내에 압축기가 2개 이상인 경우
실린더수	단기통 (single cylinder)	압축기에 실린더가 1개로서 소용량인 경우
	다기통 (multi cylinder)	압축기에 실린더가 2개 이상으로 대용량인 경우

분류방법	종류	특징
실린더 배열	입형 (vertical type)	압축기 내에 실린더가 수직으로 배치된 형식
	횡형 (horizontal type)	압축7 내에 실린더가 수평으로 배치된 형식
	V형 W형 W-V형	다기통 압축기에서 두 개의 실린더가 90° 간격으로 배치 : V형 3 개의 실린더가 60° 간격으로 배치 : W형 4 개의 실린더가 45° 간격으로 배치 : W-V형
	성형 (star type)	W나 W-V형 압축기가 상하 대칭으로 붙여 별 모양 형식으로 한 것
회전수	고속 (high speed)	회전속도가 소형 1,500rpm, 중형 1,000rpm, 대형 600rpm 이상인 왕복식 압축기, 피스톤의 평균 속도는 3m/s 이상
	중속 (medium speed)	소형 900rpm, 중형 600rpm, 대형 350rpm 이상인 압축기, 피스톤의 평균 속도는 3m/s 이하
	저속 (low speed)	입형 압축기는 300rpm 이하, 횡형 압축기는 200rpm 이하

(1) 개방형 압축기(open type compressor)

■ 구조

압축기와 압축기를 구동하는 전동기(motor)가 따로 설치되어 직결, 또는 벨트(belt)나 커플링(coupling)에 의해 연결된 방식이다.

■ 장점

냉매의 전기절연도와 무관하므로 사용 냉매에 제한이 없다. 암모니아의 경우는 반드시 개방형으로 해야 한다.

■ 단점

냉매의 누설을 방지하기 위하여 축봉장치(shaft seal apparatus)가 필요하며, 대형이고 소음이 심하다.

■ 용도

중대형 냉동기에 사용된다.

(2) 밀폐형 압축기(hermetic type compressor)

■ 구조

압축기와 전동기를 같은 케이스에 넣고 밀봉한 방식이다.

■ 장점

축봉장치가 없으며, 소형이고 소음이 적다.

■ 단점

냉매증기가 직접 전동기에 접촉하므로 전기절연도가 좋은 냉매를 사용하여야 한다. 완전 밀봉으로 정비가 곤란하므로, 일반적으로 정비가 필요 없는(maintenance free) 장치에 사용한다.

■ 용도

가정용 냉장고나 룸 쿨러(room cooler)와 같은 소형 냉동기에 사용된다.

(3) 반밀폐형 압축기(semi-hermetic type compressor)

■ 구조

압축기와 전동기를 개방이 가능한 케이스에 넣은 방식이다.

■ 장점

축봉장치가 없으며, 소형이고 소음이 적다. 분해가 용이하여 내부의 정비가 가능하다.

■ 단점

암모니아는 사용할 수 없다.

■ 용도

패키지형(package type) 공조기에 사용된다.

그림 5-1 개방형 압축기

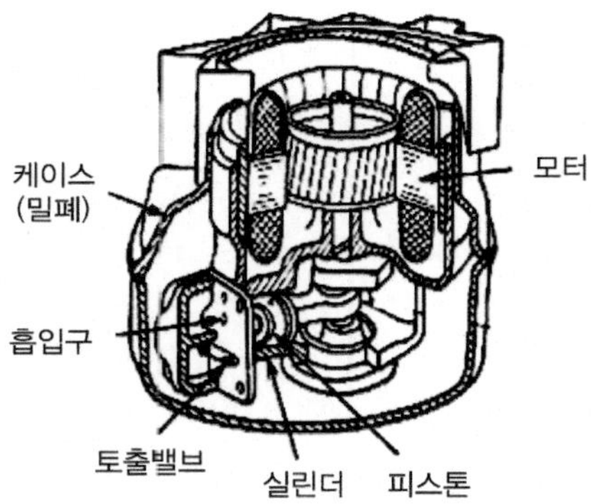

그림 5-2 밀폐형 압축기

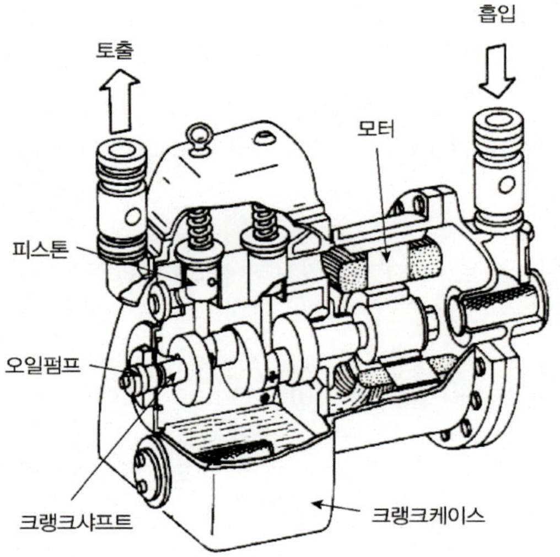

그림 5-3 반밀폐형 압축기

(4) 왕복식 압축기(reciprocating compressor)

실린더 안을 왕복 운동하는 피스톤에 의해 냉매를 흡입, 압축, 배출하는 압축기로서 현재 가장 널리 사용된다. 중저속 입형 압축기와 고속 다기통 압축기가 많이 쓰인다.

(5) 중저속 입형 압축기(low speed vertical compressor)

■ 구조

피스톤이 상하로 움직이는 구조로, 회전수가 중저속(300-600rpm)이며, 암모니아용 압축기로 주로 사용된다. 실린더 수는 1-4개이나 대부분 2개이다.

■ 장점

- 체적효율이 비교적 크다.
- 윤활유의 소비량이 비교적 적다.
- 부품의 수가 적어 구조가 간단하고 취급이 용이하다.
- 수명이 길다.

■ 단점

- 압축기의 높이(피스톤 행정)가 크다.
- 용량제어나 자동운전이 고속 다기통형보다 불리하다.
- 다량 생산이 어렵다.
- 중량이나 가격 면에서 고속 다기통형보다 불리하다.

⑹ 고속 다기통 압축기(high speed multi-cylinder compressor)

■ 구조

피스톤의 왕복운동에 의한 공진력을 최소화하기 위하여 V형, W형 또는 W-V형으로 피스톤을 배열하며, 회전수가 고속(1,000-2,000rpm)이다. 실린더 수는 4-16개이며, 대용량으로 개발된 것이다.

■ 장점

- 소형, 경량이고 설치 면적이 작다.
- 진동이 적다.
- 자동제어 및 자동운전이 용이하다.
- 부품의 교환이 간단하고 정비가 용이하다.

■ 단점

- 윤활유 소비량이 비교적 많다.
- 토출 가스 및 오일의 온도가 높고, 오일이 열화하기 쉽다.
- 압축비의 증가에 따라 체적효율이 저하하기 쉽다.
- 액백(liquid back)에 약하고, 정상운전으로 하는데 복귀 시간을 요한다.
- 부품의 수가 많다.

(7) 회전식 압축기(rotary compressor)

■ 구조

피스톤의 왕복운동 대신 피스톤의 회전운동과 실린더를 조합하여 압축을 하는 형식이다. 회전식 압축기는 일반적으로 두 가지 형식, 즉 피스톤식(piton type)과 베인식(vane type)이 있다. 피스톤식은 회전하는 축에 원통형의 회전자(rotor 또는 piston)를 편심(eccentric)으로 조립하고, 실린더 상부에 회전자에 의해 상하로 운전하며 회전자와 접촉되는 블레이드(blade)로 구성되어 있다. 블레이드는 스프링이나 냉매증기의 압력으로 회전자에 밀착되어 미끄럼 운동을 한다.

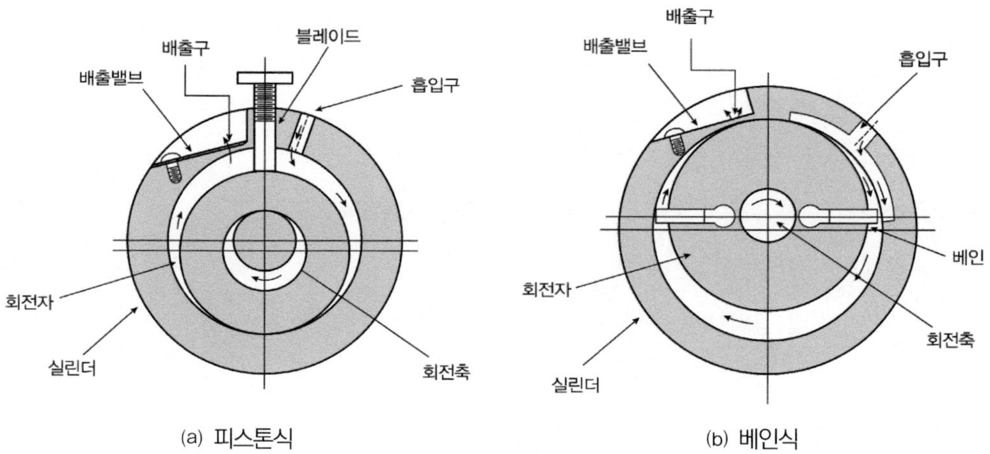

그림 5-4 회전식 압축기

베인식은 회전축에 회전자가 동심(concentric)으로 조립되고 회전자에 앞뒤로 운동하는 두 개 이상의 베인을 설치하여 압축을 하는 형식이다. 베인은 유압, 냉매증기의 압력, 스프링이나 원심력 등에 의해 실린더의 내면과 밀착되어 미끄럼 운동을 한다. 현재 고압용으로 사용하는 것은 대부분 회전식 압축기이며, 대형 압축기나 저온용 압축기로는 사용이 곤란하다.

■ 장점

- 소형, 경량으로 설치 면적이 작다.
- 오일 펌프 및 흡입밸브가 없다.
- 배출가스의 온도가 낮다.
- 압축비에 비하여 체적효율이 높다.
- 액격(liquid hammer) 또는 유격(oil hammer)이 적다.
- 운동이 정숙하고 진동이 작다.
- 부품의 수가 적다.

■ 단점

- 오일분리기와 오일냉각기가 크다.
- 전체의 폭과 높이는 좁으나 길이가 길다.
- 유압펌프를 사용하지 않으므로 윤활에 주의를 요한다.
- 용량제어를 할 수 없다.
- 분해, 조립 및 정비에 특수한 기술이 필요하다.

(8) 원심식 압축기(centrifugal compressor)

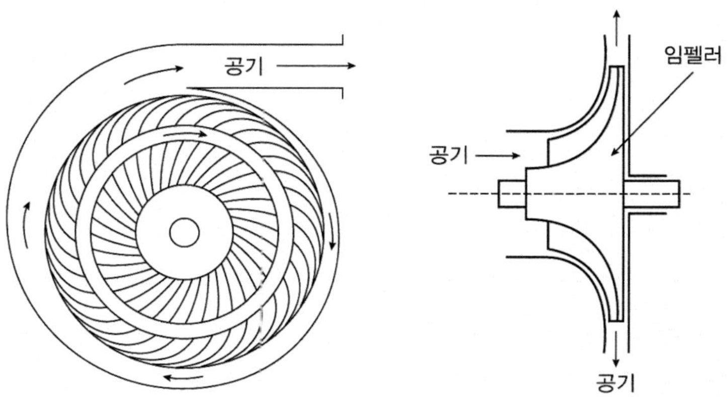

그림 5-5 원심식 압축기

■ 구조

임펠러(impeller)를 고속으로 회전하면 임펠러 화전속도의 제곱에 비례하는 원심력이 생기는 것을 이용하여 대량의 냉매가스를 흡입, 압축하는 방식으로, 터보 압축기(turbo compressor)라고도 한다. 비교적 비체적이 큰 냉매가 사용되며, 공기조화용으로는 R-123, 대형에서는 R-12나 R-22, 공업용으로는 암모니아나 프로판 등을 사용한다. 원심식 압축기는 2단 또는 3단인 것이 많고, 효율은 속도에 따라 증가하므로 회전수는 3,000-10,000rpm 정도의 고속이다.

■ 장점

- 한 대로 대용량이 가능하다.
- 용량에 비해 소형이다.
- 진동이 적다.
- 압축가스 속에 유적(oil drop)이 함유되지 않는다.
- 액격(liquid hammer) 또는 유격(oil hammer)이 적다.
- 응축기에서 응축이 되지 않는 경우에도 이상 고압이 되지 않는다.

■ 단점

- 소용량인 경우 효율이 감소하여 경제적이지 않다.
- 부하가 감소하면 서징(surging)을 일으킨다.
- 냉매 회수장치가 필요하다. 단, R-12는 필요 없다.
- 흡입관 및 배출관이 직접팽창식에서는 아주 굵어지므로 브라인식이 필요하다.
- 패키지형으로 하지 않으면 설치가 어렵다.

(9) 스크루식 압축기(screw compressor)

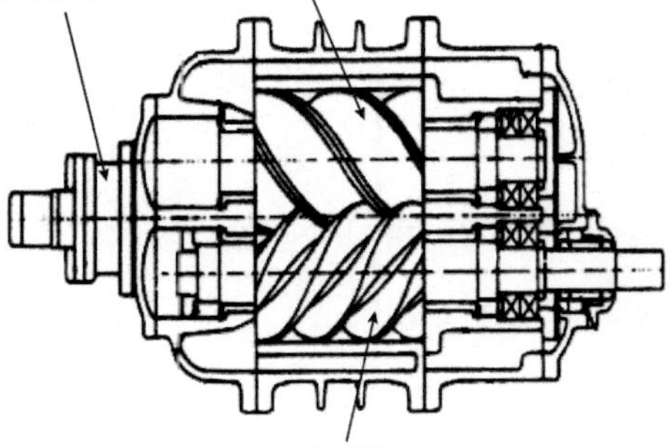

그림 5-6 스크루식 압축기

■ 구조

서로 맞물려 돌아가는 암나사와 수나사의 나선형 로터가 일정한 방향으로 회전하면서 두 로터와 케이싱 속에 흡입된 냉매증기를 연속적으로 압축시키는 동시에 배출시키는 방식이다. 스크루 압축기의 압축비는 최대 25:1로 높으며, 광범위한 압축비의 설계가 가능하다. 대부분의 냉매에 적절하며, 용량 50RT-1,000RT 정도의 냉동기에 주로 적용된다.

■ 장점

- 소형, 경량으로 설치면적이 작다.
- 진동이 없다.
- 용량제어와 자동운전이 용이하다.
- 밸브와 피스톤이 없어 장시간의 연속 운전이 가능하다.
- 액격(liquid hammer) 또는 유격(oil hammer)이 적다.
- 부품수가 적고 수명이 길다.

■ 단점

- 오일회수기 및 오일냉각기가 크다.
- 오일 펌프를 따로 설치하여야 한다.
- 경부하(low load) 시 동력이 크다.
- 소음이 비교적 크다.
- 분해, 조립 및 정비에 특수한 기술이 필요하다.

5.2 응축기(condenser)

응축기는 압축기에서 고온, 고압이 된 냉매증기를 냉각, 액화시키는 열교환기(heat exchanger)로서 냉동사이클의 고압 측에서 사이클 내의 열을 외부로 방출하는 역할을 한다. 즉, 응축기에서 응축되는 냉매증기는 냉각수(수냉식)나 공기(공랭식)를 통하여 주

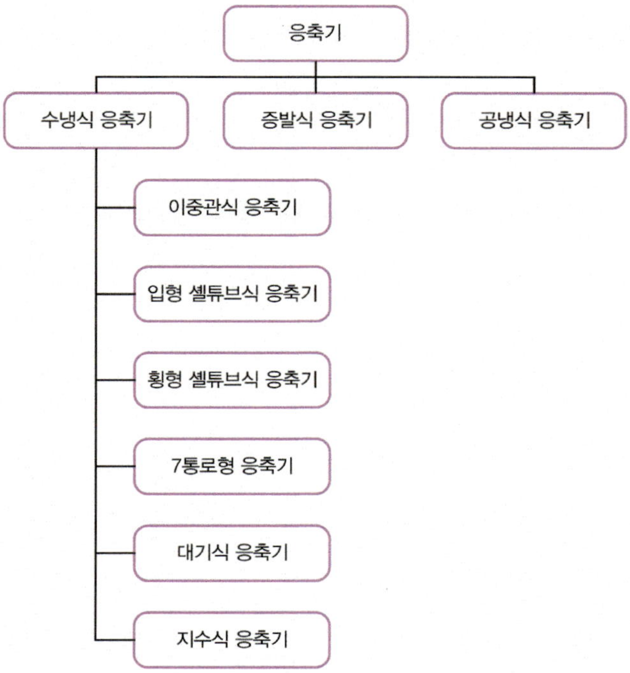

그림 5-7 응축기의 종류

위에 응축잠열을 빼앗기게 된다. 응축기를 냉각에 쓰이는 유체나 전열면의 형상에 따라 분류하면 수냉식, 공랭식 및 증발식으로 대별할 수 있으며, 현재 냉동공조용으로 사용되는 것은 대부분 수냉식 응축기 중 횡형 셸튜브식(횡형 원통다관식) 응축기이다.

본 절에서는 응축기의 종류별 구조와 작동원리 그리고 특징에 대하여 설명한다. 응축기의 종류는 다음과 같이 분류되며, 각 종류별 세부 내용은 이하에 설명한다.

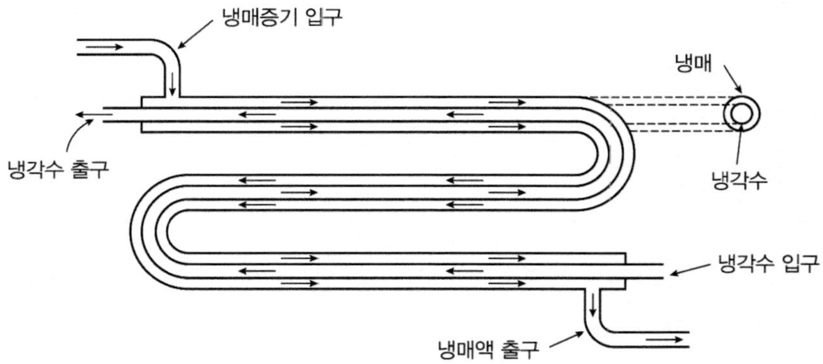

그림 5-8 이중관식 응축기

(1) 이중관식 응축기(double tube water-cooled condenser)

■ 구조

직경이 서로 다른 수평한 동심관을 이중으로 설치한 것으로 안쪽의 관 속에는 냉각수가 아래에서 위로 흐르고, 바깥쪽의 관 속에는 냉매증기가 위에서 아래로 흐르는 대향류(counter flow)식 열교환기이다.

■ 용도

암모니아나 프레온 등의 소규모 냉동기

■ 특징

• 대향류 열교환기로 전열효과가 양호하여 효율이 높다.
• 설치 면적이 적어 공간이 협소한 곳에 유리하다.

- 냉각수량의 조절로 과냉각 냉매액을 얻을 수 있으나, 대용량은 곤란하다.
- 구조가 복잡하여 제작 및 정비가 어렵다.

(2) 입형 원통 다관식 응축기(vertical shell and tube condenser)

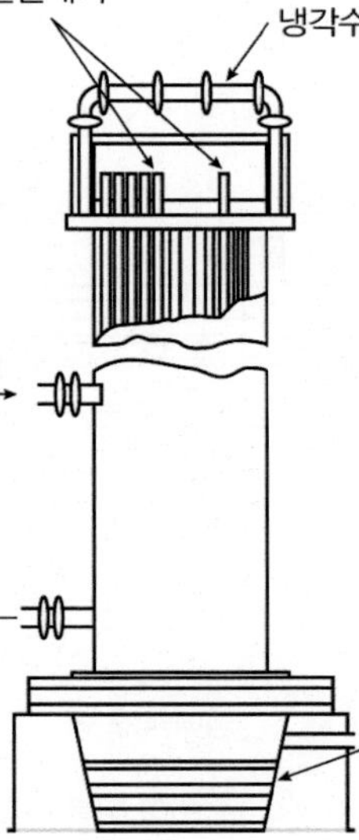

그림 5-9 입형 원통 다관식 응축기

■ 구조

입형의 원통(지름 660-910mm, 길이 4,800mm)에 외경이 약 50mm인 다수의 냉각관을 설치한 것으로, 입형의 원통 상단에 냉각수가 냉각관 내면을 고르게 흐르도록 하기 위하여 소용돌이를 일으키는 주철제의 물분배기(cast iron swirl)를 설치한다.

■ 용도

대형 암모니아 냉동기

■ 특징

- 소형, 경량으로 옥외에 설치가 가능하다.

- 전열이 양호하며, 냉각관 청소가 가능하다.
- 가격이 저렴하고 과부하에 견딘다.
- 냉매증기와 냉각수가 평행류로 되어 냉각수가 많이 필요하고, 과냉각이 곤란하다.
- 냉각관이 부식되기 쉽다.

(3) 횡형 원통 다관식 응축기(horizontal shell and tube condenser)

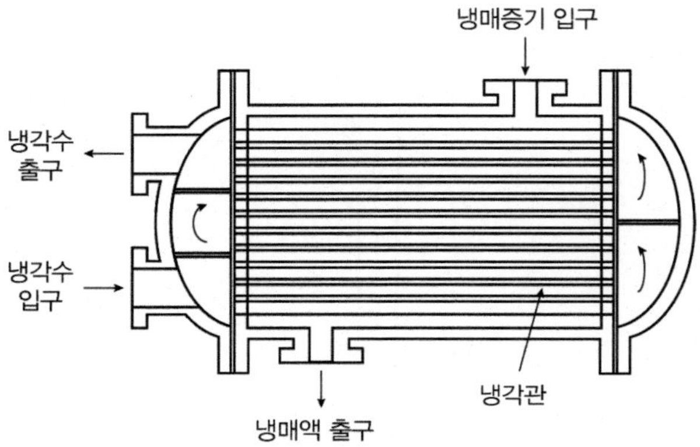

그림 5-10 횡형 원통 다관식 응축기

■ 구조

수평으로 설치되는 원통 양단의 경판(tube plate)에 다수의 냉각관을 장치하고, 원통의 양단에 물커버(water cover)를 설치하여 냉각수를 유도한다. 냉각수를 입구를 통해 펌프로 압송하면, 냉각수는 최초의 냉각관을 통과한 후 다시 처음의 냉각관으로 순차적으로 돌아(U turn) 통과하며, 냉각관 외면에 접해 있는 냉매를 응축시킨다. 이렇게 U turn 시켜 통과하는 회수를 패스(pass) 수라 하며 보통 2-6회이다.

■ 용도

암모니아나 프레온 등의 대, 중, 소형 냉동기

■ 특징

- 전열이 양호하여 냉각수량이 입형에 비해 적어도 된다.
- 설치 면적이 적어도 된다.
- 냉각관이 부식되기 쉽고, 청소가 곤란하다
- 입형에 비해 과부하에 견디기 곤란하다.

(4) 7통로형 응축기(seven pass condenser)

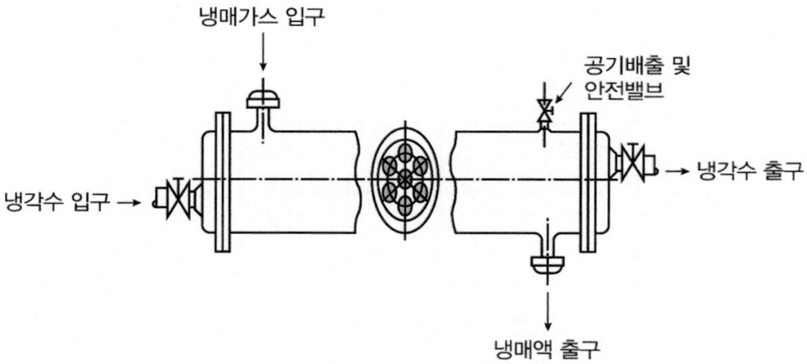

그림 5-11 7통로형 응축기

■ 구조

횡형 원통 다관식 응축기의 일종으로 원통(지름 200mm, 길이 4,800mm)에 외경이 51mm인 냉각관 7개를 설치하는 구조로 되어 있다. 냉각수는 아래에 있는 냉각관으로 유입되어 순차적으로 7개의 냉각관을 흐르며, 냉매는 상부에서 유입되어 냉각관 외부를 통고하며 응축된다. 1기당 10RT로 설계되며, 대용량이 필요할 때는 여러 조로 병렬 연결하여 사용한다.

■ 용도

암모니아 냉동기

■ 특징

- 전열이 양호하여 냉각수량이 입형에 비해 적어도 된다.
- 벽을 이용하여 설치가 가능하므로 설치 면적이 적어도 된다.
- 1조로는 대용량이 곤란하다.
- 구조가 복잡하고, 냉각관의 청소가 곤란하다.

(5) 대기식 응축기(atmospheric condenser)

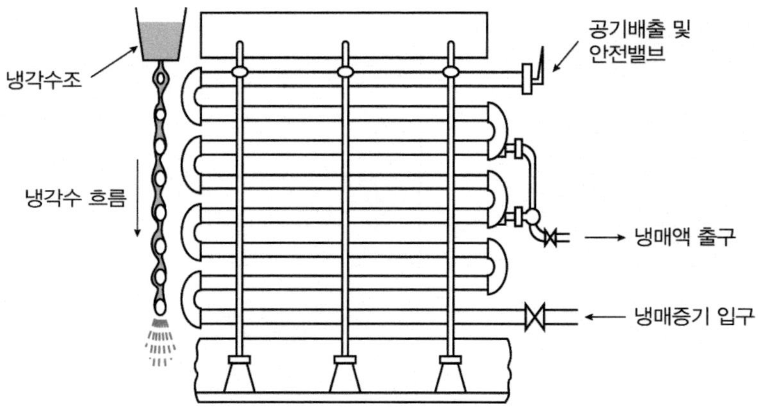

그림 5-12 대기식 응축기

■ 구조

지름 50mm, 길이 2,000-6,000mm의 수평관을 상하로 6-16단 겹쳐 그 양쪽을 리턴밴드(return band)로 연결하여 그 속에 냉매증기를 흐르게 하고, 냉각수를 최상단에 설치한 냉각수통으로부터 관 전체 길이에 걸쳐 균일하게 흐르도록 하는 응축기이다. 즉, 냉각수는 냉각수조에서 처음 관 표면을 흘러내려 순차적으로 다음 관 표면으로 흐르며, 이 때 관 내부의 냉매가 냉각, 응축된다.

■ 용도

암모니아 냉동기

■ 특징

- 냉각효과가 커 냉각수량이 적어도 되며, 물의 증발에 의해서도 냉각된다.
- 내부식성이 좋으므로 수질이 나쁜 곳이나 해수(sea water)를 사용할 수도 있다.
- 냉각관의 청소가 쉽다.
- 설치장소가 너무 크고, 구조가 복잡하다.

(6) 지수식 응축기(submerged condenser)

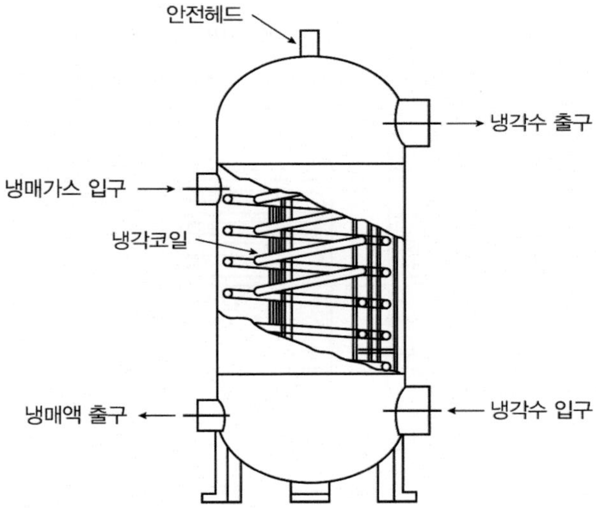

그림 5-13 지수식 응축기

■ 구조

셸 코일 응축기(shell and coil condenser)라고도 하며, 나선(spiral) 모양의 관에 냉매 증기를 통과시키고 이 나선관을 원형 또는 사각형의 수조(water tank)에 담그고 물을 수조에 순환시켜 냉매를 응축시키는 응축기이다.

■ 용도

소형 냉동기(현재 거의 사용하지 않음)

■ 특징

- 구조가 간단하고 제작이 용이하지만, 정비가 곤란하다.
- 고압에 잘 견디고 가격이 싸다.
- 다량의 냉각수가 필요하며, 전열효과가 나쁘다.

(7) 증발식 응축기(evaporative condenser)

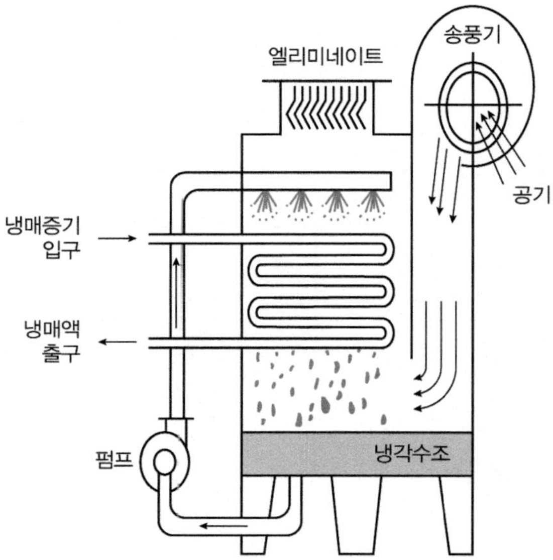

그림 5-14 증발식 응축기

■ 구조

수냉식 응축기와 공랭식 응축기를 조합한 응축기이다. 냉각관에 냉각수를 분무시키고 공기를 불어주면, 냉각수가 증발하면서 증발잠열을 흡수하므로 냉각수와 냉매의 온도차뿐만 아니라 증발잠열에 의한 냉각작용을 동시에 얻을 수 있다.

■ 용도

대형 냉동장치

■ 특징

- 냉각수의 사용량이 매우 적어 냉각수가 충분하지 않은 곳에서도 이용이 가능하다.
- 겨울철에는 공랭식으로 사용이 가능하며, 연간 운전에 특히 우수하다.
- 순환 펌프, 송풍기, 수조, 전동기 등을 내장하므로 설치면적이 커지고, 값이 비싸다.

(8) 공랭식 응축기(air-cooled condenser)

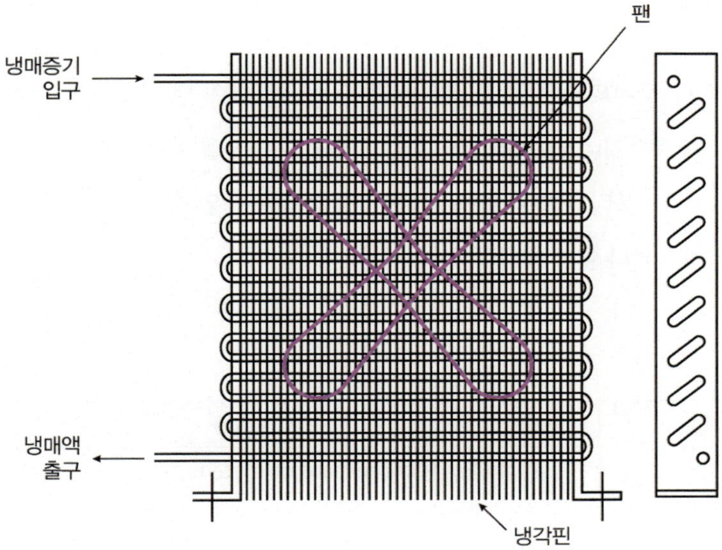

그림 5-15 공랭식 응축기

■ 구조

직경 5mm인 동관 안으로 냉매증기를 통과시키고 그 외면을 공기로 냉각시켜 냉매를 응축시키는 형식으로, 자연대류식과 강제대류식이 있다. 강제대류식은 풍속이 2-3 m/s 인 공기를 송풍기로 보내 냉각한다.

■ 용도

가정용 냉장고나 룸에어컨 등 소형 냉동기

■ 특징

- 냉각수를 전혀 얻을 수 없는 곳에서 사용이 가능하다.
- 공기는 물에 비해 전열효과가 매우 적으므로 많은 냉각면적이 필요하다.
- 구조가 간단하고 정비가 용이하다.

5.3 증발기(evaporator)

증발기는 냉동장치의 목적인 물질의 냉동작용을 위하여 냉매가 증발하면서 열을 흡수하는 부분으로 냉각기(cooler)라고도 한다. 냉매는 팽창밸브로부터 직접 오거나 액분리기(accumulator)로부터 증발기로 유입되며, 증발기로 유입되는 냉매액의 상태는 건조도가 낮은 습증기이거나 포화액이다.

표 5-2 증발기의 분류

분류방법	종류
냉동방식	직접 팽창식(direct expansion system)
	간접 팽창식(indirect expansion system)
냉매상태	건식(dry expansion type)
	만액식(flooded expansion type)
	냉매 재순환식(refrigerant recirculation type)
구조	원통 다관식(shell and tube type)
	원통 코일식(shell and coil type)
	관코일형(grid coil type)
	핀 튜브형(fin tube type or finned grid tube type)
	헤링본형(herring bone type)
	보델로형(baudelot type)
	판냉각형(plate cooler type)
	이중관식(double tube type)

냉각기라고도 불리는 증발기는 그 용도에 따라 여러 가지로 분류할 수 있지만, 구조적으로는 응축기와 유사한 것이 많다. 응축기의 종류는 냉동방식, 냉매의 상태, 구조 등에 따라 다음과 같이 분류할 수 있으며, 이 중에서 가장 많이 사용되고 있는 것에 관한 구조 및 특성은 이하에서 설명한다.

(1) 직접 팽창식(direct expansion system)

냉장고 내에 증발기를 설치하여 냉매의 증발에 의한 흡열로 직접 냉동하는 방식으로, 가정용 냉장고나 룸에어컨 등과 같은 소형 냉동기에 널리 사용된다.

(2) 간접 팽창식(indirect expansion system)

증발기에서 직접 냉장고 등의 목적물을 냉동하지 않고 브라인이나 물과 같은 2차 냉매를 냉동하여 냉동된 브라인과 물에 의해 목적물을 냉동하는 방법으로 브라인식(brine cooling system)이라고도 한다. 이 방식은 직접 팽창식 냉동의 경우보다 증발기의 온도를 낮게 해야 되기 때문에 동력비가 증대하지만, 브라인이나 물의 열용량이 크므로 직접 팽창식보다 오랜 시간 저온을 유지할 수 있다. 주로 산업용 대형 냉동기에 사용된다.

(3) 건식 증발기(dry expansion type evaporator)

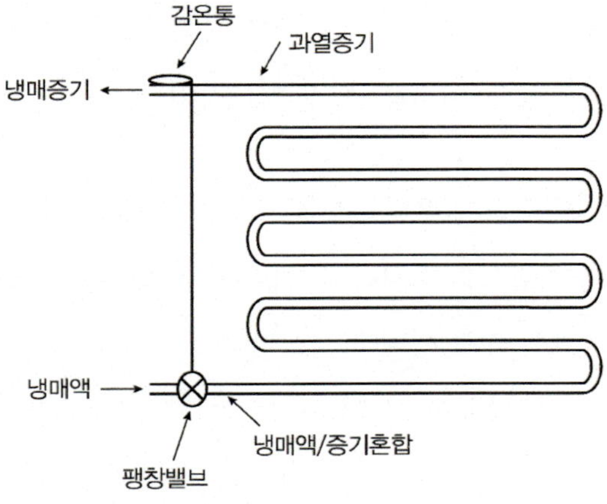

그림 5-16 건식 증발기

팽창밸브에서 교축팽창된 냉매를 직접 증발기로 공급하는 방식으로 증발기에서 냉매액이 대부분 증발된다. 공급되는 냉매 중에 증기가 섞여 있어 증발기의 전열작용에 장애를 주므로 전열면적이 많이 필요하지만, 냉매순환량을 적게 할 수 있어 프레온과 같이 값비싼 냉매에 많이 사용된다. 이 종류의 대표적인 것은 관코일형이 있다.

(4) 만액식 증발기(flooded expansion type evaporator)

팽창밸브에서 팽창된 냉매 습증기를 액분리기로 보내 냉매증기와 냉매액으로 분리한 후, 증기는 압축기로 보내고 순수한 냉매액만을 증발기로 공급하는 방식이다. 냉매순환량이 많아지지만, 전열효과가 좋아 전열면적을 줄일 수 있으므로 암모니아 냉동기에 많이 사용된다. 이 종류에는 원통 코일식과 헤링본형 등이 있다.

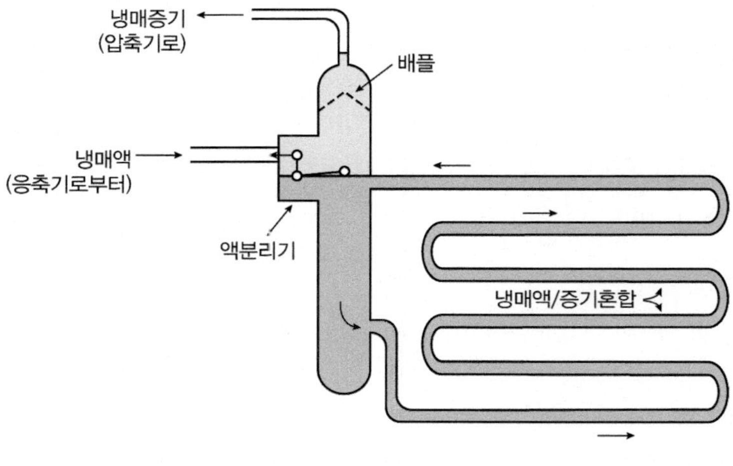

그림 5-17 만액식 증발기

(5) 냉매재순환식 증발기(refrigerant recirculating type evaporator)

증발기 관 속에 냉매액 펌프를 장치하여 증발량의 4-6배인 냉매액을 강제적으로 순환시키는 방식이다. 증발관이 전부 냉매액으로 젖어있고 유속이 빠르므로, 관벽과 냉매와의 열전달이 매우 좋다. 이 방식은 만액식 증발기에서 냉매액의 높이에 따라 하부 전열관의 증발온도가 높아지는 결점을 보완한 것이다. 관코일형 및 핀 튜브형 등이 이에 속한다.

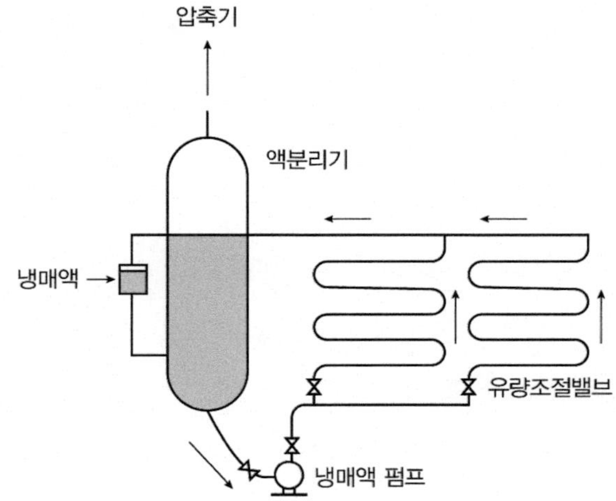

그림 5-18 냉매재순환식 증발기

(6) 원통 다관식 증발기(shell and tube evaporator)

이 증발기에는 건식과 만액식이 있다. 만액식은 횡형 원통 다관식 응축기와 비슷한 구조이며, 원통 내에 다수의 관을 설치하여 냉각해야 할 브라인 혹은 물이 관 내를 유속 0.5-1.5m/s로 수차례 회류하는 동안에 원통 내에 있는 냉매액이 증발함에 따라 냉각된다. 이 방식은 공기조화장치에서 사용되는 공기를 냉각시키는 물을 냉각하는 경우와 냉장고를 냉각시키는 브라인을 냉각하는 경우 등에 널리 사용된다.

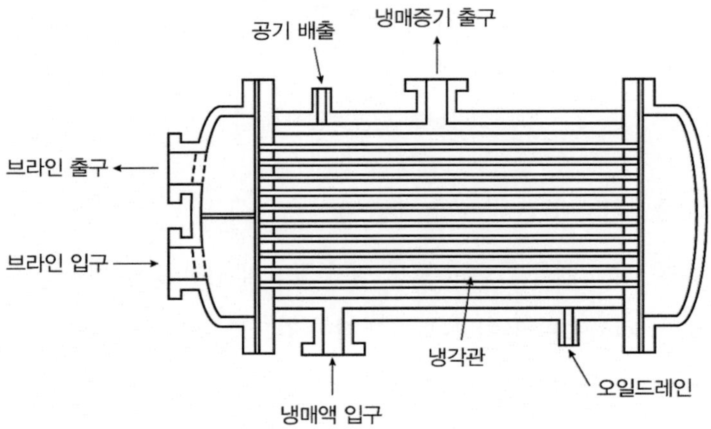

그림 5-19 원통 다관식 증발기

건식은 냉매와 냉각되는 물질이 만액식과 반대 위치로 된 것으로서, U자 형으로 만들어진 관 내에 냉매가 흐르고 관의 외측에 냉수가 흐르도록 하고 있다. 이 형식은 주로 중형 프레온 냉동기에 사용된다.

(7) 원통 코일식 증발기(shell and coil evaporator)

원통 수조 속에 원형 코일 모양의 냉각관을 장치한 것이다. 냉각관 내에 냉매가 흐르면서 관의 외측에 접촉하는 물 또는 브라인을 냉각하며, 보통 온도식 자동팽창밸브를 사용하는 건식 증발기에 사용된다. 냉수의 속도가 느리므로 열전달계수는 낮으나, 가격이 싸므로 소용량의 음료수 냉각에 사용된다.

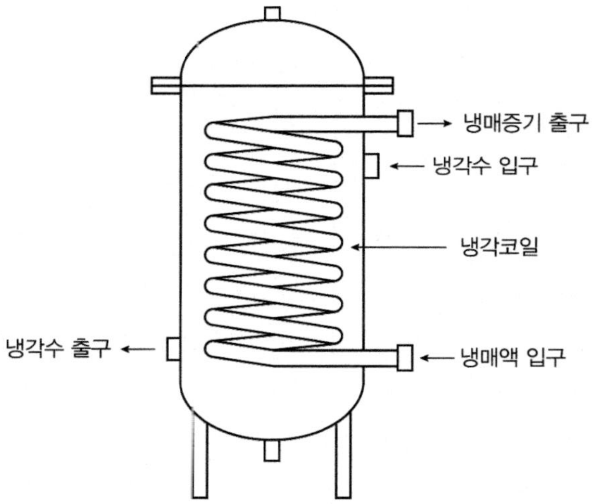

그림 5-20 원통 코일식 증발기

(8) 관코일식 증발기(grid coil evaporator)

나관(bare tube)의 코일을 굽혀서 보통 냉장 공간의 천장 또는 벽에 설치한다 나관을 사용하므로 제상(defrost)이 용이하나, 표면적이 적으므로 관이 길어진다. 주로 냉장 공간의 유지 온도가 0℃ 이하인 경우의 냉각기에 사용된다.

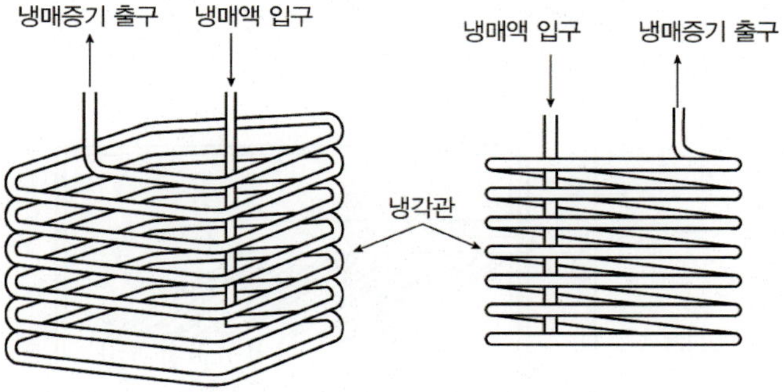

그림 5-21 관코일식 증발기

(9) 핀 튜브형 증발기(finned tube type evaporator)

냉각관 표면에 원형 또는 4각형의 핀을 붙여 그 표면적을 크게 하여 전열량을 증가시킨 것이다. 나관에 비하여 냉각효과가 좋으므로 관코일의 길이를 짧게 할 수 있지만, 서리 제거 작업이 곤란하므로 0℃ 이상의 공기 냉각에 많이 사용된다.

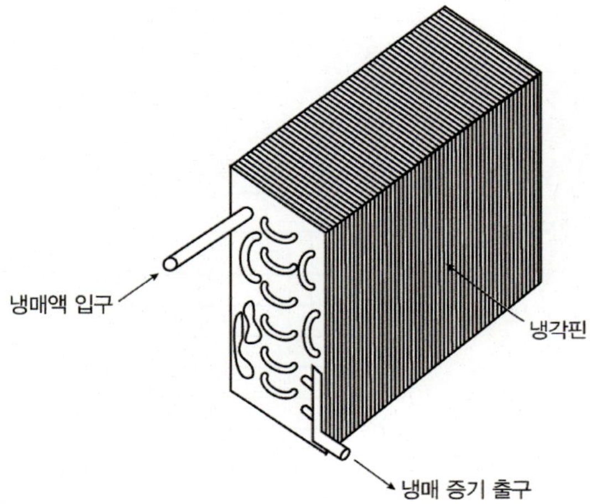

그림 5-22 핀 튜브형 증발기

(10) 헤링본형 증발기(herring bone type evaporator)

대량의 피냉각액 탱크 내에 냉매가 통과하는 청어뼈(herring bone) 모양의 냉각관을 여러 개 설치한 형식이다. 주로 제빙용 대형 브라인이나 물의 냉각용으로 널리 사용되며, 암모니아용 만액식 증발기로서 전열작용이 양호하다.

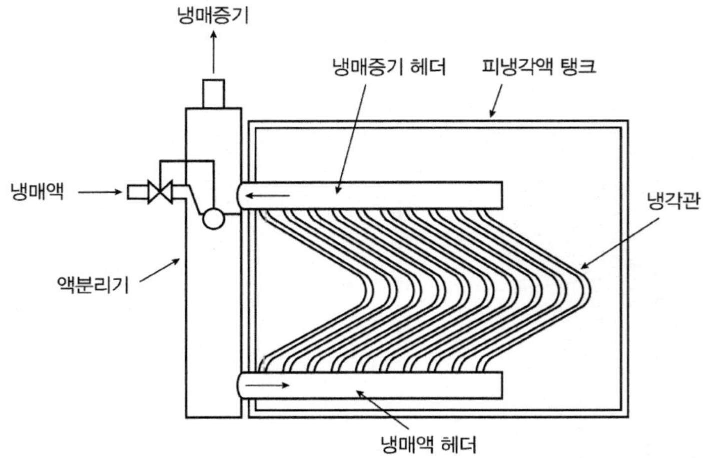

그림 5-23 헤링본형 증발기

⑾ 보델로형 증발기(Baudelot type evaporator)

대기식 응축기와 비슷한 구조이지만 그 작용은 정반대이다. 즉, 냉각관 외부를 우유나 물같은 액체를 흐르게 하여 동결점 가깝게 냉각시키는데, 냉각관 청소가 용이하고 매우 위생적이다.

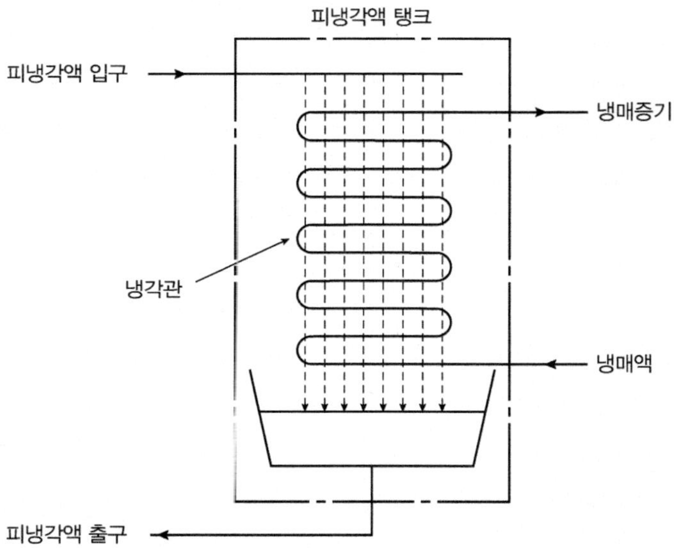

그림 5-24 보델로형 증발기

5.4 팽창밸브(expansion valve)

팽창밸브는 냉동사이클에서 냉매유량을 조절하는 가장 기본적인 장치로서, 냉매액을 증발기에 공급하여 액의 증발에 의한 열흡수 작용이 용이하도록 압력과 온도를 강하시키고, 동시에 냉동부하의 변동에 대응하여 적정한 냉매유량을 조절, 공급하는 역할을 한다. 팽창밸브에서 냉매의 공급이 부족하면 목적하는 증발온도를 유지하지 못하고 압축기가 과열되며, 냉매의 공급이 지나치면 냉매액이 증발기를 넘쳐 나와 압축기에 냉매액이 흡입되어 압축기는 습압축이 되므로 안정된 운전을 하기 곤란해진다. 따라서 팽창밸브는 항상 증발기가 최대의 효과를 발휘할 수 있도록 조절되어야 한다.

팽창밸브는 그 종류도 다양하며 성능도 각기 다르다. 보통의 냉동기에서는 냉매를 밸브로 교축팽창시키지만, 가정용 냉장고와 같은 소형, 소용량의 냉동기에서는 밸브 대신 모세관을 이용하기도 한다. 팽창밸브의 종류는 다음과 같으며, 각 종류별 세부 내용은 이하에 설명한다.

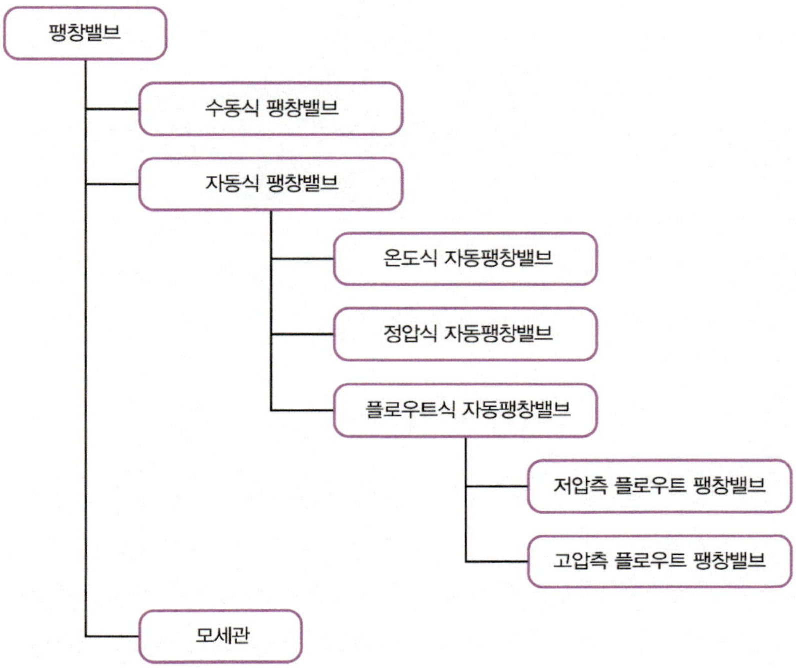

그림 5-25 팽창밸브의 종류

(1) 수동식 팽창밸브(manual expansion valve)

스핀들에 가는 나사를 내어 수동으로 약간만 조작해도 개폐가 이루어지는 방식이며, 밸브 헤드가 원추(cone) 또는 바늘(needle) 모양으로 되어 있다. 이 밸브는 증발기 내 냉동부하의 변화에 대하여 자동으로 조절되지 않으므로 냉매액이 과다하게 흘러 주입되거나 증발기에 냉매가 부족해질 수 있다. 따라서 부하가 일정한 대형 냉동기에 사용된다.

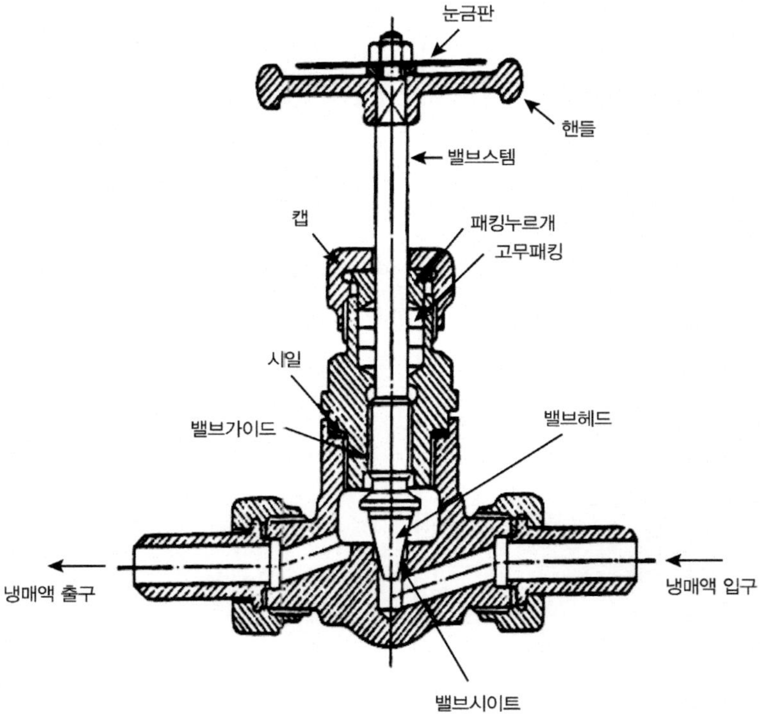

그림 5-26 수동식 팽창밸브

(2) 온도식 팽창밸브(thermostatic expansion valve, TEV)

증발기 출구의 증기 온도에 따라 감온통(感溫筒, feeler bulb) 내의 압력이 변하는 것을 이용하여 팽창밸브의 개폐를 자동으로 조절하는 방식이다. 이 형식에는 벨로우즈식(bellows type)과 다이어프램식(diaphragm type)이 있으며, 밸브 본체는 감온통에 연결된 감온부와 작동부의 두 부분으로 구성되어 있다. 감온통은 내부에 냉매와 같은 종류의 액체 또는 가스를 넣어 밀폐되어 있으며, 증발기 출구의 냉매 온도에 따라 팽창 또는 수

축하여 모세관을 통해 밸브의 감온부에 있는 벨로우즈나 다이어프램에 압력을 가하거나 감압한다. 이 밸브는 높은 효율과 편리성 때문에 현재 가장 널리 사용되고 있다.

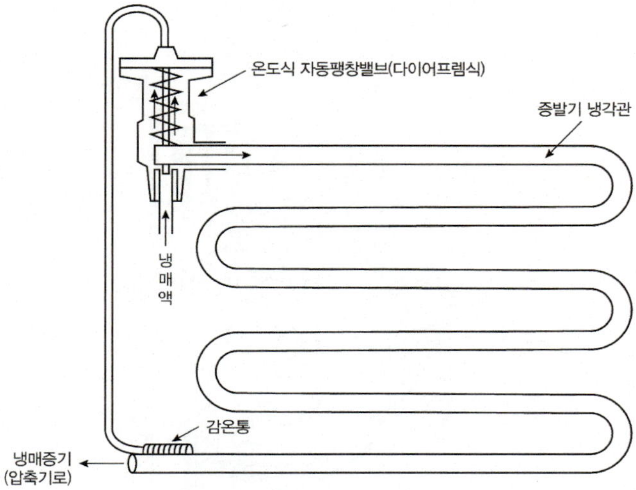

그림 5-27 온도식 팽창밸브 연결도

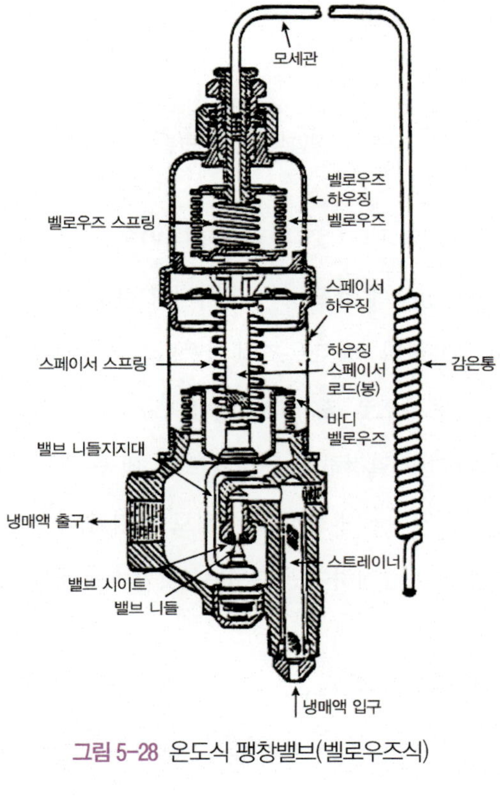

그림 5-28 온도식 팽창밸브(벨로우즈식)

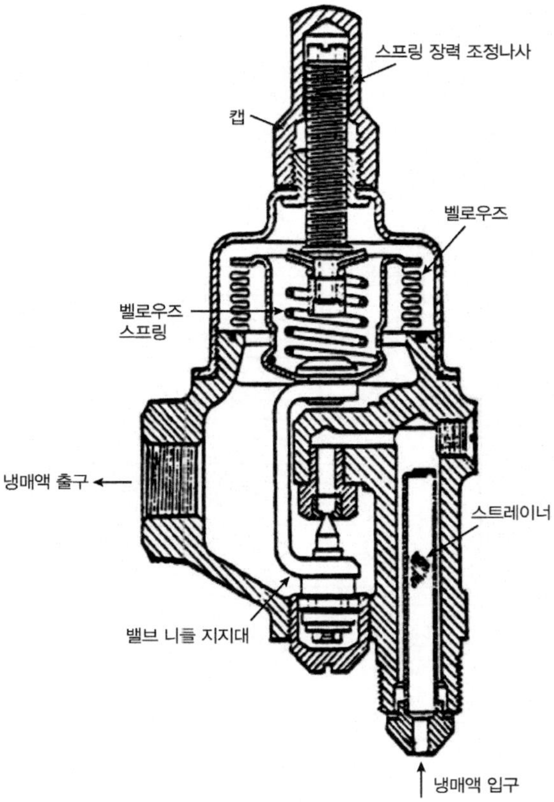

그림 5-29 정압식 팽창밸브(벨로우즈식)

(3) 정압식 팽창밸브(constant pressure expansion valve)

벨로우즈나 다이어프램 상부에 스프링이 설치되고 하부에는 증발기 입구관과 연결되어 증발기 내부 압력이 작용한다. 벨로우즈의 작동압력을 설정해 놓으면 증발기 내 압력에 따라 밸브의 개도가 자동적으로 조정되어 냉매의 유량을 조절하는 방식이다. 이 밸브를 사용하면 증발기 내 압력이 일정하게 유지되므로, 냉동부하가 변동될 때 압축기로 유입되는 냉매증기가 너무 과열되거나 습증기 상태로 되기 쉽다. 따라서 부하가 일정한 소형 냉동기에 사용하는 것이 바람직하지만, 효율도 낮기 때문에 별로 사용되지 않는다.

(4) 플로우트식 팽창밸브(float type expansion valve)

액면의 위치에 따라 플로우트(float)가 상하로 운동하는 것을 이용하여 밸브를 개폐하는 방식으로, 냉동장치의 고압부인 수액기의 액면에 플로우트를 설치한 것을 고압 플로우트 팽창밸브, 저압부인 증발기 내 액면에 설치한 것을 저압 플로우트 팽창밸브라 한다.

저압 플로우트 팽창밸브(low pressure float valve)는 증발기 액면을 일정하게 하여 냉매량을 일정하게 유지한다. 플로우트가 상승하면 수액기(receiver)로부터 냉매액의 주입이 차단되고, 하강하면 냉매액이 주입된다. 이 밸브는 냉동부하의 변화에도 불구하고 만액식 증발기 내의 냉매액면을 일정하게 유지하기 위하여 사용한다.

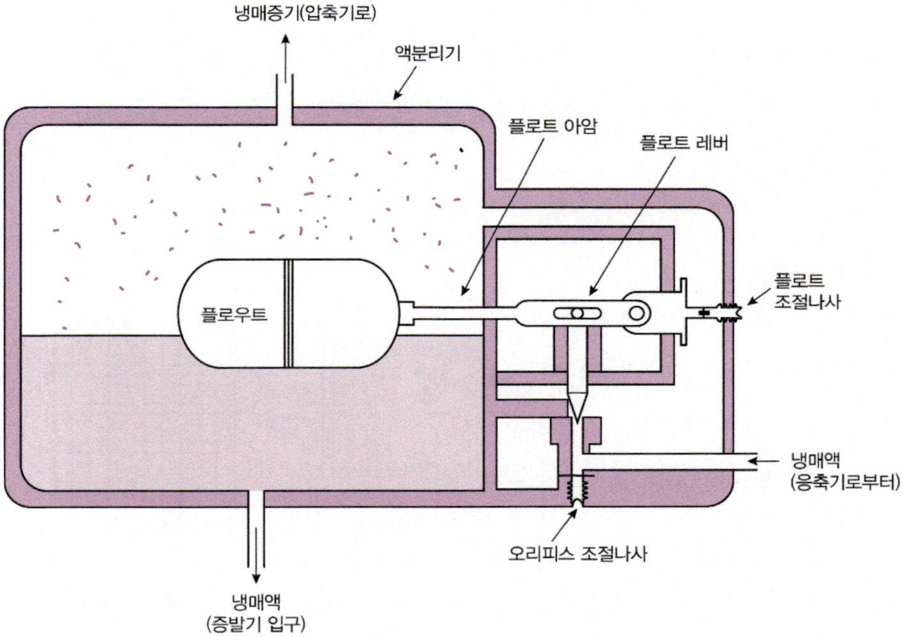

그림 5-30 저압 플로우트 팽창밸브

고압 플로우트 팽창밸브(high pressure float valve)는 증발기가 하나만 있는 경우에 사용되는 것으로, 플로우트가 수액기 내에 설치된다. 응축기에서 냉매가 응축된 후 수액기 내로 흘러들어 플로우트가 상승하면, 밸브가 열려 증발기에 주입되고 증발기 내에서 증발한 양만큼 응축기에서 응축하는 사이클이 반복된다. 플로우트실 내의 냉매액은 항상 일정한 액면을 유지하여야 한다. 만일 냉매액이 너무 많이 수액기로 유입되면 증발기에 필요 이상으로 많이 공급되므로 습압축이나 액백 현상이 발생하며, 반대로 부족할 때는 증발기 출구에서 냉매증기의 과열도가 너무 커지므로 압축기가 과열된다.

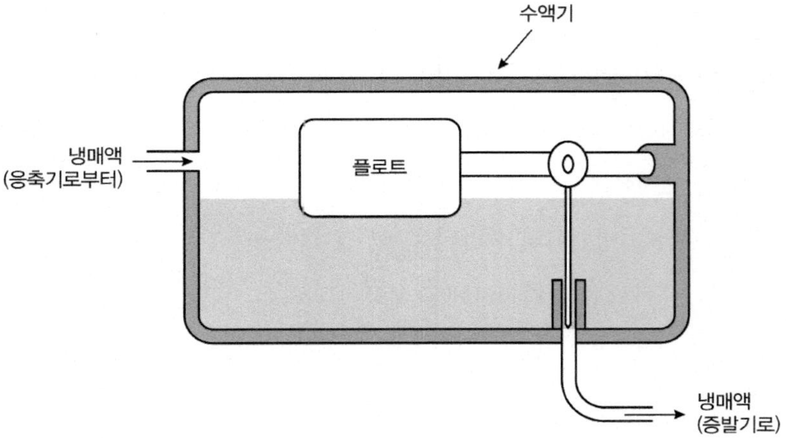

그림 5-31 고압 플로우트 팽창밸브

(5) 모세관(capillary tube)

모세관은 내경이 아주 작고(0.5~2mm) 길이가 긴(1~6m) 원형관을 말하며, 팽창밸브에서의 압력 강하를 밸브가 아닌 모세관의 특성을 이용하는 방식이다. 길이에 비해 매우 작은 내경을 가진 관 내부를 통하여 냉매액이 흐르면 유동저항이 커지므로 압력이 떨어지게 되고 일부의 냉매는 증발한다. 냉매의 증발을 억제하고 온도를 효율적으로 낮추기 위하여 모세관을 증발기에서 압축기로 가는 배관과 접하여 설치한다. 설치 후에는 조절이 불가능하지만, 가장 간단하고 값이 싸므로, 가정용 냉장고, 룸에어컨 등과 같은 소용량의 건식 증발기에 많이 사용된다.

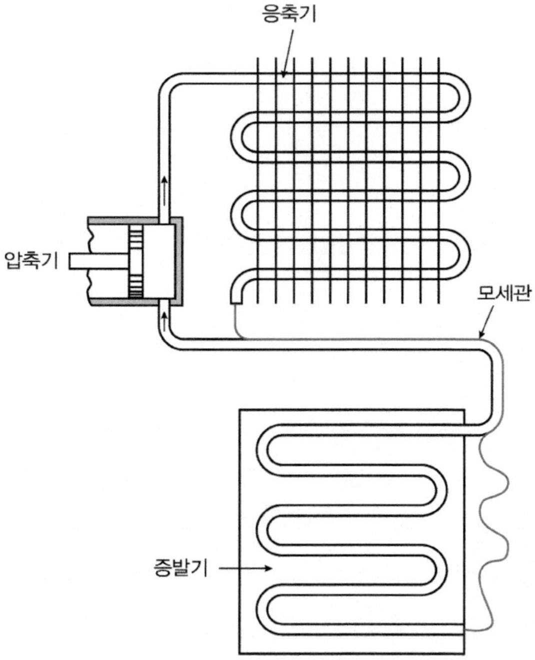

그림 5-32 모세관 연결도

5.5 기타 부속장치

냉동장치의 주요 부분인 압축기, 응축기, 증발기, 팽창밸브를 제외한 나머지 장치를 부속장치라 한다. 부속장치로는 수액기, 기름분리기, 액분리기, 건조기 및 열교환기 등이 있으며, 대부분 냉동장치의 안전을 도모하기 위한 장치들이다. 본 절에서는 주요 부속장치의 구조와 작동원리에 대하여 설명한다. 다음 그림은 실제 증기압축식 냉동기의 구성 부품을 나타낸 것으로 주요 장치와 기타 부속장치를 한꺼번에 표시하였다.

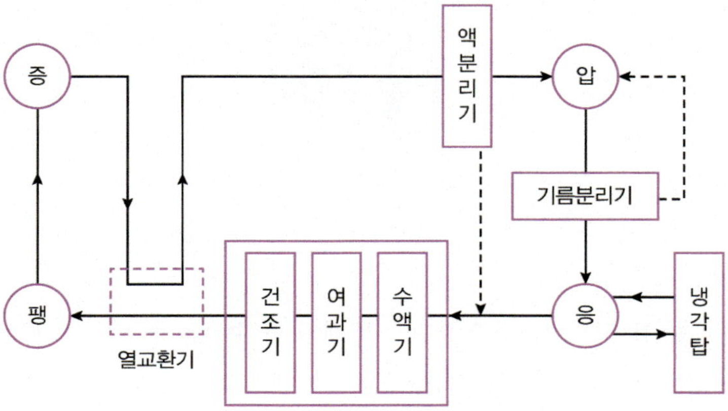

그림 5-33 실제 냉동기의 구성 부품

(1) 수액기(receiver)

응축기에서 액화한 냉매를 팽창밸브로 보내기 전에 일시 저장하는 용기로 횡형 원통형이 주로 사용된다. 수액기의 액저장량은 냉동장치의 운전상태 변화에 따라 증발기 내의 냉매량이 변화하여도 항상 액이 수액기 내에 잔류하여 장치의 운전을 원활하게 할 수 있는 용량이 필요하다. 또한 냉동장치를 수리하거나 장기간 정지 시 장치 내의 냉매를 회수(pumping down)하는 역할을 한다. 팽창밸브로 이물질이 들어가는 것을 방지하기 위하여 배출관 입구에 여과기(strainer, filter)를 설치한 것도 있다. 모세관을 팽창밸브로 사용하는 소형, 소용량의 냉동기에서는 정지 중에는 냉매가 증발기에 저장되므로 수액기를 필요로 하지 않는다.

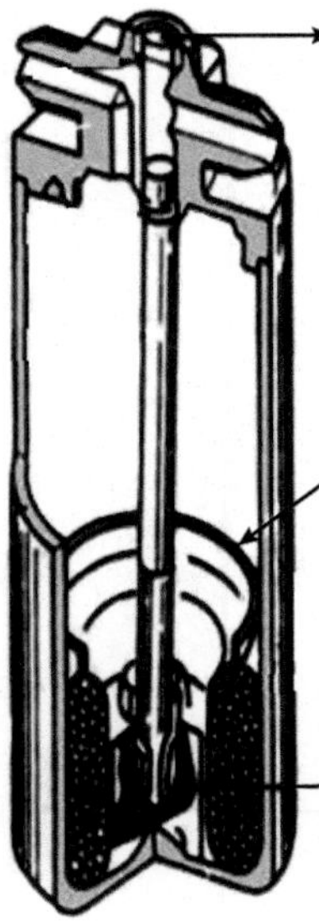

그림 5-34 수액기

(2) 건조기(dryer)

프레온 냉매는 물에 용해되지 않으므로 냉매 속의 수분을 제거하지 않으면, 팽창밸브에서 수분의 동결로 인한 막힘이 발생하고 배관을 부식시키게 된다. 따라서 반드시 수분을 제거하여야 하는데, 이와 같이 수분을 흡수하는 장치가 건조기이다. 건조제로는 실리카겔, 활성알루미나, 산화칼슘 등이 사용된다.

(3) 여과기(filter, strainer)

냉동장치의 배관 내에 먼지, 모래, 금속편 등의 이물질이 존재하면 팽창밸브 및 압축기에 장해를 주므로 그 입구에 여과기를 설치하며, 여과제로는 금속제의 여과망, 펠트(felt), 유리섬유(glass wool) 등이 사용된다.

(4) 기름분리기(oil separator)

압축기에서 토출된 냉매가스 중에 윤활유가 많아지면 압축기의 윤활 부족이 발생하며, 응축기나 증발기에서 유막(oil film)을 형성하여 전열작용을 방해하게 된다. 따라서 압축기와 응축기 사이의 토출가스 배관 중에 기름분리기를 설치하여, 토출가스 중에 혼입된 오일을 분리시켜 압축기의 크랭크케이스로 회수한다.

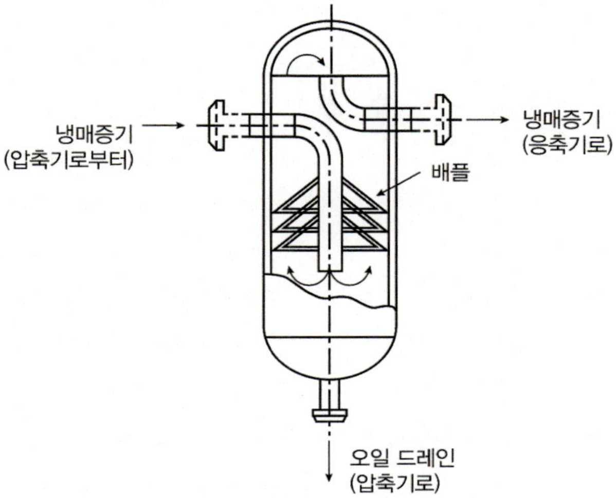

그림 5-35 기름분리기(배플식)

(5) 액분리기(accumulator)

증발기와 압축기 사이의 흡입가스 배관에 설치하여 흡입가스에 냉매액이 혼입되었을 때, 이것을 분리하여 증기만을 압축기에 흡입시켜 액압축을 방지하여 압축기를 보호하는 역할을 한다. 액분리기에서 분리된 액은 용기 하부에 고였다가 액회수장치에 의하여 수액기로 보내지거나, 소형에서는 액이 많은 습운전에서 과열운전으로 변환되었을 때 증발하여 압축기로 흡입되는 경우도 있다.

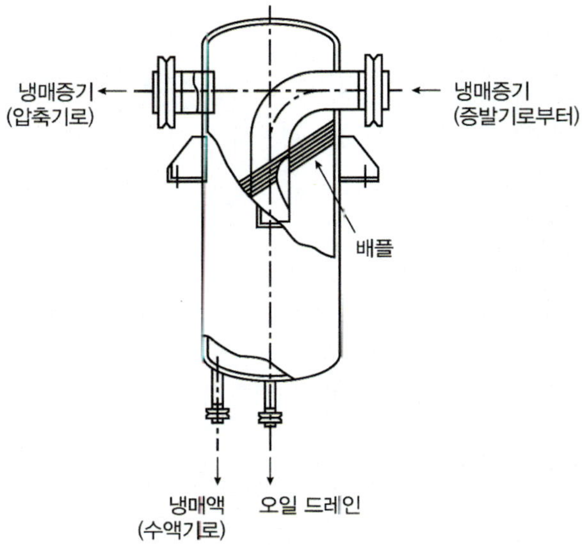

그림 5-36 액분리기

(6) 열교환기(heat exchanger)

냉동기에 사용되는 냉매액-냉매증기 열교환기는 응축기에서 수액기를 거쳐 팽창밸브로 가는 냉매액과 증발기에서 압축기로 유입되는 냉매증기 사이에 설치되어 이들 사이에 열교환 하도록 하는 장치이다.

응축기에서 응축된 냉매액은 냉매배관을 따라 유동하는 동안 저항에 의해 압력 강하가 발생하면서 냉매액의 일부가 증발한다. 이렇게 증발된 냉매를 플래시 가스(flash gas)라 하며, 이는 유동저항을 더욱 증가시키고 특히 팽창밸브의 능력을 감소시켜 냉동능력을 저하시키는 원인이 된다. 따라서 플래시 가스의 발생을 억제하기 위하여 냉매액을 과냉시키는 데 열교환기를 사용한다.

또한 증발기에서 증발된 냉매증기는 반드시 건포화증기라고 볼 수 없으므로 액적(liquid drop)을 포함한 습증기일 경우가 있다. 액적이 남아 있는 경우에는 액압축으로 인한 액격(liquid hammer)이 발생하여 압축기의 밸브를 손상시키는 원인이 된다. 따라서 열교환기를 사용하여 냉매증기를 과열시킴으로써 액적을 제거한다.

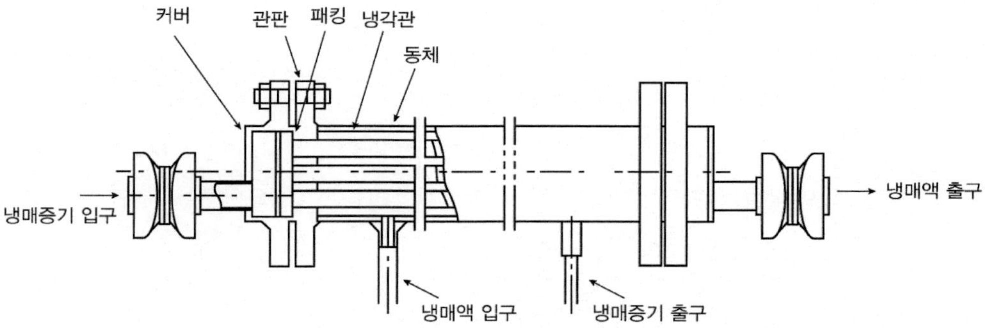

(a) 횡형 쉘 튜브식 열교환기

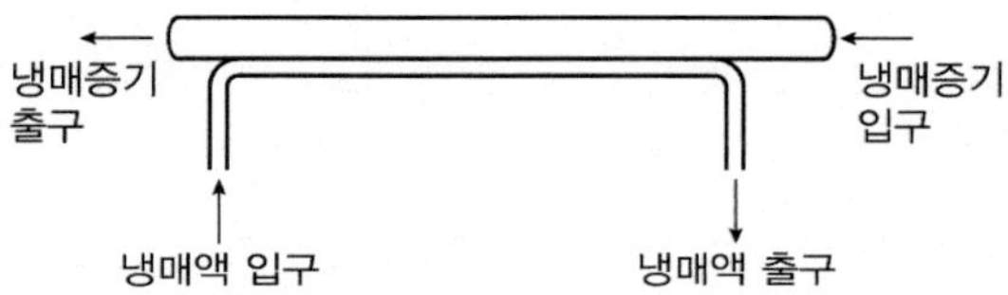

(b) 관접촉식 열교환기

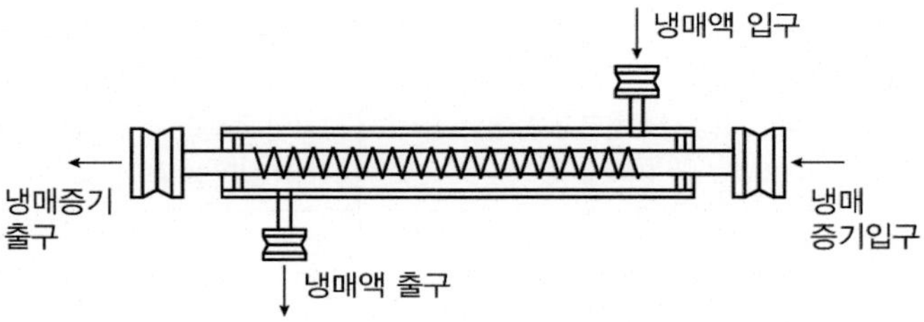

(c) 이중관식 열교환기

그림 5-37 열교환기 종류

(7) 냉각탑(cooling tower)

냉각탑의 구조는 증발식 응축기와 비슷한데 수냉식 응축기와 연계하여 사용된다. 즉, 수냉식 응축기에서 온도가 높아진 냉각수를 공기와 접촉시켜 냉각수의 일부를 증발시킴으로써, 증발잠열에 의해 나머지 냉각수를 냉각시켜 다시 사용할 수 있도록 하는 일종의 냉각수 재생장치이다. 냉각탑은 공기의 흐름에 의한 열교환 방식에 따라 직교류형(cross-flow type)과 대향류형(counter-flow type)으로 구분하며, 그 특징을 (표 5-3)에 나타내었다.

표 5-3 직교류형 냉각탑과 대향류형 냉각탑의 특성 비교

<table>
<tr><th>항목</th><th>직교류형 냉각탑(그림 5-38)</th><th>대향류형 냉각탑(그림 5-39)</th></tr>
<tr><td>열교환
방식</td><td>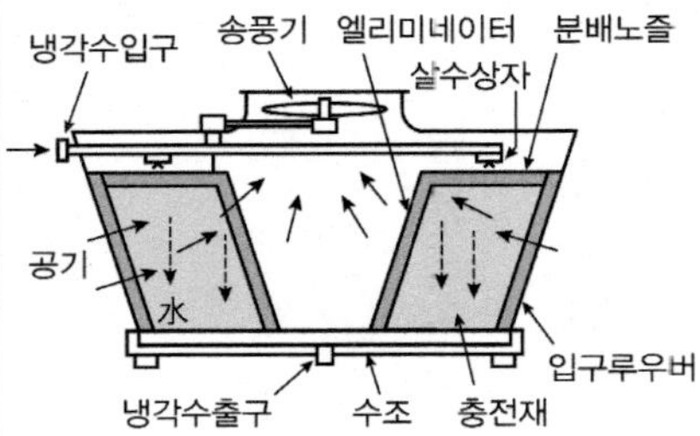
</td><td>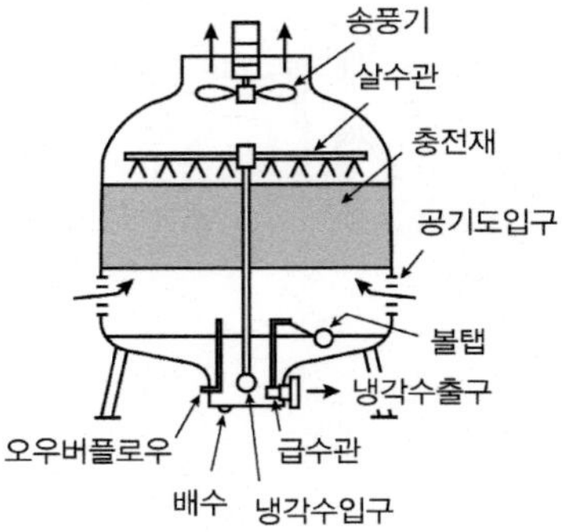
</td></tr>
<tr><td>효율</td><td>물과 공기의 접촉 면적이 좁아 열교환 효율이 나쁨</td><td>물과 공기가 서로 대향류로 접촉하여 열교환 효율이 좋음</td></tr>
<tr><td>살수장치
보수점검</td><td>외부에 노출되므로 보수 점검이 쉽고, 수질이 나쁜 경우에도 사용 가능함</td><td>spray pipe에 의해 살수되므로 보수 점검이 어렵고, 수질이 나쁜 경우 pipe의 부식이나 노즐의 막힘 현상이 발생함</td></tr>
<tr><td>살수압력</td><td>중력에 의해 살수되므로 살수 압력이 낮음</td><td>펌프의 압력에 의해 살수되므로 살수 압력이 높음</td></tr>
<tr><td>동력손실</td><td>공기의 흐름이 수평 상승하므로 장애물이 적어 정압손실이 낮음</td><td>공기의 흐름이 수직 상승하므로 장애물에 의해 정압손실이 높음</td></tr>
<tr><td>탑높이</td><td>louver, filler, eliminator가 수평선상에 있어 탑의 높이가 낮음</td><td>louver, filler, eliminator가 수직선상에 있어 탑의 높이가 높음</td></tr>
<tr><td>탑면적</td><td>면적이 넓으며, 송풍기 설치 부분만큼 더 넓어짐</td><td>면적이 작으며, filler 면적이 곧 탑면적이 됨</td></tr>
<tr><td>소음</td><td>탑높이가 낮고 충전재와 수조의 간격이 거의 없으므로, 수적음이 적음</td><td>탑높이가 높고 충전재와 수조의 간격이 크므로, 수적음이 큼</td></tr>
</table>

1. 밀폐형 압축기와 개방형 압축기를 비교 설명하라.

2. 왕복식 압축기의 특징을 설명하라.

3. 회전식 압축기의 특징을 설명하라.

4. 원심식 압축기의 특징을 설명하라.

5. 스크루 압축기의 특징을 설명하라.

6. 수냉식 응축기, 공랭식 응축기, 증발식 응축기를 비교 설명하라.

7. 입형 원통 다관식 응축기와 횡형 원통 다관식 응축기를 비교 설명하라.

8. 건식 증발기와 만액식 증발기를 비교 설명하라.

9. 원통 다관식 증발기와 원통 코일식 증발기를 비교 설명하라.

10. 팽창밸브의 종류를 나열하라.

11. 온도식 자동팽창밸브(TEV)의 특징을 설명하라.

12. 고압 플로우트 팽창밸브와 저압 플로우트 팽창밸브를 비교 설명하라.

13. 직교류형 냉각탑과 대향류형 냉각탑의 특징을 비교 설명하라.

CHAPTER 06

냉동장치의 열전달

구성

내용

냉동장치는 외부로부터 열을 흡수하거나 또는 외부로 열을 방출하면서 냉동을 하는 장치이다. 따라서 냉동기를 설계하기 위해서는 열전달에 대한 개념이 필요하다. 6장에서는 냉동장치의 해석에 필요한 열전달의 기초 내용인 열전도, 열대류, 열관류에 대한 개념과 계산 방법을 먼저 다루고, 이어서 열교환기, 응축기, 증발기의 설계에 필요한 열전달 계산 방법에 대하여 학습한다.

6.1 냉동장치의 전열작용

냉동장치는 (그림 6-1)과 같이 냉매가 증발기에서 증발하면서 냉동고 실내로부터 증발잠열을 흡수하여 냉동작용을 하며, 이때 흡수한 열량은 냉매가 압축기에서 압축하는데 필요한 에너지와 함께 응축기에서 응축잠열의 형태로 외부의 공기(공랭식) 또는 물(수냉식)로 방출된다. 이와 같이 냉동장치는 증발기와 응축기에서 열의 흡수와 방출 작용을 통하여 전열작용이 이루어지며, 또한 냉동고의 주위벽은 일종의 방열벽으로서 외부로부터 열의 침입을 방지해주는 역할을 한다.

냉동장치에서 전열작용이 이루어지고 있는 부분을 구분하면 다음과 같다.

① 냉동고(cold storage) : 외기의 열 침입(외부 공기 → 주위벽 → 내부 공기)
② 압축기(compressor) : 압축기의 냉각(냉매 → 케이싱 → 외부 공기)
③ 중간냉각기(intercooler) : 냉매의 냉각(냉매 → 냉각관 → 외부 공기)
④ 응축기(condenser) : 냉매의 응축(냉매 → 응축관 → 외부 공기 또는 냉각수)
⑤ 증발기(evaporator) : 냉매의 증발(냉매 → 증발관 → 내부 공기 또는 브라인)
⑥ 열교환기(heat exchanger) : 냉매의 열교환(냉매 → 냉각관 → 냉매)

물질 내부에 온도 분포가 존재할 때 또는 서로 다른 온도의 물체가 접하고 있을 때, 온도가 높은 곳에서 낮은 곳으로 열은 이동한다(열역학 제 2법칙). 이러한 온도차에 의한

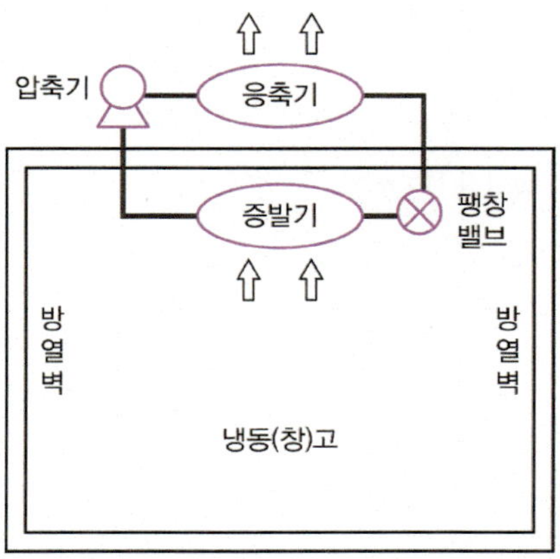

그림 6-1 냉동장치의 전열작용

열의 이동 현상을 열전달(heat transfer)이라 하며, 온도차가 클수록 열의 전달 속도는 빨라진다. 열전달 방법에는 전도, 대류, 복사의 세 가지 방법이 있다.

6.2 열전도

금속 등의 고체나 정지하고 있는 액체, 기체 등의 내부에 온도차가 있는 경우, 그 물체 내부의 온도가 높은 곳에서 낮은 곳으로 열이 이동하는 현상을 열전도(heat conduction)라고 한다.

(그림 6-2)와 같이 두께가 Δx, 표면적이 F인 슬래브의 한 쪽 면이 t_1, 다른 쪽 면은 t_2의 일정한 온도로 유지되고 있을 때, 열전도에 의한 전열량은 다음과 같이 푸리에의 법칙(Fourier's law)으로 표현할 수 있다.

$$Q = -\lambda F \frac{\Delta t}{\Delta x} \text{ 또는 } q = -\lambda \frac{\Delta t}{\Delta x}$$

여기서,

Q : 열전도에 의한 전열량[$kcal/h$], [W]

λ : 슬래브의 열전도율[$kcal/m \cdot h \cdot ℃$], [$W/m \cdot K$]

F : 전열면적[m^2]

Δt : 슬래브 양쪽 면의 온도차[℃], [K]

Δx : 슬래브의 두께[m]

q : 열플럭스[$kcal/h \cdot m^2$], [W/m^2]

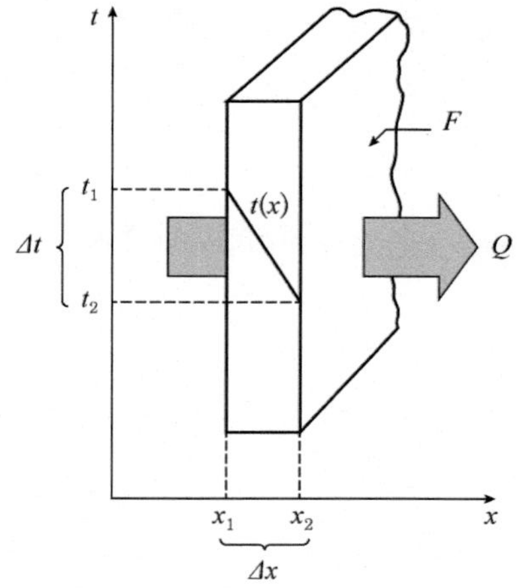

그림 6-2 푸리에의 열전도 법칙

표 6-1 대표적인 물질의 열전도율

재료		열전도율 [$kcal/m \cdot h \cdot ℃$]	재료		열전도율 [$kcal/m \cdot h \cdot ℃$]
금속	순철	42	비금속	고무	0.204
	주철(C 4%)	45		종이	0.120-0.179
	탄소강(C<1.5%)	31-46		유리	0.67-1.16
	니켈강	12-62		콘크리트	0.4-0.5
	순동	332		벽돌	0.33-1.44
	청동	22		석면	0.134
	황동	52		글라스울	0.046
	은	360		탄화 코르크판	0.045-0.048
	텅스텐	140		아스팔트	0.139
	아연	96		목재(섬유와 직각)	0.075-0.116
	주석	55		목재(섬유와 평행)	0.150-0.232
	금	267		톱밥	0.045
	백금	60		화강암	2.5
	알루미늄	196		흙	0.45
	듀랄루민	141		공기	0.02

윗 식에서 열전도율(thermal conductivity) λ는 그 물질이 열을 잘 전달하는지 나타내주는 물질 고유의 계수로서, 물질에 따라 일정한 값을 가지고 있다. (표 6-1)는 대표적인 물질의 열전도율을 나타낸 것이다. 또한 열플럭스(heat flux) q는 단위 면적당 전열량을

말하며, 어떤 크기의 표면적을 통한 열이동을 일반화시키기 위해 사용한다. 전열량 Q를 얻기 위한 간단한 방법은 열플럭스 q에 전열면적 F를 곱하는 것이다.

(1) 단층 평면벽(single layer plane wall)에서의 열전도

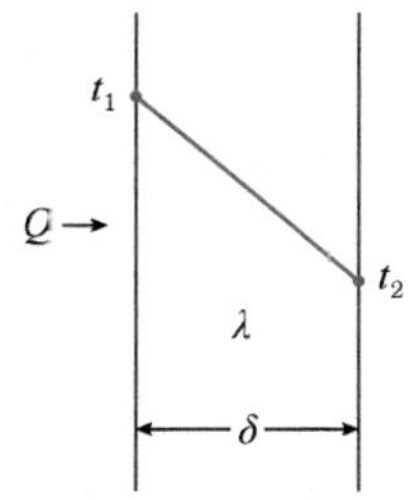

그림 6-3 단층 평면벽에서의 열전도

(그림 6-3)과 같이 한 가지 재료로만 된 단층 평면벽에서 열전도에 의한 전열량은 다음과 같이 나타낼 수 있다.

$$Q = \lambda F \frac{(t_1 - t_2)}{\delta} = \frac{(t_1 - t_2)}{R}$$

여기서,

Q : 열전도에 의한 전열량[$kcal/h$], [W]

λ : 열전도율[$kcal/m \cdot h \cdot ℃$], [$W/m \cdot K$]

F : 전열면적[m^2]

t_1 : 고온측 벽체의 온도[℃]

t_2 : 저온측 벽체의 온도[℃]

δ : 벽체의 두께[m]

윗 식에서 $R = \delta/(\lambda F)$은 벽체의 열저항(heat resistance)이라 하며, $(t_1 - t_2)/\delta$은 온도구배(temperature gradient) 또는 열구배(heat gradient)라고 한다.

(2) 다층 평면벽(multi layer plane wall)에서의 열전도

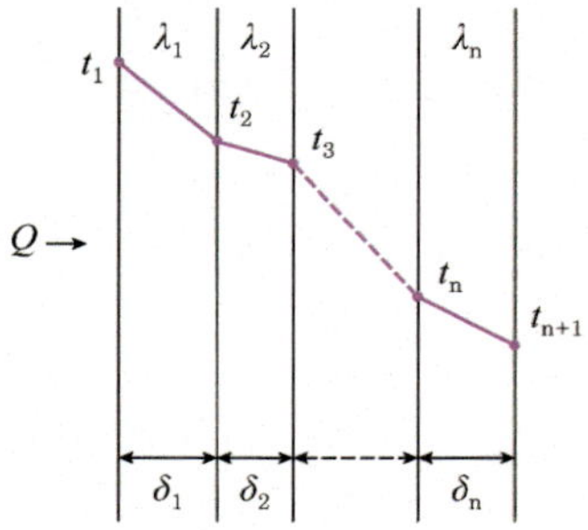

그림 6-4 다층 평면벽에서의 열전도

(그림 6-4)와 같이 벽체가 열전도율이 서로 다른 여러 개의 층으로 되어 있는 경우, 열전도에 의한 전열량은 다음과 같다.

$$Q = \frac{F(t_1 - t_{n+1})}{\left(\frac{\delta_1}{\lambda_1} + \frac{\delta_2}{\lambda_2} + \cdots + \frac{\delta_n}{\lambda_n}\right)}$$

여기서,

t_1 : 고온측 벽체의 온도[℃]

t_{n+1} : 저온측 벽체의 온도[℃]

$\delta_1, \delta_2, \cdots, \delta_n$: 각 평면벽의 두께[m]

$\lambda_1, \lambda_2, \cdots, \lambda_n$: 각 평면벽의 열전도율[$kcal/m \cdot h \cdot$℃]

예제 6-1

두께가 $20cm$ 인 벽이 한 면은 30℃, 다른 면은 10℃의 온도를 유지하고 있을 때, 열전도에 의하여 벽을 통과하는 전열량을 구하라. 단, 벽의 열전도율은 $0.45kcal/m \cdot h \cdot ℃$ 이며, 벽의 면적은 $10m^2$ 이다.

풀이

주어진 조건으로부터 λ=$0.45kcal/m \cdot h \cdot ℃$, F=$10m^2$, t_1=30℃, t_2=10℃, δ=$0.2m$ 이므로, 전열량은

$$Q = \lambda F \frac{(t_1 - t_2)}{\delta} = (0.45)(10)\frac{(30-10)}{0.2} = 450[kcal/h]$$

예제 6-2

냉동창고의 내부 벽면 온도가 -20℃, 외부 벽면 온도가 30℃일 때 벽체의 단위면적($1m^2$)당 열전도에 의해서 침입하는 열량을 구하라. 단, 벽체를 구성하고 있는 재료의 두께 및 열전도율은 다음과 같다.

재료명	철근 콘크리트	폴리스티렌 폼	모르타르
두께[m]	0.2	0.2	0.03
열전도율[$kcal/m \cdot h \cdot ℃$]	1.2	0.039	1.12

풀이

주어진 조건으로부터 F=$1m^2$, t_1=30℃, t_4=-20℃, δ_1, δ_2, δ_3=0.2, 0.2, 0.03[m], λ_1, λ_2, λ_3=1.2, 0.039, 1.12[$kcal/m \cdot h \cdot ℃$]이므로, 열전도에 의해서 벽체를 통한 침입열량은

$$Q = \frac{F(t_1 - t_4)}{\left(\frac{\delta_1}{\lambda_1} + \frac{\delta_2}{\lambda_2} + \frac{\delta_3}{\lambda_3}\right)} = \frac{(1)\{30-(-20)\}}{\left(\frac{0.2}{1.2} + \frac{0.2}{0.039} + \frac{0.03}{1.12}\right)} = 9.40[kcal/h]$$

(3) 단층 원통벽(single layer cylinder wall)에서의 열전도

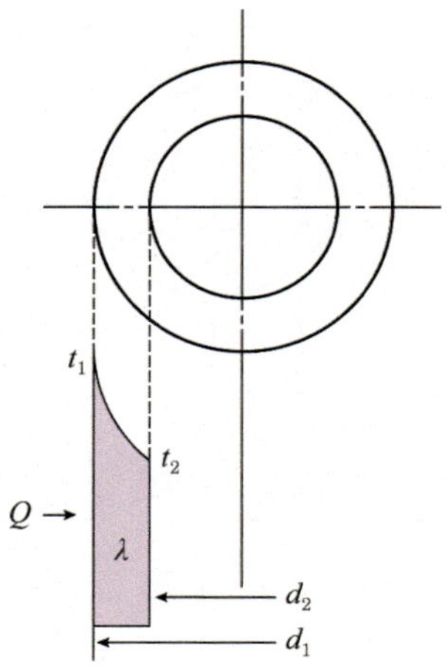

그림 6-5 단층 원통벽에서의 열전도

(그림 6-5)와 같이 한 가지 재료로만 된 단층 원통벽에서 열전도에 의한 전열량은 다음과 같다.

$$Q = \frac{2\pi L(t_1 - t_2)}{\frac{1}{\lambda} ln\left(\frac{d_2}{d_1}\right)}$$

여기서,

Q : 열전도에 의한 전열량[$kcal/h$], [W]

L : 원통벽(관)의 길이[m]

λ : 벽의 열전도율[$kcal/m·h·℃$], [$W/m·K$]

t_1 : 고온측 벽의 온도[℃]

t_2 : 저온측 벽의 온도[℃]

d_1 : 고온측 벽의 직경[m]

d_2 : 저온측 벽의 직경[m]

(4) 다층 원통벽(multi layer cylinder wall)에서의 열전도

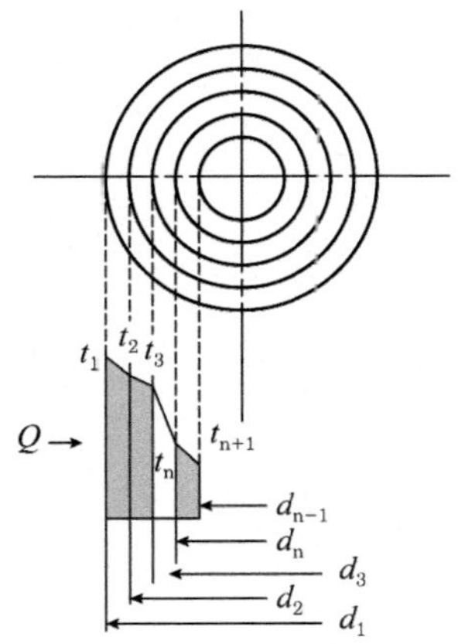

그림 6-6 다층 원통벽에서의 열전도

(그림 6-6)과 같이 원통벽이 열전도율이 서로 다른 여러 개의 층으로 되어 있는 경우, 열전도에 의한 전열량은 다음과 같다.

$$Q = \frac{2\pi L(t_1 - t_{n+1})}{\frac{1}{\lambda_1} ln\left(\frac{d_2}{d_1}\right) + \frac{1}{\lambda_2} ln\left(\frac{d_3}{d_2}\right) + \cdots + \frac{1}{\lambda_n} ln\left(\frac{d_{n+1}}{d_n}\right)}$$

여기서,

Q	: 열전도에 의한 전열량[$kcal/h$], [W]
L	: 원통벽(관)의 길이[m]
t_1	: 고온측 벽의 온도[℃]
t_{n+1}	: 저온측 벽의 온도[℃]
λ	: 벽의 열전도율[$kcal/m \cdot h \cdot$ ℃], [$W/m \cdot K$]
$d_1, d_2, \cdots$	: 고온측으로부터 각 층의 외경[m]
d_{n+1}	: 저온측 벽의 내경[m]

6.3 열대류

유체의 순환에 의한 열의 이동, 즉 액체나 기체 운동에 의한 열의 이동 현상을 대류(convection)라 한다. 예를 들면, 건물의 벽, 천장, 바닥 등과 주위 공기와의 열이동 현상, 응축기나 증발기 내의 냉매와 관벽 사이의 열이동 현상 등이 이에 속한다. 열대류는 그 상태에 따라서 다음 두 가지 경우로 분류된다.

① 자연대류 : 유체는 온도에 따라 그 밀도가 변화하게 된다. 따라서 유체에 온도차가 있는 경우, 온도가 높은 부분은 밀도가 작아서 상승하고 온도가 낮은 부분은 밀도가 크므로 하강하게 되어 상대적인 흐름이 생긴다. 이와 같이 유체의 온도차로 인한 밀도차 때문에 생기는 자연적인 유체의 순환에 의해 열이 이동하는 현상을 자연대류(natural convection) 또는 자유대류(free convection)라 한다.

② 강제대류 : 유체의 밀도차에 의하여 유체의 흐름이 생기는 것이 아니라, 펌프 또는 송풍기 등에 의해 강제적으로 유체에 흐름을 주어 열이 이동하는 현상을 강제대류(forced convection)라 한다.

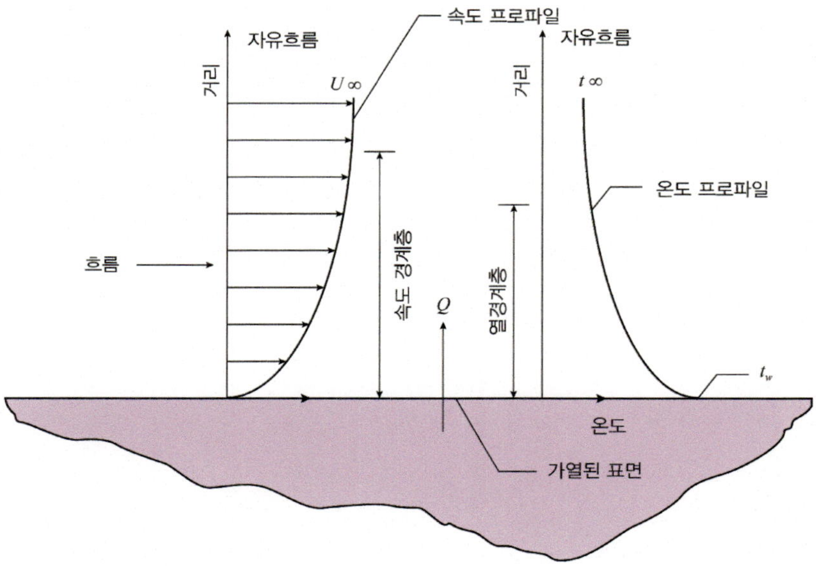

그림 6-7 대류열전달

(그림 6-7)과 같이 정지하고 있는 고체 표면의 온도를 t_w, 이에 접하고 있는 유체의 온도를 t_∞라 할 때, 고체 표면의 면적 $F[m^2]$를 통해 단위 시간에 유체로 전해지는 전열량은 다음과 같이 뉴턴의 냉각법칙(Newton's law of cooling)으로 나타낼 수 있다.

$$Q = \alpha F(t_w - t_\infty)$$

여기서,

Q : 열대류에 의한 전열량$[kcal/h]$, $[W]$

α : 대류열전달계수$[kcal/m^2 \cdot h \cdot ℃]$, $[W/m^2 \cdot K]$

F : 전열면적$[m^2]$

t_w : 고체 표면의 온도[℃]

t_∞ : 유체의 온도 온도[℃]

윗 식에서 대류열전달계수(heat transfer coefficient) α는 유체의 종류, 물성치, 운동상태 및 고체의 표면 상태 등에 따라 달라지며, 열전달계수라고도 한다.

6.4 열관류

열관류(over-all heat transfer)란 한 쪽의 유체로부터 고체의 격벽을 지나서 다른 쪽의 유체에 열이 이동하는 전열작용을 말하며, 열통과라고도 한다. 열관류에 의한 전열작용은, 증발기 내부의 냉매로부터 외부의 공기 또는 브라인으로 열이 전달되거나 냉장고의 밖으로부터 내부로 열이 침입하는 것처럼, 열전도와 열대류가 복합적으로 작용하여 이루어진다.

(1) 단층 평면벽에서의 열관류

$$Q = KF(t_a - t_b)$$

단, $K = \dfrac{1}{\dfrac{1}{\alpha_1} + \dfrac{\delta}{\lambda} + \dfrac{1}{\alpha_2}}$

여기서,

Q : 열관류에 의한 전열량$[kcal/h]$, $[W]$

K : 열관류율$[kcal/m^2 \cdot h \cdot ℃]$, $[W/m^2 \cdot K]$

F : 전열면적$[m^2]$

t_a, t_b : 고온 또는 저온 유체의 온도[℃]

α_1, α_2 : 고온 또는 저온 유체 측의 열전달계수$[kcal/m^2 \cdot h \cdot ℃]$, $[W/m^2 \cdot K]$

λ : 벽체의 열전도율$[kcal/m \cdot h \cdot ℃]$, $[W/m \cdot K]$

δ : 벽체의 두께$[m]$

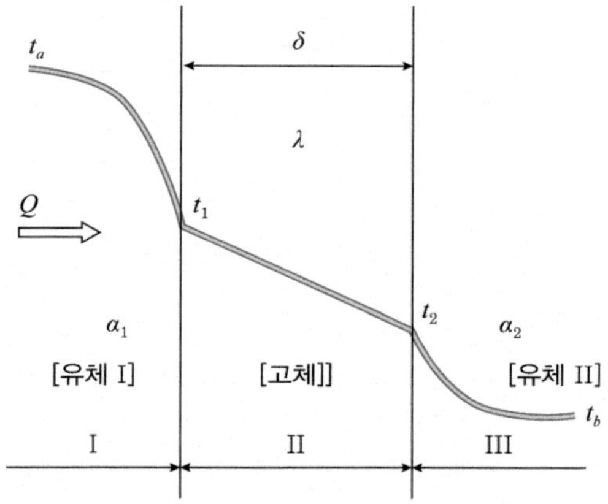

그림 6-8 단층 평면벽에서의 열관류

윗 식에서 열관류율(over-all heat transfer coefficient) K는 열통과율이라고도 한다.

(2) 다층 평면벽에서의 열관류

$$Q = KF(t_a - t_b)$$

단, $$K = \frac{1}{\frac{1}{\alpha_1} + \frac{\delta_1}{\lambda_1} + \frac{\delta_2}{\lambda_2} + \cdots + \frac{\delta_n}{\lambda_n} + \frac{1}{\alpha_2}} = \frac{1}{\frac{1}{\alpha_1} + \sum_{n=1}^{n} \frac{\delta_n}{\lambda_n} + \frac{1}{\alpha_2}}$$

여기서,

$\delta_1, \delta_2, \cdots, \delta_n$: 각 평면벽의 두께$[m]$

$\lambda_1, \lambda_2, \cdots, \lambda_n$: 각 평면벽의 열전도율$[kcal/m \cdot h \cdot ℃]$, $[W/m \cdot K]$

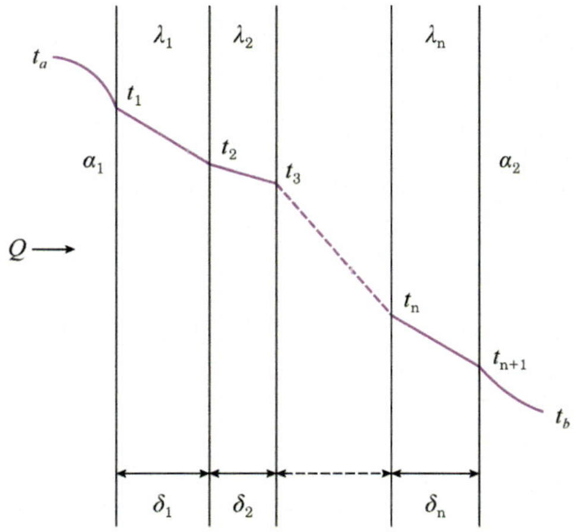

그림 6-9 다층 평면벽에서의 열관류

예제 6-3

냉동고의 내부 및 외부 공기온도가 각각 −10℃, 30℃이며, 냉동고 벽체의 두께 및 면적이 각각 150mm, 1m^2일 때, 냉동고의 벽체를 통해 침입하는 열량을 구하라. 단, 벽체의 열전도율은 0.025$kcal/m \cdot h \cdot ℃$, 내벽과 내부 공기의 열전달계수는 3$kcal/m^2 \cdot h \cdot ℃$, 외벽과 외부 공기의 열전달계수는 25$kcal/m^2 \cdot h \cdot ℃$이다.

풀이

주어진 조건으로부터 F=1m^2, t_a=30℃, t_b=-10℃, α_1=25$kcal/m^2 \cdot h \cdot ℃$, α_2=3$kcal/m^2 \cdot h \cdot ℃$, λ=0.025$kcal/m \cdot h \cdot ℃$, δ=0.15m이므로, 냉동고 벽체의 열관류율과 벽체를 통한 침입열량은 다음과 같다.

$$K = \frac{1}{\frac{1}{\alpha_1} + \frac{\delta}{\lambda} + \frac{1}{\alpha_2}} = \frac{1}{\frac{1}{25} + \frac{0.15}{0.025} + \frac{1}{3}} = 0.157[kcal/m^2 \cdot h \cdot ℃]$$

$$\therefore Q = KF(t_a - t_b) = (0.157)(1)\{30 - (-10)\} = 6.28[kcal/h]$$

예제 6-4

(그림 6-10)와 같은 대형 냉동고의 내부 온도가 -30℃이며, 외부의 공기온도는 20℃이다. 냉동고의 측벽, 천정, 바닥의 구조와 각 재료의 두께, 열전도율 및 열전달계수가 그림 (b)과 같을 때, 외부로부터 냉동고 내부에 침입하는 열량을 구하라.

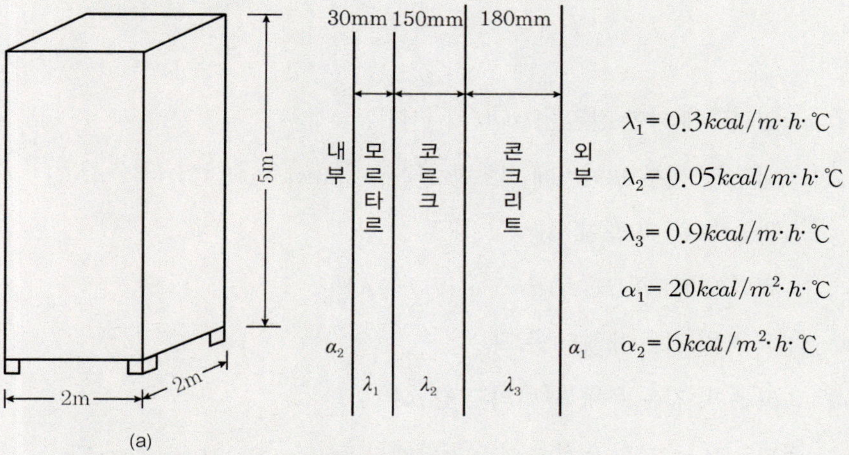

그림 6-10 [예제 6-4]의 그림

풀이

① 열관류율 K를 먼저 구하면,

$$K = \frac{1}{\frac{1}{\alpha_1} + \frac{\delta_1}{\lambda_1} + \frac{\delta_2}{\lambda_2} + \frac{\delta_3}{\lambda_3} + \frac{1}{\alpha_2}} = \frac{1}{\frac{1}{20} + \frac{0.03}{0.3} + \frac{0.15}{0.05} + \frac{0.18}{0.9} + \frac{1}{6}}$$
$$= 0.284 [kcal/m^2 \cdot h \cdot ℃]$$

② 냉동고의 측벽, 천정, 바닥의 면적은,

$$F = (2 \times 5) \times 4 + (2 \times 2) \times 2 = 48 [m^2]$$

③ 따라서 냉동고 내부에 침입하는 열량은,

$$Q = KF(t_a - t_b) = (0.284)(48)\{20 - (-30)\} = 681.6 [kcal/h]$$

(3) 단층 원통벽에서의 열관류

$$Q = K_i(\pi d_i L)(t_a - t_b) \text{ 또는 } Q = K_o(\pi d_o L)(t_a - t_b)$$

단, $K_i = \dfrac{1}{\dfrac{1}{\alpha_i} + \dfrac{d_i}{2\lambda} ln\dfrac{d_o}{d_i} + \dfrac{d_i}{d_o}\dfrac{1}{\alpha_o}}$, $K_o = \dfrac{1}{\dfrac{d_o}{d_i}\dfrac{1}{\alpha_i} + \dfrac{d_o}{2\lambda} ln\dfrac{d_o}{d_i} + \dfrac{1}{\alpha_o}}$

여기서,

Q : 열전도에 의한 전열량[$kcal/h$], [W]

K_i, K_o : 내부 및 외부 표면적에 기초한 열관류율[$kcal/m^2 \cdot h \cdot ℃$], [$W/m^2 \cdot K$]

L : 원통벽(관)의 길이[m]

λ : 벽의 열전도율[$kcal/m \cdot h \cdot ℃$], [$W/m \cdot K$]

t_a, t_b : 고온 및 저온 유체의 온도[℃]

d_o, d_i : 고온 및 저온 유체 측 벽의 직경[m]

α_o, α_i : 고온 또는 저온 유체 측의 열전달계수[$kcal/m^2 \cdot h \cdot ℃$], [$W/m^2 \cdot K$]

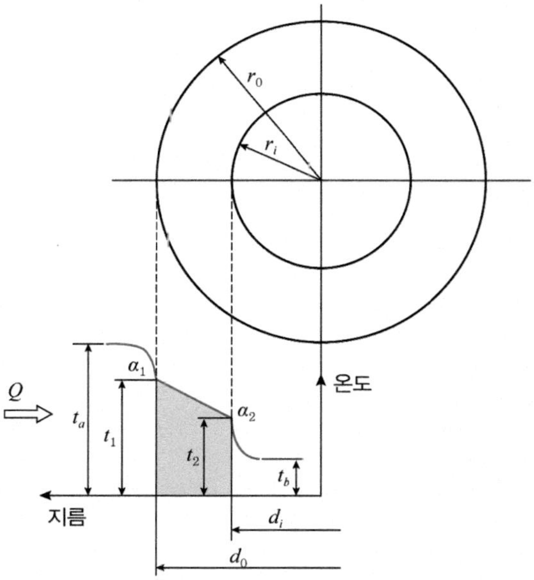

그림 6-11 단층 원통벽에서의 열관류

(4) 다층 원통벽에서의 열관류

$$Q = K_i(\pi d_i L)(t_a - t_b) \text{ 또는 } Q = K_o(\pi d_o L)(t_a - t_b)$$

단, $K_i = \dfrac{1}{\dfrac{1}{\alpha_i} + \dfrac{d_i}{2\lambda_1} ln\dfrac{d_1}{d_i} + \dfrac{d_i}{2\lambda_2} ln\dfrac{d_2}{d_1} + \cdots + \dfrac{d_i}{d_o}\dfrac{1}{\alpha_o}}$,

$$K_i = \frac{1}{\dfrac{1}{\alpha_i} + \dfrac{d_i}{2\lambda_1} ln\dfrac{d_1}{d_i} + \dfrac{d_i}{2\lambda_2} ln\dfrac{d_2}{d_1} + \cdots + \dfrac{d_i}{d_o}\dfrac{1}{\alpha_o}}$$

여기서,

$d_o, d_1, \cdots, d_i$: 고온측으로부터 각 층의 직경[m]

$\lambda_1, \lambda_2, \cdots, \lambda_n$: 고온측으로부터 각 층의 열전도율[$kcal/m{\cdot}h{\cdot}℃$], [$W/m{\cdot}K$]

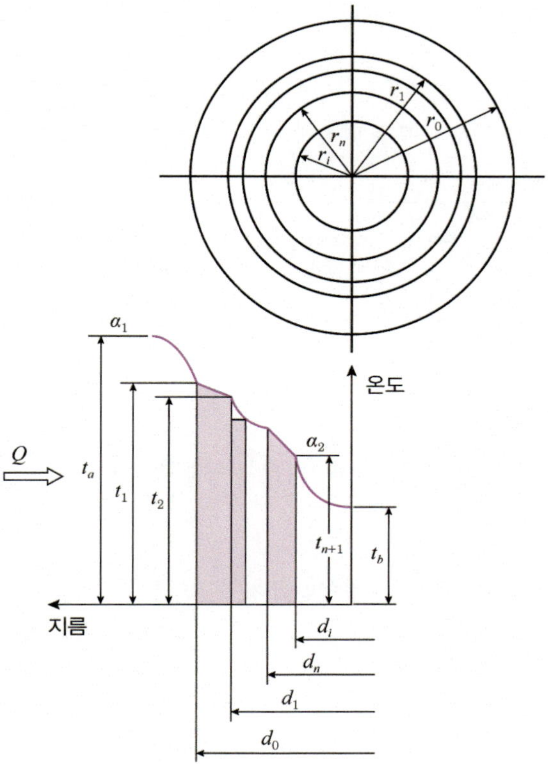

그림 6-12 다층 원통벽에서의 열관류

예제 6-5

내경 100mm, 외경 110mm인 난방용 강관 내부에 온도가 250℃인 유체가 흐르고 있을 때, 강관의 단위 길이(1m)당 방열량을 구하라. 단, 강관의 내부 및 외부의 열전달계수와 강관의 열전도율은 각각 40$kcal/m^2 \cdot h \cdot$℃, 5$kcal/m^2 \cdot h \cdot$℃, 45$kcal/m \cdot h \cdot$℃이며, 강관의 외부(주위) 온도는 15℃이다. 또, 강관의 외측에 두께 30mm의 보온재(열전도율 0.04$kcal/m \cdot h \cdot$℃)를 감은 경우 방열량의 감소율을 구하라.

풀이

① 강관(나관, bare steel pipe)의 내부 표면적에 기초한 열관류율 K_i와 방열량

$$K_i = \frac{1}{\frac{1}{\alpha_i} + \frac{d_i}{2\lambda} ln\frac{d_o}{d_i} + \frac{d_i}{d_o}\frac{1}{\alpha_o}} = \frac{1}{\frac{1}{40} + \frac{0.1}{2(45)} ln\frac{0.11}{0.1} + \frac{0.1}{0.11}\frac{1}{5}}$$

$$= 4.833 [kcal/m^2 \cdot h \cdot ℃]$$

$$\therefore Q_1 = K_i(\pi d_i L)(t_a - t_b) = (4.833)\{(3.14)(0.1)(1)\}(250 - 15)$$

$$= 356.6 [kcal/h]$$

② 강관에 보온재를 감은 경우 내부 표면적에 기초한 열관류율 K_i와 방열량

$$K_i = \frac{1}{\frac{1}{\alpha_i} + \frac{d_i}{2\lambda_1} ln\frac{d_1}{d_i} + \frac{d_i}{2\lambda_2} ln\frac{d_2}{d_1} + \frac{d_i}{d_o}\frac{1}{\alpha_o}}$$

$$= \frac{1}{\frac{1}{40} + \frac{0.1}{2(45)} ln\frac{0.11}{0.1} + \frac{0.1}{2(0.04)} ln\frac{0.17}{0.11} + \frac{0.1}{0.17}\frac{1}{5}}$$

$$= 1.456 [kcal/m^2 \cdot h \cdot ℃]$$

$$\therefore Q_2 = K_i(\pi d_i L)(t_a - t_b) = (1.331)\{(3.14)(0.1)(1)\}(250 - 15)$$

$$= 107.4 [kcal/h]$$

③ 따라서 나관과 보온재를 감은 경우 방열량의 감소율은,

$$\frac{Q_1 - Q_2}{Q_1} = \frac{356.6 - 107.4}{356.6} = 0.699 = 69.9\%$$

6.5 열교환기의 열전달

열교환기(heat exchanger)는 온도가 높은 유체에서 상대적으로 온도가 낮은 유체로 고체벽을 통하여 열이 이동하도록 만든 장치로서, 열교환기에서 주된 열전달 방식은 열전도와 열대류이다. 열교환기 내 유체의 온도는 위치에 따라 변하며, 온도분포는 유체의 유동방향에 따라 다르다. 유체의 흐름은 유동방향에 따라 평행류와 대향류로 구분하며, (그림 6-13)은 이중관식 열교환기에서 유체의 흐름에 따른 온도변화를 보여준다. 평행류(parallel flow)는 온도가 서로 다른 두 유체의 유동방향이 동일한 경우이며, 대향류(counter flow)는 서로 반대 방향으로 유동하는 경우이다.

열교환기에서의 열관류량 Q은 다음 식으로 구해진다.

$$Q = KF\Delta t_m$$

여기서,

Q : 열관류에 의한 전열량$[kcal/h]$, $[W]$

K : 열관류율$[kcal/m^2 \cdot h \cdot ℃]$, $[W/m^2 \cdot K]$

F : 전열면적$[m^2]$

Δt_m : 열교환을 하는 두 유체의 평균 온도차[℃]

윗 식에서 평균 온도차 Δt_m은 두 유체의 온도차가 위치에 따라 다르므로 열교환기 전체를 대표할 수 있는 온도차를 말하며, LMTD라고 부르는 대수평균 온도차(logarithmic mean temperature difference)가 사용된다. LMTD를 구하는 방법은 다음과 같다.

$$\Delta t_m = \frac{\Delta t_1 - \Delta t_2}{\ln \dfrac{\Delta t_1}{\Delta t_2}} = \frac{(t_1 - t_1{}') - (t_2 - t_2{}')}{\ln\left(\dfrac{t_1 - t_1{}'}{t_2 - t_2{}'}\right)} \quad (\text{평행류})$$

$$= \frac{(t_1 - t_2{}') - (t_2 - t_1{}')}{\ln\left(\dfrac{t_1 - t_2{}'}{t_2 - t_1{}'}\right)} \quad (\text{대향류})$$

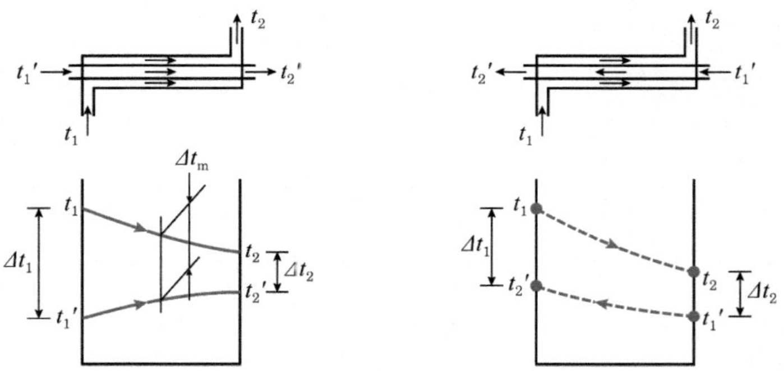

(a) 평행류

(b) 대향류

그림 6-13 열교환기의 열전달(평행류와 대향류)

열교환기에서의 열전달은 두 유체 사이에서만 일어나며, 열교환기에서 주위로의 열전달은 무시한다. 이때 높은 온도의 유체가 잃은 열량은 낮은 유체가 얻은 열량과 같다. 두 유체 모두 상변화가 일어나지 않고 비열이 일정하다면, 열교환기에서의 교환 열량은 다음 식에 의하여 구해진다.

① 고온유체가 잃은 열량 : $Q = CG(t_1 - t_2)$

② 저온유체가 얻은 열량 : $Q = C'G'(t_2' - t_1')$

여기서,

C, C' : 고온 및 저온 유체의 비열[$kcal/kg$·℃]

G, G' : 고온 및 저온 유체의 유량[kg/h]

예제 6-6

열교환기에서 브라인과 냉각수가 (그림 6-14)와 같이 대향류 열교환을 하고 있다. 브라인의 입구 및 출구 온도가 각각 -10℃, 5℃이고, 냉각수의 입구 온도는 28℃일 때, 냉각수의 출구 온도와 열교환기의 LMTD를 구하라. 브라인의 비열 및 유량은 각각 $0.8kcal/kg\cdot℃$, $40kg/h$이고, 냉각수의 비열 및 유량은 각각 $1kcal/kg\cdot℃$, $90kg/h$이다. 단, 열교환기 내 유동저항과 열손실은 무시한다.

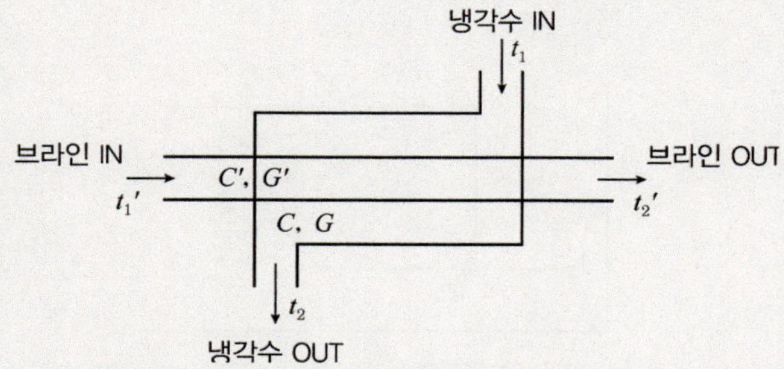

그림 6-14 (예제 6-6)의 그림

풀이

① 냉각수의 출구 온도, t_2

냉각수가 잃은 열량 : $Q = CG(t_1 - t_2)$

브라인이 얻은 열량 : $Q = C'G'(t_2' - t_1')$

브라인이 얻은 열량과 냉각수가 잃은 열량이 같으므로, 다음과 같이 냉각수의 출구 온도를 구할 수 있다.

$$CG(t_1 - t_2) = C'G'(t_2' - t_1')$$

$$\therefore t_2 = t_1 - \frac{C'G'}{CG}(t_2' - t_1') = 28 - \frac{(0.8)(40)}{(1)(90)}\{5 - (-10)\}$$

$$= 22.7[℃]$$

② 열교환기의 LMTD, Δt_m

$$\Delta t_m = \frac{\Delta t_1 - \Delta t_2}{\ln\dfrac{\Delta t_1}{\Delta t_2}} = \frac{(t_1 - t_2') - (t_2 - t_1')}{\ln\left(\dfrac{t_1 - t_2'}{t_2 - t_1'}\right)} = \frac{(28-5) - \{22.7 - (-10)\}}{\ln\left\{\dfrac{28-5}{22.7-(-10)}\right\}}$$

$$= 27.6[℃]$$

6.6 응축기의 열전달

응축기란 압축기로부터 나오는 고온고압의 냉매증기를 액체로 상변화시키는 장치로서, 이때 필요한 응축잠열은 금속의 관벽을 통하여 상온의 물(수냉식 응축기)이나 공기(공랭식 응축기)로 방출시키는 일종의 열교환기이다. 수냉식 응축기의 설계를 위한 열전달 계산은 다음의 3가지 방식을 고려하여 구할 수 있다.

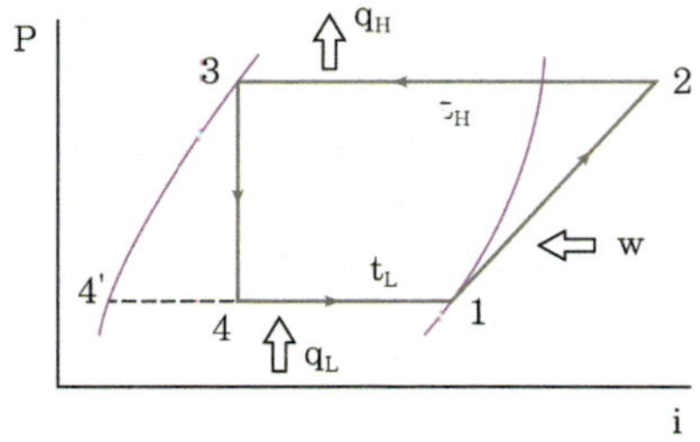

그림 6-15 냉동사이클의 P-i 선도

(1) 냉매의 방열량($kcal/h$)

$$Q_H = Q_L + W = G(i_2 - i_3)$$

응축기 내에서 냉매증기를 냉매액으로 상변화시키기 위하여 냉매로부터 제거해야 하는 열량이다. 냉매의 엔탈피 변화를 이용하여 계산하거나, 냉동능력(Q_L)과 압축동력(W)의 합으로 구한다.

(2) 냉각수의 흡수열량($kcal/h$)

$$Q_H = C_w G_w \Delta t_w = C_w G_w (t_o - t_i)$$

여기서,

C_w : 냉각수 비열[$kcal/kg$·℃]

G_w : 냉각수 순환량[kg/h]

Δt_w : 응축기 입출구 냉각수의 온도차[℃]

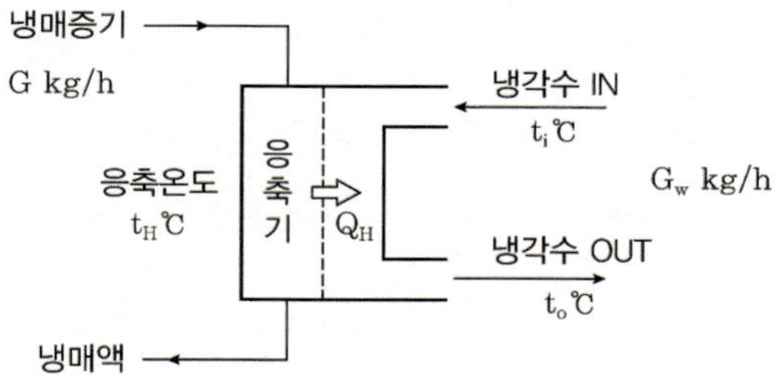

그림 6-16 수냉식 응축기의 열전달

(3) 응축기 표면을 통하여 전달된 열량($kcal/h$)

$$Q_H = KF\Delta t_m = KF\left(t_H - \frac{t_i + t_o}{2}\right)$$

여기서,

K : 열관류율[$kcal/m^2 \cdot h \cdot$℃], [$W/m^2 \cdot K$]

F : 전열면적[m^2]

Δt_m : 냉매와 냉각수의 평균 온도차[℃]

윗 식에서 열관류율 K는 각종 응축기에 대한 실험치가 있으므로 그 값을 사용한다. 냉매와 냉각수의 평균 온도차 Δt_m는 대수평균 온도차(LMTD)를 일반적으로 사용하지만, 계산의 편이성 때문에 산술평균 온도차(AMTD)를 사용하기도 한다. 산술평균 온도차는 다음과 같이 구하며, 수냉식 응축기에서는 냉매의 응축온도와 냉각수 평균온도와의 차가 된다.

$$\Delta t_m = \frac{\Delta t_1 + \Delta t_2}{2} = t_H - \frac{t_i + t_o}{2}$$

예제 6-7

냉동능력이 10RT인 냉동기에서 수냉식 응축기의 냉각수 입출구 온도차가 6℃일 때, 응축에 필요한 냉각수의 유량(kg/h)을 구하라. 단, 압축기의 소요동력은 20PS이다. 환산식 $1RT = 3{,}320kcal/h$, $1PS = 632kcal/h$을 이용하라.

풀이

응축기에서 냉매의 방열량은

$$Q_H = Q_L + W = 10RT \times \frac{3{,}320kcal/h}{1RT} + 20PS \times \frac{632kcal/h}{1PS}$$

$$= 45{,}840kcal/h$$

따라서 응축에 필요한 냉각수량은 냉각수의 흡수열량 식을 이용하여 다음과 같이 구한다.

$$Q_H = C_w G_w \Delta t = C_w G_w (t_o - t_i)$$

$$\therefore G_w = \frac{Q_H}{C_w \Delta t} = \frac{45{,}840kcal/h}{1kcal/kg℃ \times 6℃} = 7{,}640kg/h$$

예제 6-8

냉매의 방열량이 120,000$kcal/h$인 수냉식 응축기의 전열면적이 30㎡이다. 냉각수의 유량이 19,800kg/h, 냉각수의 입구 온도가 23℃일 때, 냉각수의 출구 온도와 냉매의 응축온도를 구하라. 단, 응축기의 열통과율은 800$kcal/m^2 \cdot h \cdot$℃ 이며, 산술평균 온도차를 이용하라.

풀이

① 냉각수의 출구 온도

$$Q_H = C_w G_w \Delta t = C_w G_w (t_o - t_i)$$

$$\therefore t_o = t_i + \frac{Q_H}{C_w G_w} = 23℃ + \frac{120{,}000kcal/h}{1kcal/kg℃ \times 19{,}800kg/h}$$

$$= 29.06℃$$

② 냉매의 응축온도

$$Q_H = KF\Delta t_m = KF\left(t_H - \frac{t_i + t_o}{2}\right)$$

$$\therefore t_H = \left(\frac{t_i + t_o}{2}\right) + \frac{Q_H}{KF} = \left(\frac{23 + 29.06}{2}\right) + \frac{120,000}{800 \times 30}$$

$$= 31.03[℃]$$

6.7 증발기의 열전달

증발기란 팽창밸브로부터 나온 저온저압의 냉매액을 냉매증기로 상변화시키면서, 주위로부터 증발잠열을 흡수함으로써 냉동작용을 수행하는 일종의 열교환기이다. 용도로 볼 때 브라인 냉각용과 공기 냉각용으로 구분할 수 있다. 공기냉각기에서는 냉각관 벽과 공기와의 사이에 전열저항이 크므로, 냉각관에 핀(fin)을 붙여 공기측의 전열면적을 크게 함으로써 전열성능을 개선하고 있다. 브라인 냉각기(brine cooler)의 설계를 위한 열전달 계산은 다음의 3가지 방식을 고려하여 구할 수 있다.

(1) 냉매의 흡수열량($kcal/h$)

$$Q_L = G\Delta i = G\gamma(1 - x)$$

여기서,

G : 냉매순환량[kg/h]

γ : 냉매의 증발잠열[$kcal/kg$]

x : 증발기 입구 냉매의 건조도

증발기 내에서 냉매액이 냉매증기로 상변화하기 위하여 주위로부터 흡수해야 하는 열량으로서, 냉동기의 용량인 냉동능력을 말한다. 대용량의 냉동능력을 나타낼 때는 일반적으로 냉동톤(RT, $1RT = 3,320kcal/h$)의 단위를 사용한다.

(2) 브라인의 냉각열량(액체)($kcal/h$)

$$Q_L = C_B G_B \Delta t_B = C_B G_B (t_{Bi} - t_{Bo})$$

여기서,

C_B : 브라인 비열[$kcal/kg·℃$]

G_B : 브라인 순환량[kg/h]

Δt_B : 증발기 입출구 브라인의 온도차(℃)

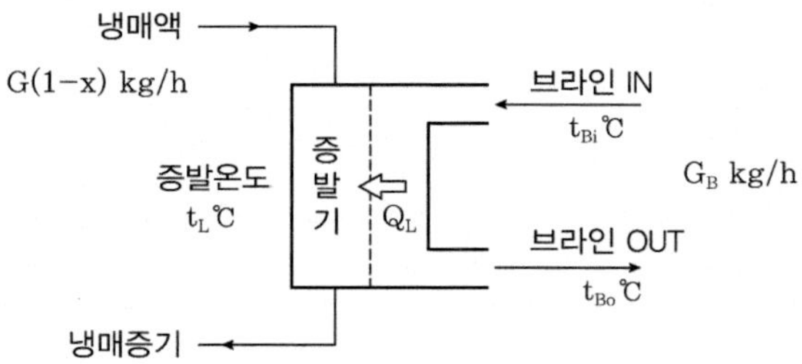

그림 6-17 브라인 냉각기(Brine Cooler)의 열전달

(3) 증발기 표면을 통하여 전달된 열량($kcal/h$)

$$Q_L = KF\Delta t_m = KF\left(\frac{t_{Bi} + t_{Bo}}{2} - t_L\right)$$

여기서,

K : 열관류율[$kcal/m^2·h·℃$], [$W/m^2·K$]

F : 전열면적[m^2]

Δt_m : 냉매와 브라인의 평균 온도차[℃]

윗 식에서 열관류율 K는 응축기에서와 마찬가지로 각종 증발기에 대한 실험치가 있으므로 그 값을 사용한다. 냉매와 브라인의 평균 온도차 Δt_m로 대수평균 온도차(LMTD) 대신 산술평균 온도차(AMTD)를 사용하는 경우, 브라인 냉각기에서는 냉매의 증발온도와 브라인 평균온도와의 차가 된다.

$$\Delta t_m = \frac{\Delta t_1 + \Delta t_2}{2} = \frac{t_{Bi} + t_{Bo}}{2} - t_L$$

예제 6-9

브라인의 입구 및 출구 온도가 각각 -5℃, -15℃인 브라인 쿨러의 냉동능력을 구하라. 단, 브라인의 순환량은 200L/min, 비열은 0.7$kcal/kg \cdot$ ℃, 비중량은 1.2kg/L이다.

풀이

브라인 순환량은

$$G_B = 200L/\mathrm{min} \times 1.2kg/L \times \frac{60\mathrm{min}}{1h} = 14{,}400kg/h$$

따라서 냉동능력은

$$Q_L = C_B G_B (t_{Bi} - t_{Bo}) = (0.7)(14{,}400)\{-5-(-15)\}$$
$$= 100{,}800[kcal/h] = 30.36[RT]$$

예제 6-10

냉동능력이 50RT인 브라인 냉각기에서 브라인의 입구 및 출구 온도가 각각 -5℃, -10℃이고, 냉매의 증발온도는 -16℃이며, 냉각관의 열통과율은 350$kcal/m^2 \cdot h \cdot$ ℃ 이다. 대수평균 온도차와 산술평균 온도차를 이용하여 전열면적을 구하고, 그 값을 비교하라.

풀이

냉동능력은

$$Q_L = 50RT \times \frac{3{,}320kcal/h}{1RT} = 166{,}000kcal/h$$

대수평균 온도차와 산술평균 온도차는

$$\Delta t_1 = -5℃ - (-16℃) = 11℃,\ \Delta t_2 = -10℃ - (-16℃) = 6℃$$

$$\Delta t_m(LMTD) = \frac{\Delta t_1 - \Delta t_2}{\ln\frac{\Delta t_1}{\Delta t_2}} = \frac{11-6}{\ln\frac{11}{6}} = 8.2[℃]$$

$$\Delta t_m(AMTD) = \frac{\Delta t_1 + \Delta t_2}{2} = \frac{11+6}{2} = 8.5[℃]$$

따라서 전열면적은

$Q_L = KF\Delta t_m$로 부터

① $F = \frac{Q_L}{K\Delta t_m(LMTD)} = \frac{166,000}{350(8.2)} = 57.8[m^2]$

② $F = \frac{Q_L}{K\Delta t_m(AMTD)} = \frac{166,000}{350(8.5)} = 55.8[m^2]$

1. 두께가 10mm인 석면 평판의 내부온도가 40℃, 외부온도가 5℃일 때, 이 석면 평판의 단위면적($1m^2$)을 통하여 전도되는 열량을 구하라. 단, 석면의 열전도율은 0.13 $kcal/m{\cdot}h{\cdot}$℃ 이다.[$455.0kcal/h$]

2. 내벽의 온도가 1,400℃, 외벽의 온도가 200℃인 용광로에서 벽체의 단위면적($1m^2$)당 손실되는 열량을 구하라. 단, 벽체는 용광로 내부로부터 두께 200mm의 내화벽돌(λ_1=1.2 $kcal/m{\cdot}h{\cdot}$℃), 200mm의 단열벽돌(λ_2=0.05$kcal/m{\cdot}h{\cdot}$℃), 100mm의 보통벽돌(λ_3 =0.5$kcal/m{\cdot}h{\cdot}$℃)로 구성되어 있다.[$274.8kcal/h$]

3. 내경이 200mm, 외경이 220mm인 긴 강관(steel pipe)의 내벽의 온도가 200℃, 외벽의 온도가 80℃일 때, 단위길이($1m$)당 강관의 방열량을 구하라. 단, 강관의 열전도율은 45 $kcal/m{\cdot}h{\cdot}$℃ 이다.[$3.56 \times 10^5 kcal/h$]

4. 방열벽이 두께 120mm의 콘크리트, 80mm의 코르크, 20mm의 모르타르로 구성되어 있을 때, 이 방열벽을 통하는 열관류율을 구하라. 단, 콘크리트, 코르크, 모르타르의 열전도율은 각각 0.45$kcal/m{\cdot}h{\cdot}$℃, 0.036$kcal/m{\cdot}h{\cdot}$℃, 0.4$kcal/m{\cdot}h{\cdot}$℃ 이며, 내부 및 외부의 열전달율은 각각 7$kcal/m^2{\cdot}h{\cdot}$℃, 25$kcal/m^2{\cdot}h{\cdot}$℃ 이다.[$0.367kcal/m^2{\cdot}h{\cdot}$℃]

5. 실내 온도가 20℃인 방 안에 온도가 200℃인 증기가 흐르고 있는 강관의 단위길이(1m)당 열손실을 구하라. 강관의 내경과 외경은 각각 40mm, 50mm이며, 강관의 내부 및 외부의 열전달계수와 강관의 열전도율은 각각 10,000$kcal/m^2 \cdot h \cdot ℃$, 5$kcal/m^2 \cdot h \cdot ℃$, 40$kcal/m \cdot h \cdot ℃$ 이다. 또, 강관의 외측에 두께 15mm의 보온재(열전도율 0.04$kcal/m \cdot h \cdot ℃$)를 감은 경우의 열손실을 구하라.[$141.1kcal/h$, $67.4kcal/h$]

6. 대향류 열교환기에서 브라인의 입구 및 출구 온도가 각각 −5℃, 5℃이고, 오일의 출구 온도는 85℃일 때, 오일의 입구 온도와 열교환기의 LMTD를 구하라. 브라인의 비열 및 유량은 각각 0.9$kcal/kg \cdot ℃$, 80kg/h이고, 오일의 비열 및 유량은 각각 0.5$kcal/kg \cdot ℃$, 100kg/h이다. 단, 열교환기의 열손실은 무시한다.[99.4℃, 92.2℃]

7. 수냉식 응축기에서 냉매의 응축온도와 냉각수의 입구 및 출구 온도가 각각 40℃, 32℃, 37℃일 때 응축기의 전열면적과 냉각수의 유량을 구하라. 이 냉동기의 냉동능력은 20RT, 압축동력은 $2kW$, 응축기의 열통과율은 800$kcal/m^2 \cdot h \cdot ℃$ 이다. 환산식 $1RT = 3,320kcal/h$, $1kW = 860kcal/h$를 이용하여 산술평균 온도차를 이용하라.[$19.0m^2$; $16,720kg/h$]

8. 유량이 300L/min인 브라인을 -5℃에서 -10℃로 냉각하는데 필요한 브라인 쿨러의 냉동능력을 구하라. 단, 브라인의 비중량은 1.2kg/L, 비열은 0.7$kcal/kg$·℃ 이다. [$21,600kcal/h$ 또는 $22.77RT$]

9. 냉동능력이 100RT인 브라인 냉각기에서 브라인의 입구 및 출구 온도가 각각 -5℃, -12℃이고, 냉매의 증발온도는 -18℃이며, 냉각관의 열통과율은 380$kcal/m^2$·h·℃ 이다. 대수평균 온도차를 이용하여 전열면적을 구하라.[$96.0m^2$]

CHAPTER 07

공기조화

구성

내용

7장에서는 공기조화에 대한 전반적인 내용을 다룬다. 공기조화란 무엇이며 어떤 목적으로 사용되는지 그 분류에 따른 특징을 살펴보고, 공기조화 설비의 구성 부품에 대하여 알아본다. 이어서 건물의 공기조화 설비에 사용되는 다양한 공기조화 방식의 종류와 특징에 대하여 학습한다.

7.1 공기조화의 개념

냉동과 공기조화는 서로 연관되어 있으나 각각 고유의 영역이 있다. 이와 같은 연관성과 독립성을 (그림 7-1)에 나타내었다. 냉각과정인 냉동의 주된 이용은 공기조화이다.

공기조화(air conditioning)란 외기의 조건에 관계없이 실내 또는 특정 공간의 공기 온도(temperature), 습도(humidity), 기류(distribution), 청정도(cleanliness) 등의 조건을 그 사용 목적에 따라 최적의 상태로 조절하여 유지하는 것을 말한다. 따라서 공기조화를 위해서는 단순하게 공기의 온도만을 조절하여 냉난방을 하는 것뿐만 아니라, 습도 및 기류의 조절이나 청정화를 동시에 이루어야 한다.

온도의 조절은 공기를 냉각(냉방) 또는 가열(난방)함으로써 이루어지며, 습도의 조절은 공기의 감습(제습) 또는 가습을 통하여, 그리고 기류의 조절은 기류의 속도, 분포 및 기압을 조절함으로써 이루어진다. 또한 공기의 청정화는 공기 중 탄산가스(CO_2) 농도의 조절이나 먼지, 세균, 냄새 및 그 외의 유해가스를 제거하는 프로세스로 구성된다. 그리고 최근에는 공기조화 설비의 대형화로 인하여 발생되는 소음이나 진동의 방지 대책도 공기조화의 중요한 요소가 되고 있다.

공기조화에 필요한 이러한 기능들은 항상 함께 작동하고 있는 것은 아니다. 대부분의 주거 시설에서 겨울에는 냉방과 제습의 기능을 사용하지 않고, 여름에는 난방과 가습의 기능을 사용하지 않는다. 그러나 대형 상업시설에 설치된 공기조화기인 경우에는 연중 내내 이런 모든 기능을 동시에 제어할 수 있도록 하는 경우도 있다. 이런 경우에는 정교한 제어와 감지장치들이 필요하게 된다. 공기의 수분 함량을 정밀하게 제어하는 것은 매

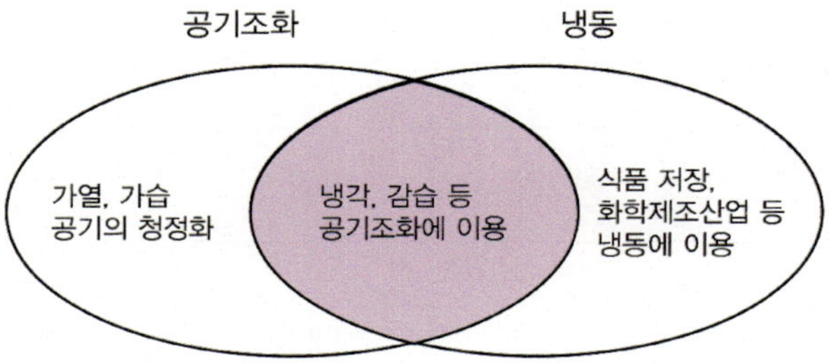

그림 7-1 냉동과 공기조화의 관계

우 어려운 일이다. 따라서 항시 냉방과 난방 기능이 작동하는 경우라도 공정의 제어나 물품의 보관에 반드시 필요하다고 생각되는 경우를 제외하고는 일반적으로 겨울과 여름에는 습도 조절 기능을 사용하지 않는다. 공기의 청정화와 기류의 조절은 항상 필요하므로 실내가 비어 있는 동안을 제외하고는 항상 연속적으로 사용한다.

7.2 공기조화의 분류

공기조화는 크게 보건용(또는 쾌적용) 공기조화와 산업용(또는 공업용) 공기조화로 분류한다. 보건용 공기조화(comfort air conditioning)는 실내 거주자를 대상으로 적합한 환경을 만들어주기 위한 공기조화로서, 인간의 쾌감이나 보건, 위생을 유지하여 노동의 욕이나 생산능률을 향상시키는 것이 목적이며, 사무실, 호텔, 병원, 백화점, 극장, 주택, 교통기관 등에 적용된다. 이러한 실내 공간에 대하여 법령이 정한 공기의 환경관리 기준과 이에 따른 설계조건은 (표 7-1)과 같다.

산업용 공기조화(industrial air conditioning)는 공장에서 생산되는 제품의 보관, 유지관리 또는 생산 공정에 관한 조건을 만족시켜 주기 위한 공기조화로서, 제품의 생산성 향상, 보관된 제품의 균일한 품질 유지 등을 목적으로 한다. 적용 범위로는 섬유, 인쇄,

표 7-1 실내 공기의 환경관리 기준과 설계 조건

구분	환경기준	설계조건
미세먼지($PM10$)	$150\mu g/m^3$ 이하	
일산화탄소(CO)	$10ppm$ 이하	
이산화탄소(CO_2)	$1,000ppm$ 이하	
포름알데히드($HCHO$)	$120\mu g/m^3$ 이하	
상대습도	40% 이상, 70% 이하	여름 50~60% 겨울 40~50%
기류의 속도	$0.5m/s$ 이하	$0.1 \sim 0.2m/s$
온도	17℃ 이상, 28℃ 이하 냉방 시 내외기 온도차 7℃ 이하	여름 25~27℃ 겨울 20~22℃

양조, 제과, 제약, 사진, 전산실, 항온항습 분야 등과 같이 다양하다. 오늘날 산업이 다양화되면서 그 중요성이 증대하고 있으며, 또한 적용범위도 더욱 넓어지고 있다.

7.3 공기조화 설비의 구성

일반적인 공기조화 설비는 (그림 7-2)와 같이 다음의 각종 장치를 필요로 한다.

(1) 공기조화기(air conditioner)

공조시스템을 구성하는 기본 구성요소의 하나로, 공기를 여과, 가열, 냉각, 가습, 감습 등으로 조절하고 이 공기를 필요로 하는 공간으로 보내는 장치이다. 공기조화기에서 실내로 공급되는 공기는 먼저 먼지를 제거하기 위하여 에어필터(air filter)를 통과한다. 그리고 여름에는 냉각기에서 냉각과 제습이 이루어지며, 겨울에는 가열기에서 온풍을 만들고 가습장치에서 가습되어 실내로 송풍된다.

(2) 열원장치

공기조화기(냉각기, 가열기, 가습기 등)에 열을 공급하는 장치로서, 냉각기에 공급되는 냉수를 만드는 냉동기와 가열기에 공급되는 온수를 만드는 보일러(boiler)를 포함한다. 경우에 따라서는 냉동기와 보일러 대신에 히트펌프를 사용하여 냉온 열원장치로 병용하기도 한다.

(3) 열 운반장치

공기조화기에서 공기조화가 필요한 실내로 열매체(공기, 증기, 온수, 냉수 등)를 운반하기 위하여 사용되는 장치이다. 여기에는 일반적으로 공기를 운반하는데 필요한 송풍기(fan) 및 덕트(duct)와 물을 운반하는데 필요한 펌프 및 배관(pipe)이 포함된다.

(4) 자동제어장치

실내의 온도 및 습도 조건을 일정하게 유지하며, 또한 장치의 경제적 운전을 위하여 열매체의 온도 및 유량을 제어하는 장치이다. 일반적으로 온도조절기, 습도조절기, 밸브제어장치, 댐퍼제어장치, 각종 스위치 등이 해당된다.

공기조화기의 입구에서는 반드시 송풍량의 25~30%인 외부 공기(외기, outside air 또는 신기, fresh air)를, 실내에서 반송되어 오는 공기(환기, return air)에 혼합하여 송풍한다. 이 외기량은 실내에 있는 사람의 호흡, 체취 또는 담배 연기 등으로 인하여 오염된 실내 공기를 정화하기 위한 것이다. 이와 같이 깨끗하고 쾌적한 실내공기 환경을 유지하기 위해서는 적당한 환기장치가 필요하다.

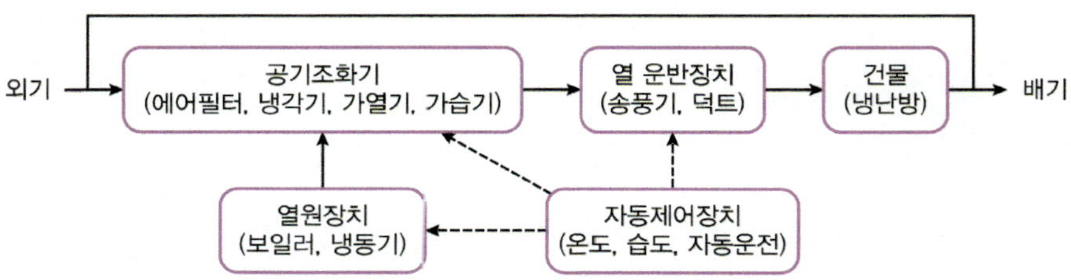

그림 7-2

7.4 공기조화 방식

공기조화가 필요한 공간까지 열을 운반하는 매체의 종류에 따라 공기조화 방식을 분류하면 (그림 7-3)과 같으며, 각 방식의 특징은 다음과 같이 정리할 수 있다.

(1) 전공기 방식(all air system)

냉풍 또는 온풍, 즉 조화된 공기를 덕트에 의해서 실내까지 송풍하여 공기조화를 행하는 방식으로, 쾌적 공간 또는 생산공정작업을 위한 모든 공간의 공기조화시스템에 널리 사용된다. 가장 기본적인 방식은 단일덕트 정풍량 방식이다.

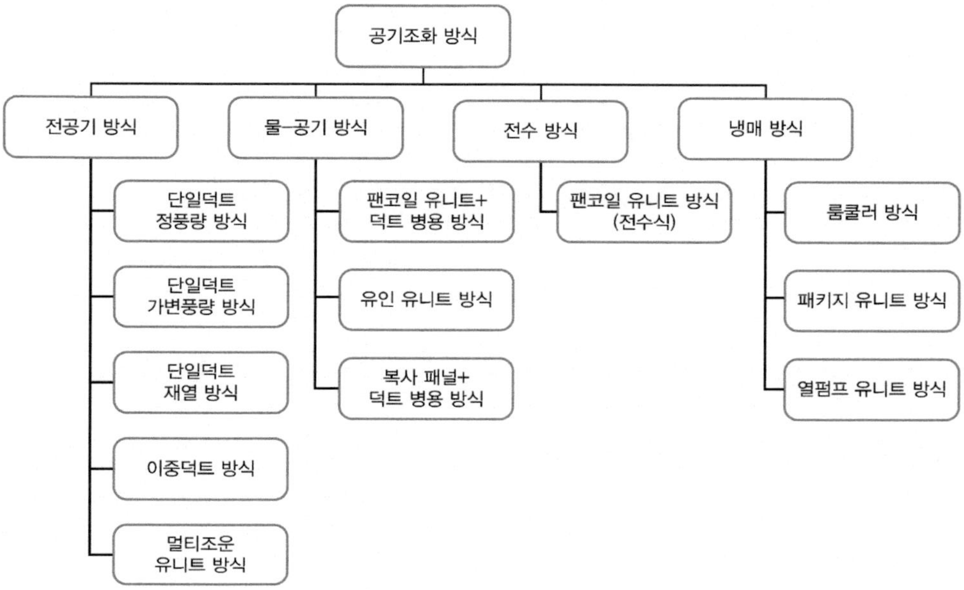

그림 7–3 공기조화 방식

(2) 물–공기 방식(water–air system)

덕트를 통하여 공급되는 공기와 개별 제어용 유니트(unit)에 공급되는 물에 의하여 공기조화를 행하는 방식이다. 물은 공기보다 비열과 비중이 크므로 동일한 열량을 얻기 위한 덕트의 단면적이 훨씬 작게 소요되며, 따라서 설비공간을 줄일 수 있다. 또한 물을 순환시키기 위한 펌프의 동력은 공기를 순환시키기 위한 송풍기의 동력보다 훨씬 적게 요구되므로 운전비도 절약할 수 있다. 이 방식은 일반적으로 실내 공간이 넓고 구역에 따라 부하가 서로 다른 건물이나, 호텔의 객실처럼 개별 실이 많아서 각각의 개별 제어를 필요로 하는 건물에 적용하고 있다.

(3) 전수 방식(all water system)

열매체로서 물만을 사용하는 방식이다. 이 방식은 외기 도입 및 공기순환을 위한 덕트가 필요없기 때문에 기존 건물에 비교적 쉽게 설치할 수 있으며, 설치비용이나 설치공간, 운전비 등의 관점에서도 많은 장점이 있다. 하지만 환기장치와 가습기가 없기 때문에 실내공기의 요구조건을 만족시킬 수 없다는 사실을 고려하여야 한다.

(4) 냉매 방식(refrigerant system)

냉매에 의해 공기를 냉각하고 그 공기를 실내에 송출하는 방식으로, 공기조화기 속에 냉동기가 설치되어 있는 것이 기본이다. 공기의 가열에는 온수나 증기를 이용하는 가열 코일 또는 전기 히터를 사용하는 것 외에 냉매회로를 전환해서 이용하는 열펌프식이 있다.

7.4.1 단일덕트 정풍량 방식(single duct constant volume system)

단일덕트 방식은 중앙식의 공기조화기에서 처리된 공기를 하나의 덕트에 의해서 실내 공간에 송풍하는 것으로서, 소규모의 건물이나 극장, 공장 또는 커다란 방 등 단일 구역(zone)의 큰 공간을 공기조화하는데 널리 사용된다.

단일덕트 정풍량 방식은 현재 가장 많이 사용되고 있는 방식이며, 이 기본형으로 여러 가지 방식이 만들어져 있다. 이 방식은 덕트나 송출구의 풍량을 댐퍼(damper) 등으로 변화시키는 것이 아니므로 실내 온도를 일정하게 유지하기 위해서는 급기온도를 부하에 따라 바꾸어 가야 한다. 따라서 단일 사용 구역인 큰 방의 공기조화에 효과적인 방식이다.

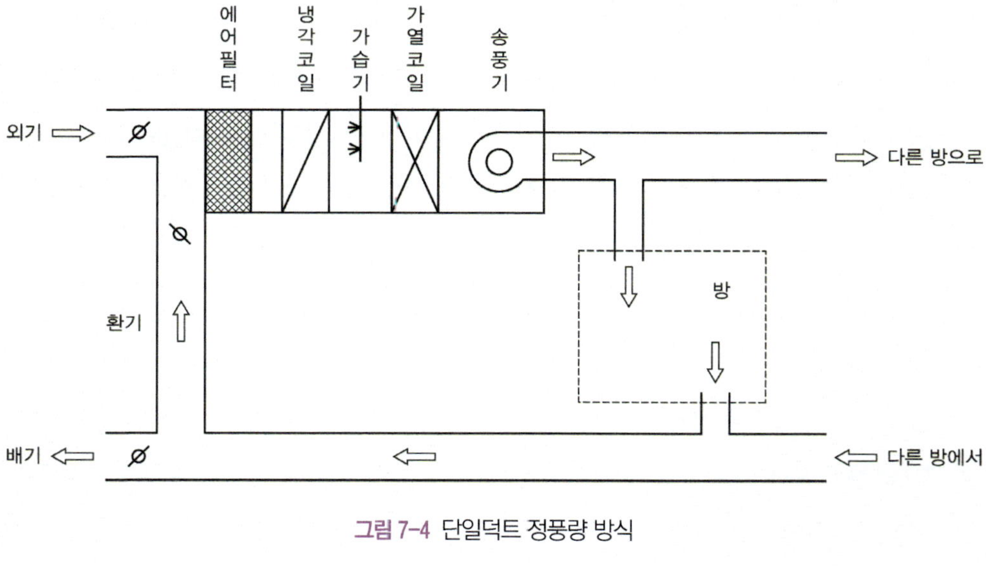

그림 7-4 단일덕트 정풍량 방식

구역마다 내부 부하의 상태가 달라지는 경우와 외부의 조건에 의해서 최대 냉방부하의 발생시각이 달라지는 경우에는, 이 방식으로 대상 공간 내의 요구를 동시에 모두 만족시킬 수 없다. 이와 같이 건물 내의 장소에 따라서 부하변동의 모양이 달라질 경우에는 구역 구분을 하고 구역마다 공기조화기를 설치하면 좋다. 이 경우에 각각의 공기조화기는 각각의 구역의 최대 부하에 따른 송풍량과 열량에 따라서 그 용량을 결정하며, 각각의 공기조화기는 독자적으로 자동제어 할 수 있다.

7.4.2 단일덕트 가변풍량 방식(single duct variable air volume system)

공기조화 부하의 변동에 대하여 송풍온도는 일정하게 한 채로 송풍량을 변화시켜서 온도나 습도를 유지하는 방식이다. 대상 공간마다 급기덕트 중에 가변풍량 유니트(VAV 유니트)를 설치하고, 실내의 서모스탯(thermostat)에 의해 자동적으로 작동하는 댐퍼로 송풍량을 제어한다.

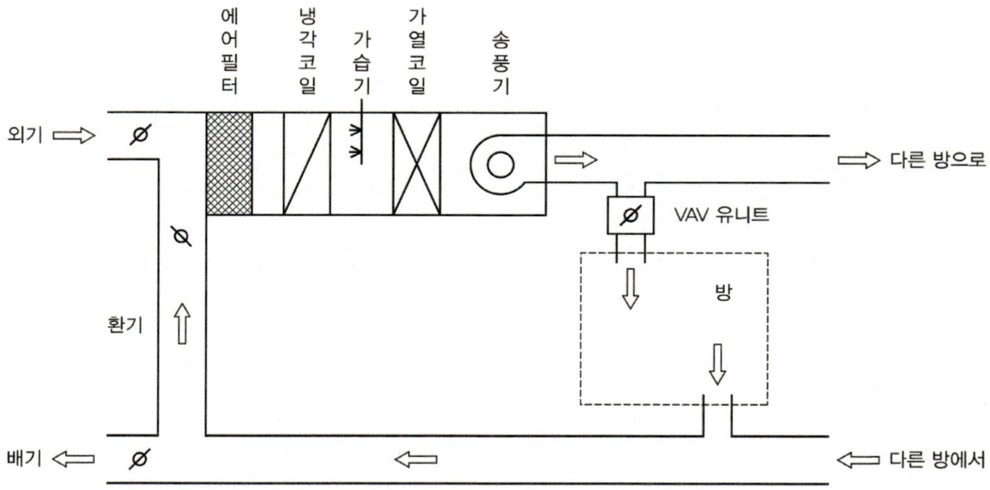

그림 7-5 단일덕트 가변풍량 방식

단일덕트 가변풍량 방식은 단일덕트 정풍량 방식의 이점을 갖는 동시에 추가로 다음과 같은 이점이 있다.

- 동시부하율을 고려하여 설비의 용량을 결정할 수 있으므로, 설비비를 줄일 수 있다.
- 실내 부하의 변동에 따라 송풍량을 조절할 수 있으므로 운전비를 절약할 수 있다.
- 부하 변동에 대한 제어성이 좋으므로 거주성이 향상된다.
- 덕트의 설계 시공이 간단하게 될 수 있다.

7.4.3 단일덕트 재열 방식(single duct reheat system)

단일덕트 정풍량 방식으로 여러 개의 방을 공기조화하는 경우에는 대표가 되는 방 이외의 실내 조건을 만족시키기는 어렵다. 이와 같은 경우 덕트의 각 분기에 재열기(reheater)를 설치하여 필요한 온도까지 재열함으로써 실내 부하에 따른 구역 제어(zone control)가 가능하도록 하는 방식이 단일덕트 재열 방식이다. 송출구에 재열기를 설치하는 말단 재열 방식(terminal reheat type)으로 하면 개별제어가 가능하다. 재열의 열원으로는 증기, 온수 또는 냉동기의 냉각수나 전기가 사용되고 있으며, 서모스탯에 의해 제어한다.

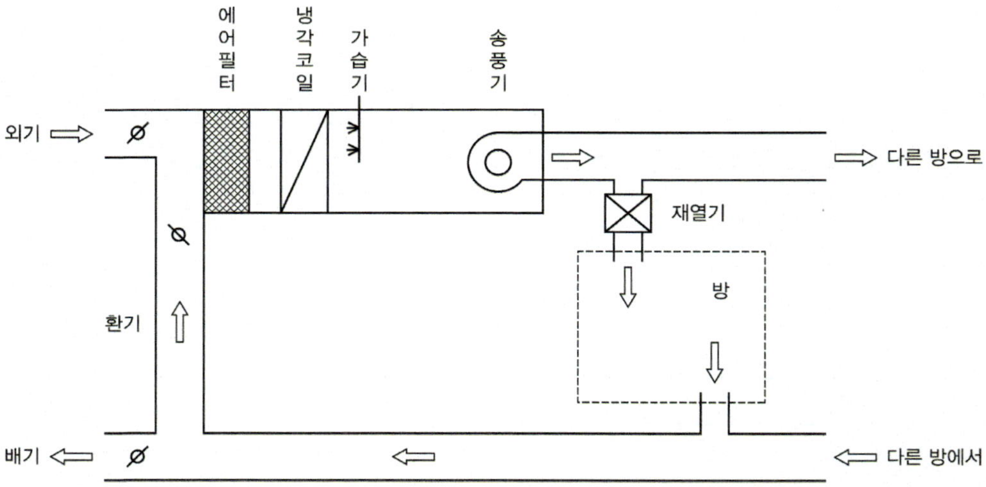

그림 7-6 단일덕트 재열 방식

이 방식을 호텔의 객실에 이용하는 경우에는 각실 제어가 가능하다는 장점이 있지만, 냉방 시 재열을 위한 부가 에너지가 필요하다는 단점이 있다. 난방 시에는 각 구역 중 최저 급기온도를 기준으로 하여 송풍하고, 각 구역에서 재열하면 되므로 열에너지의 손실은 없다.

7.4.4 이중덕트 방식(twin duct system)

중앙의 공기조화기에서 냉풍과 온풍을 만들어서 각각의 덕트로 송풍하고, 각 구역이나 실내마다 혼합상자(mixing box)를 설치하여 서모스탯에 의해 냉풍과 온풍을 실내 조건에 맞도록 혼합하여 실내로 송출하는 방식이다.

이 방식의 특징은 다음과 같다.

(1) 장점

① 각 실 또는 단위 구역마다 온도 제어가 자유로우며, 응답성이 빠르다.

② 동시에 냉방과 난방이 가능하며, 구역이나 계절에 의한 냉난방 전환이 필요없다.

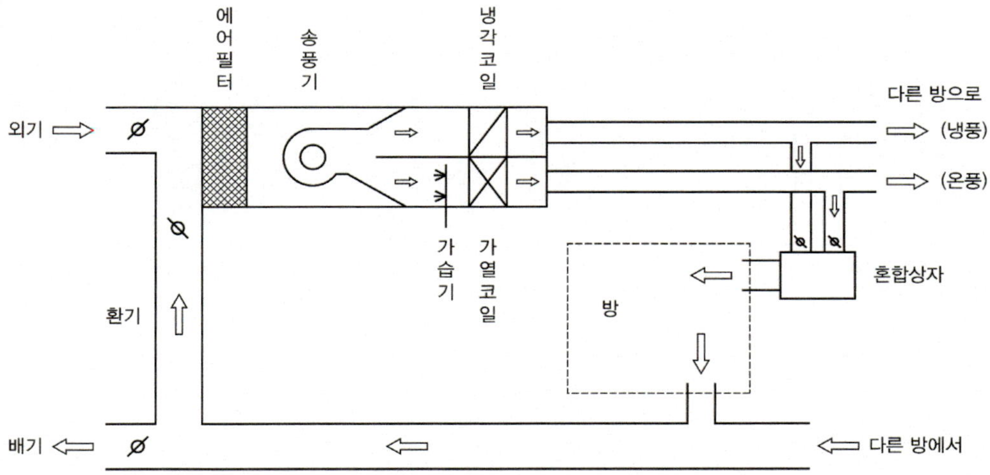

그림 7-7 이중덕트 방식

(2) 단점

① 냉풍과 온풍의 혼합으로 인한 혼합손실로 인하여 냉동기의 전력 소비량이 증가한다.

② 단일덕트 방식에 비해 덕트 설치 공간이 많이 필요하므로 설비비가 많이 든다.

7.4.5 멀티조운 유니트 방식(multi zone unit system)

이중덕트 방식에서 공기조화기와 혼합상자를 합쳐서 일체형으로 한 것이다. 각 조운마다 송풍하는 덕트와 같은 수의 냉온풍 혼합기(mixing damper)를 내장하고, 서모스탯에 의해 냉풍 또는 온풍을 적당히 혼합하여 조운의 온도를 일정하게 제어한다. 하나의 유니트로 다수의 조운 제어가 가능하고 조운마다 1개의 덕트로 제어되므로, 단일덕트 방식보다 훨씬 적응성이 좋고 이중덕트 방식보다 설비비가 적게 든다. 하지만, 개별실 제어가 불가능하고, 공기조화기 주변에 많은 덕트 공간이 필요하다.

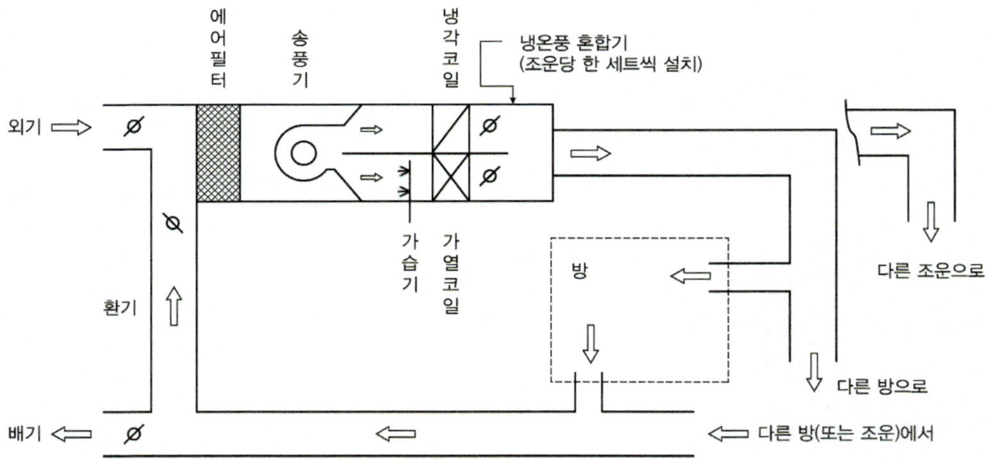

그림 7-8 멀티조운 유니트 방식

7.4.6 팬코일 유니트 + 덕트 병용 방식(fan coil unit – duct system)

팬코일 유니트는 에어필터, 냉온수 코일 및 전동기에 직결된 소형 송풍기를 한 개의 케이싱 속에 넣은 실내용 소형 공기조화기로서, 그 코일에 냉온수를 보내고 실내 공기를 순환시켜서 주로 실내 현열 부하를 처리하는 것이다. 공기조화기에서는 외기부하를 처리할 뿐만 아니라 실내의 잠열부하도 처리할 수 있는 온습도 상태까지 제습 또는 가습하고, 또한 경우에 따라서는 팬코일 유니트로는 처리할 수 없는 실내부하도 처리할 수 있는 온습도 상태로 만들어 1차공기로서 실내에 송풍한다. 1차공기량은 실내의 환기 목적을 달성할 수 있는 것으로 하는데 정풍량이든 가변풍량이든 관계없다.

이 방식의 특징은 다음과 같다.

(1) 장점

① 개별제어가 가능하다.

② 전공기 방식에 비해 덕트 설치 공간이 작다.

③ 팬의 시동 및 정지가 가능하며, 불필요할 때는 정지시킬 수 있다.

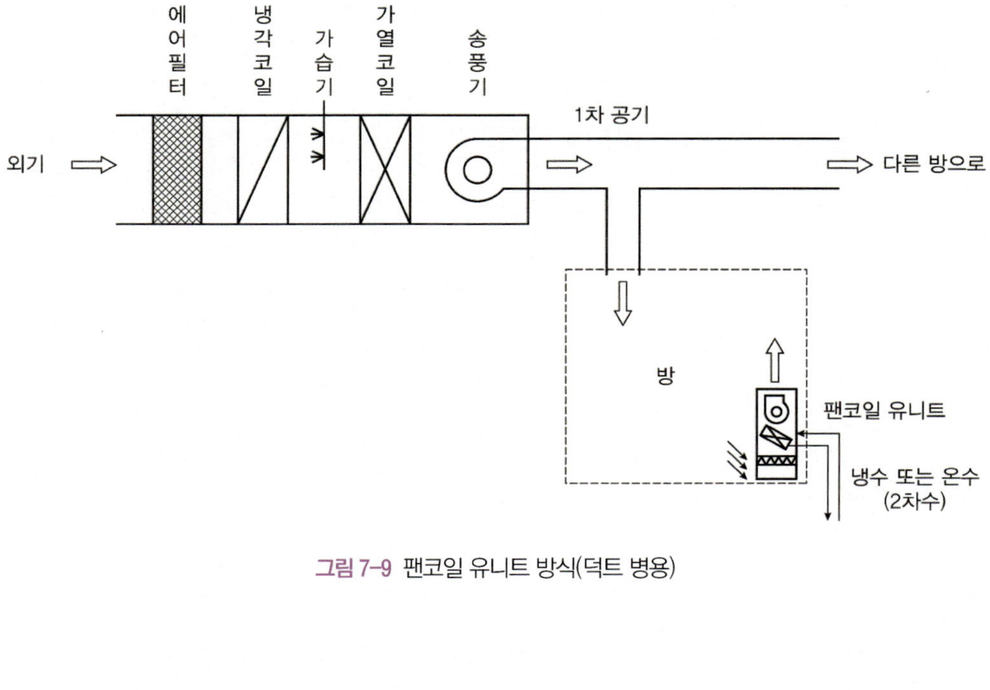

그림 7-9 팬코일 유니트 방식(덕트 병용)

(2) 단점

① 전공기 방식에 비해 외기냉방의 적용이 어렵다.

② 팬코일 유니트의 송풍기 압력이 낮기 때문에 고성능 필터를 사용할 수 없다.

③ 단일덕트 방식에 비해 설비비가 비싸다.

7.4.7 유인 유니트 방식(induction unit system)

유인 유니트 방식은 실내에 있는 유인 유니트까지 공기와 물을 보내어 공기조화를 하는 방식이다. 온습도를 조절한 외기(1차공기)를 고압으로 유니트에 공급하면, 유니트 내의 노즐로부터 고속으로 분출되면서 실내의 2차공기를 유인하여 실내공기를 순환시킨다. 이 경우 유인량은 1차공기의 3~4배 정도이다.

1차공기는 외기온도에 따라 여름에는 저온(14℃)으로 하며, 중간기 및 겨울에는 고온(20~25℃)으로 가열한다. 유니트 내장의 코일에 공급하는 물은 연중 일정한 온도(12~13℃)로 유지시키거나 동절기형 사이클로 바뀌어 고온으로 제어하기도 한다.

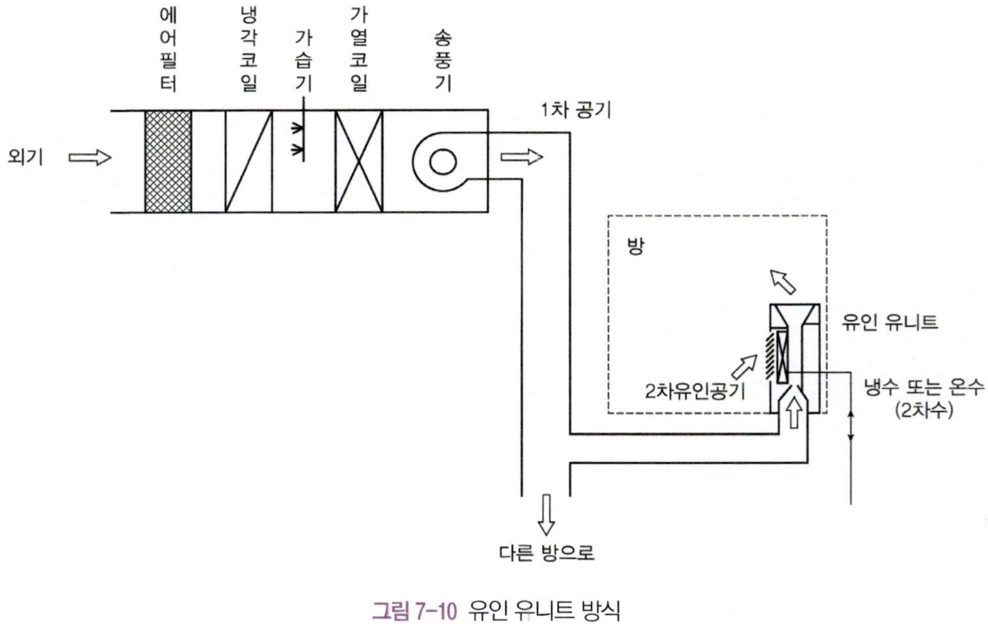

그림 7-10 유인 유니트 방식

이 방식은 일정량 이상의 1차공기가 필요할 뿐만 아니라 고압으로 유니트에 보내야 하기 때문에 1차공기의 반송 동력이 크게 되며, 유니트 속에 에어필터를 설치하면 유니트의 성능이 크게 낮아지는 등의 단점 때문에 최근에는 채용되지 않고 있다.

7.4.8 복사 패널 + 덕트 병용 방식(panel cooling and heating system)

팬코일 대신에 실내의 바닥, 벽 또는 천장 등에 매설된 패널의 코일에 냉수 또는 온수를 통하게 하여, 패널의 복사열전달에 의해 냉난방을 하는 방식이다. 온도 조절과 환기의 목적을 위해서는 외기처리용 공기조화기로 처리한 공기를 1차공기로서 실내에 송풍한다. 냉방 시에 패널면의 결로현상을 방지하기 위하여 패널의 표면온도가 실내공기의 노점온도보다 3℃ 이상 높게 설계한다.

이 방식의 특징은 다음과 같다.

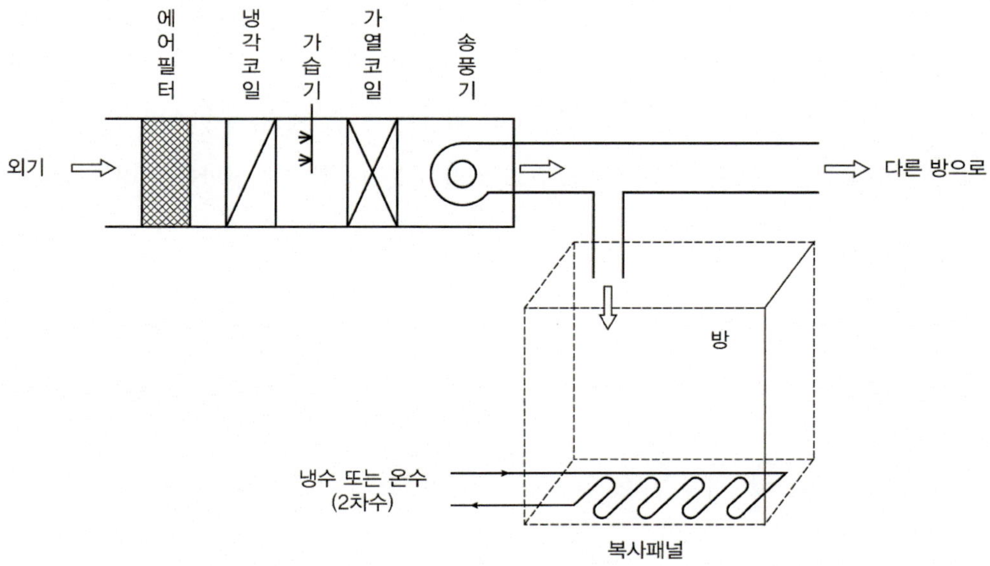

그림 7-11 복사 패널 + 덕트 병용 방식

(1) 장점

① 복사열을 이용하여 쾌적감이 탁월하다.

② 바닥면 난방과 천장면 냉방은 인체의 원리에 최적이다.

③ 전공기 방식에 비해 덕트 설치 공간이 작다.

(2) 단점

① 복사 패널 사용은 중량 증가와 단열재 사용을 요구하므로 설비비가 높아진다.

② 전공기 방식에 비해 환기량이 적다.

7.4.9 팬코일 유니트 방식(전수식)(fan coil unit system)

이 방식은 팬코일 유니트라고 하는 소형 유니트를 실내에 설치하고, 실내에 있는 이 유니트까지 직접 냉수 또는 온수를 공급하여 냉난방을 하는 것이다. 이 방식은 환기용 공기덕트가 필요없으므로 기존 건물에 비교적 쉽게 설치할 수 있으며, 설비공간을 상당히 줄일 수 있다. 하지만 이 방식은 환기용의 외기를 도입하지 않는 전수방식으로 완전한 공기조화 설비라고 할 수 없다. 즉, 습도 조절이 불가능하고 현열만을 처리하기 때문

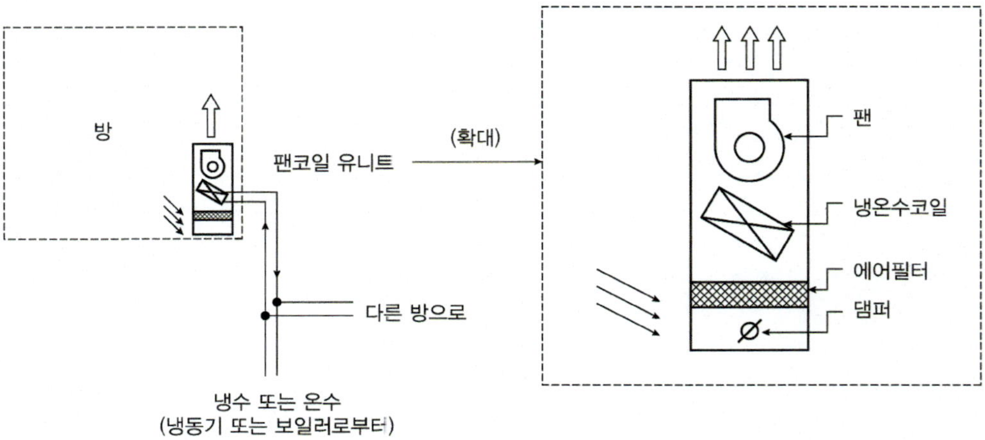

그림 7-12 팬코일 유니트 방식(전수식)

에 주택 이외의 건물에는 거의 사용하지 않으며, 건물에는 발열량이 특별히 많은 방에 보조적으로 설치할 수 있다.

7.4.10 룸쿨러 방식(room cooler)

룸쿨러는 주로 가정이나 소형 상점용으로 사용되며, 냉방장치로서 필요한 최소한의 부품을 모아서 작은 유니트에 넣은 것이다. 실내에는 팬과 코일을 위치시키고, 실외에는 응축기와 압축기(이 둘을 하나로 모아서 콘덴싱 유니트라고 한다.)를 분리하여 장치한다. 실내외의 장치 사이를 냉매 배관으로 연결한 분리형은 유니트의 발생음이 작아서 실내가 조용하다.

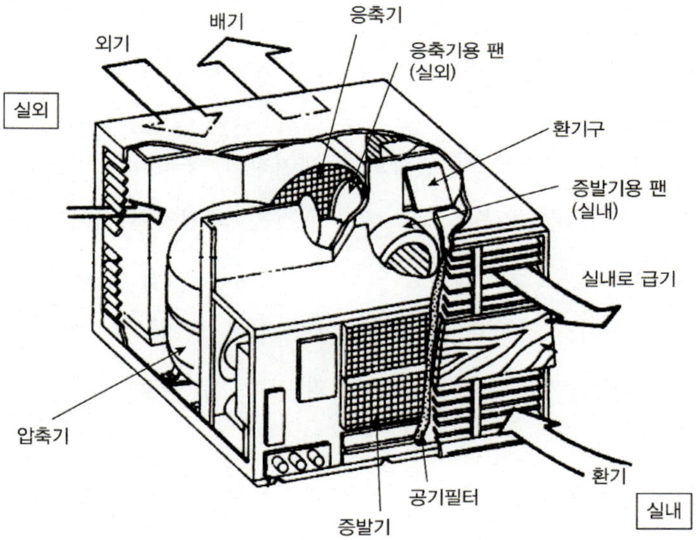

그림 7-13 룸쿨러(윈도우형)

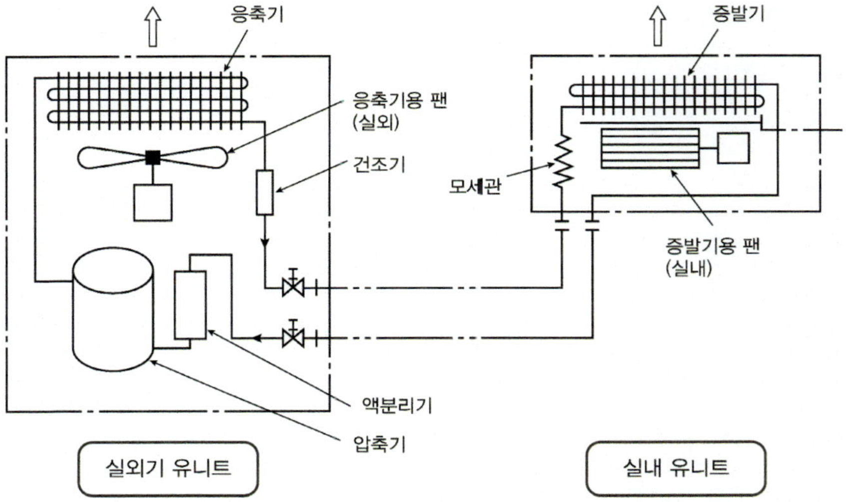

그림 7-14 룸쿨러(쿠리형)

7.4.11 패키지 유니트 방식(package unit system)

하나의 유니트 케이스에 냉동기, 냉각코일, 에어필터, 송풍기, 자동제어기기를 조립한 것으로서, 일반적으로 전기용량이 3kW 이상인 것을 "패키지형 에어컨디셔너"(보통 "패키지"라고 약칭)라고 한다. 공기조화용 이외에 저온창고, 제습, 전산실, 선박 등의 용도에 따라 다양한 형식이 제조되고 있으므로, 빌딩, 점포, 공장 등에 널리 채용되고 있다. 일반적인 분류로는 응축기를 냉각탑으로부터의 냉각수로 냉각하는 수냉식과 공기로 냉각하는 공랭식이 있다.

패키지 유니트 방식의 특징은 다음과 같다.

(1) 장점

① 자동운전이므로 조작이 쉽고, 유지관리가 간단하다.

② 공장산 제품이므로 품질이 안정되어 있고, 시공이 용이하다.

③ 기계실이 필요 없으며, 설치면적이 작다.

④ 용량, 종류, 형식의 범위가 넓어서 모든 수요에 대응할 수 있다.

(2) 단점

① 한 대의 패키지가 담당하는 면적이 넓을수록 제어성이 나빠진다.

② 실내에 설치할 때는 소음이 크다.

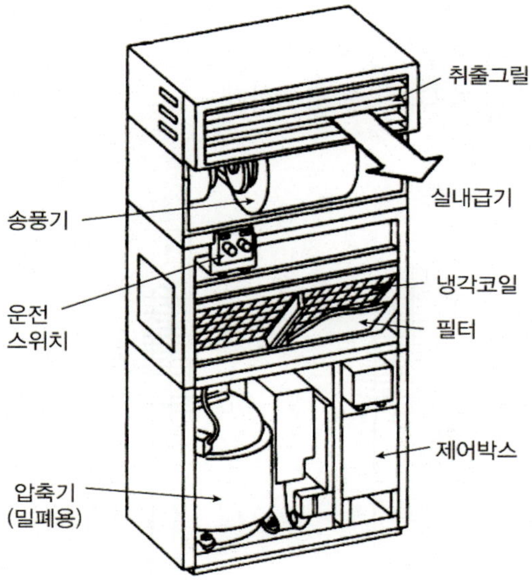

그림 7-15 패키지 유니트 방식

7.4.12 열펌프 유니트 방식(heat pump unit system)

열펌프는 냉방과 제습이 필요할 때는 증발기에서 실내로부터 열을 흡수하고, 난방이 필요할 때는 응축기에서 열을 실내로 방출하여 냉난방을 겸용할 수 있는 장치를 말한다. 열펌프는 기본적으로 냉동사이클과 동일하게 작동되며, 냉방과 난방의 변환은 4방향밸브(4 way valve)에 의해 조작된다.

열펌프 유니트 방식은 소형의 열펌프 유니트를 건물의 내외부에 설치하고, 서로 물 배관으로 연결하는 방식이다. 이 유니트는 냉방이 필요한 실내로부터 냉각수에 의해 회수한 열을 난방이 필요한 부분에 이용하는 열회수 방식의 일종으로서, 동시에 냉난방을 필요로 하는 대형 빌딩 등에 적용되고 있다.

이 방식의 특징은 다음과 같다.

① 냉동기에 의해 냉난방이 가능하므로 보일러가 불필요하여, 설비비가 적게 든다.

② 열펌프의 COP가 3~6이므로, 난방 시 전기히터보다 3~6배 유리하다.

③ 연료를 사용하지 않으므로 매연의 발생이 없다.

④ 유니트의 내구성이 짧고, 소음이 발생한다.

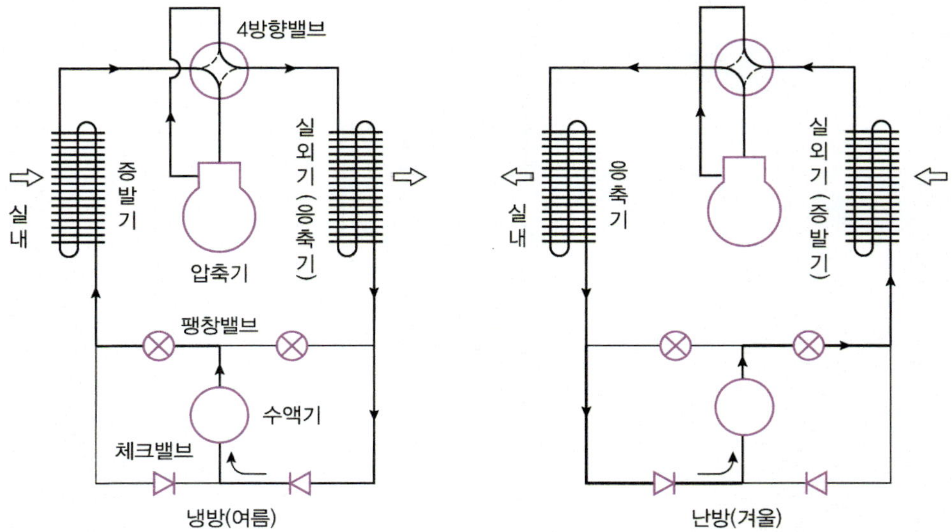

그림 7-16 열펌프의 냉난방 전환

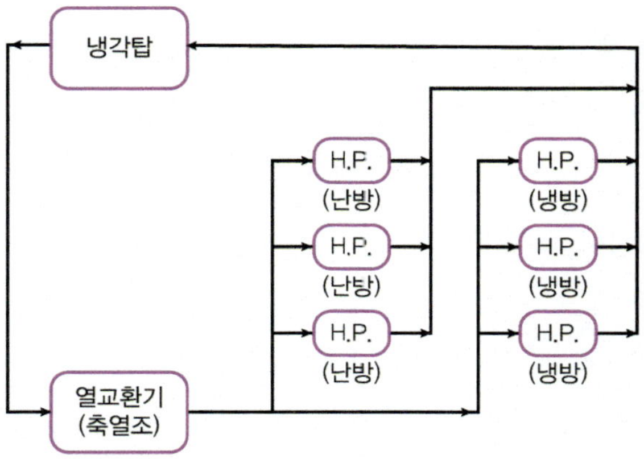

그림 7-17 열펌프 유니트 방식

1. 공기조화의 정의에 대하여 설명하라.

2. 냉동과 공기조화의 공통점과 차이점을 비교 설명하라.

3. 보건용 공기조화와 산업용 공기조화의 특징을 비교 설명하라.

4. 공기조화에 필요한 설비에 대하여 간단히 설명하라.

5. 공기조화 방식을 크게 분류하면, 전공기 방식, 물-공기 방식, 전수 방식 및 냉매 방식 등으로 구분할 수 있다. 각 방식의 특징을 비교 설명하라.

6. 전공기 방식의 종류별 특징을 설명하라.

7. 물-공기 방식의 종류별 특징을 설명하라.

8. 냉매 방식의 종류별 특징을 설명하라.

CHAPTER 08

습공기선도와 공기조화해석

구성

8.1 공기의 성질

8.2 습공기선도

8.3 공기조화 해석

8.4 냉난방부하

내용

지표면 부근에 존재하는 일반적인 공기는 수분을 포함하고 있으므로 습공기라 부르며, 이러한 습공기의 성질인 온도, 습도, 엔탈피, 비체적 등을 하나의 그림에 나타낸 것을 습공기선도라 한다. 8장에서는 습공기의 성질에 대하여 살펴보고, 습공기선도를 이용하여 공기조화에 필요한 열량 계산 방법을 다룬다. 이어서 냉동기의 용량을 결정하는데 기초가 되는 냉난방부하의 특징에 대하여 학습한다.

8.1 공기의 성질

8.1.1 공기란

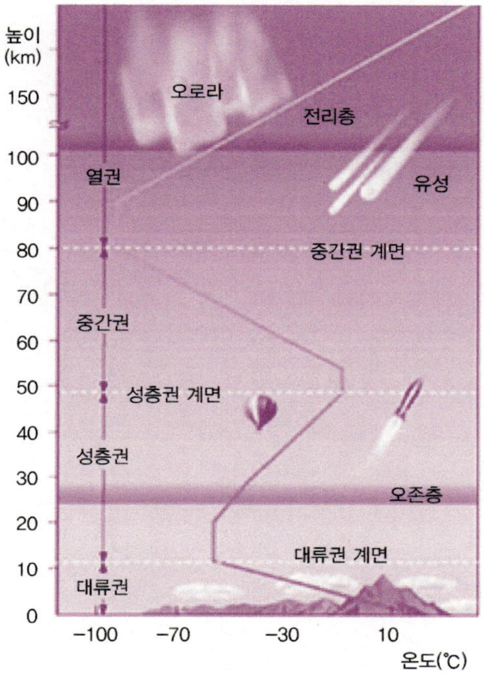

그림 8-1 대기의 구조

(1) 대기와 공기

일반적으로 지구 전체를 둘러싸고 있는 기체 전부를 대기(atmosphere)라고 하며, 그 중 생활환경과 밀접한 관계가 있는 대기를 공기(air)라 부르고 있다. 대기는 지표면에서부터 약 10,000km까지 이르고 있으며, 높이에 따른 특성에 따라 대류권, 성층권, 중간권, 열권, 외기권 등으로 구분한다. 그러나 99% 이상의 수증기가 대류권에 존재하는데, 이 수증기를 포함하는 대기를 공기로 취급하는 경우가 많다. 공기조화에서도 지구 전체의 기체를 대상으로 하는 것이 아니라 일반적으로 우리 주위의 공기를 대상으로 하는 경우가 많다. 또 지상에서 고도가 높아짐에 따라 대기압은 낮아지는데, 해면상 0m에서의 평균적인 기압인 $760mmHg$ ($101.325kPa$ 또는 $1.0332kg/cm^2$)을 표준대기압이라고 한다.

(2) 건공기(dry air)

지표면의 공기 중에는 다양한 물질이 혼합되어 있으며, 이 중 수증기를 제외하면 공기의 성분은 거의 일정하다. 이때 수증기를 포함하지 않은 이상적인 공기를 건공기라 하며, 실제로는 존재하지 않지만 계산의 기준으로 사용한다. 공기의 주성분은 질소(N_2), 산소(O_2), 아르곤(Ar), 이산화탄소(CO_2)이며, 이밖에 네온(Ne), 헬륨(He), 크립톤(Kr) 등을 포함하고 있다. (표 8-1)는 표준대기압($760mmHg$)에서 건공기의 성분 조성을 나타낸 것이다.

표 8-1 건공기의 성분 조성

성분명	분자기호	분자량	체적백분율(%)	중량백분율(%)
질소	N_2	28.013	78.09	75.53
산소	O_2	31.999	20.95	23.14
아르곤	Ar	39.948	0.93	1.28
이산화탄소	CO_2	44.010	0.03	0.05

(3) 습공기(wet air, moist air)

사람의 생활과 밀접하게 관련되어 있는 지표면 부근의 공기는 반드시 수증기를 포함하고 있으며, 그 양은 공기의 온도와 습도에 따라 크게 변화한다. 이와 같이 수증기를 포함하고 있는 실제의 공기를 습공기라 한다. 습공기에 포함되어 있는 수증기 양의 많고 적음은 생활환경에 큰 영향을 미치고 있다. 즉, 습도가 지나치게 높으면 곰팡이 등과 같은 미생물에 의하여 피해가 발생하며, 습도가 지나치게 낮으면 호흡기질환이나 정전기로 인한 피해가 발생하는 등을 생각할 수 있다. 이러한 습공기의 상태를 표현하는 데에는 건구온도, 습구온도, 노점온도, 절대습도, 상대습도, 포화도, 비체적, 엔탈피, 수증기 분압 등이 있다. 보통 전압(total pressure : 대기압)이 일정한 상태에서 이들 중 두 가지를 결정하면 나머지 습공기의 상태량을 알 수 있다.

(4) 달톤의 분압법칙(Dalton's law)

여러 종류의 기체가 일정한 용기 속에서 혼합될 때 기체 상호간에 화학반응이 없다면,

혼합기체의 전압(total pressure)은 각 성분기체의 분압(partial pressure)의 합과 같다. 즉, 성분기체 각각의 압력(분압)을 P_1, P_2, P_3, $\cdots$ 라 하고, 일정 온도에서 이들을 혼합하여 체적이 같도록 유지하면, 혼합 후 혼합기체의 압력(전압)은 다음과 같다.

$$P = \sum_{i=1}^{N} P_i = P_1 + P_2 + P_3 + \cdots + P_N$$

이것을 달톤의 분압법칙이라 하는데, 이를 습공기에 대해 적용하면 (그림 8-2)와 같이 표시할 수 있다. 공기조화에서는 $1\,kg$의 건공기와 $x\,kg$의 수증기와의 혼합기체, 즉 $(1+x)\,kg$의 공기를 하나의 단위로 해서 다룬다. 건공기, 수증기 및 습공기의 관계는 그림에서와 같이 동일한 체적의 건공기와 수증기를 혼합하면 동일한 체적의 습공기가 되지만, 습공기의 압력과 질량은 건공기와 수증기의 압력과 질량을 합한 것과 같다.

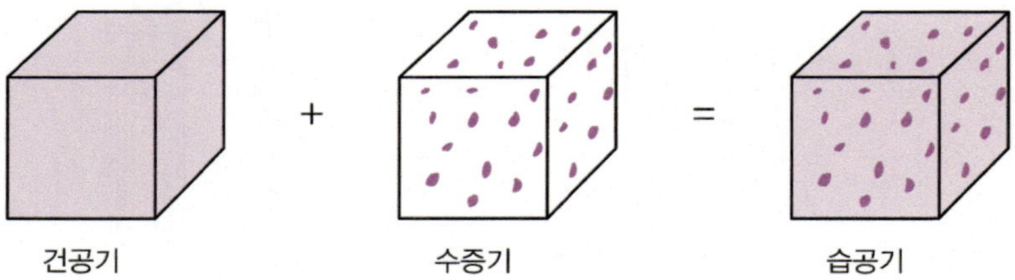

	건공기		수증기		습공기
질량	1kg	+	x kg	=	(1+x) kg
압력	건공기의 압력	+	수증기의 압력	=	전압(대기압)

그림 8-2 습공기의 상태

8.1.2 습공기의 성질

(1) 건구온도(dry bulb temperature, DB)

보통의 온도계로 측정한 온도를 건구온도라고 한다. 건구온도계는 감온부가 건조한 상태로 있으며, 주위로부터 복사열을 받지 않은 상태에서 측정한다. 건구온도를 표시할 때, 온도가 20℃인 경우 [20℃ DB]로 나타낸다.

(2) 습구온도(wet bulb temperature, WB)

온도계의 감온부를 천으로 감싸고 그 한 쪽 끝에 물을 묻혀 감온부가 젖어있는 상태에서 측정한 온도를 습구온도라 한다. 감온부 표면에서의 수증기 분압과 공기 중의 수증기 분압 차에 의하여 수분이 증발되어 증발잠열을 뺏기므로, 건구온도보다 낮은 값을 나타낸다. 따라서 공기가 건조하다면, 물의 증발율이 높아져 건구온도와 습구온도의 차이가 커진다. 습구온도를 나타내기 위해서는, 온도 뒤에 WB로 표시한다. 즉, [18℃ WB]와 같이 나타낸다.

건습구온도계로는 오거스트식과 아스만식이 있다. 오거스트식은 일반적으로 사용되는 방식으로 간편하지만 오차가 크며, 아스만식은 실내환경 측정용으로 사용되며 정확하다.

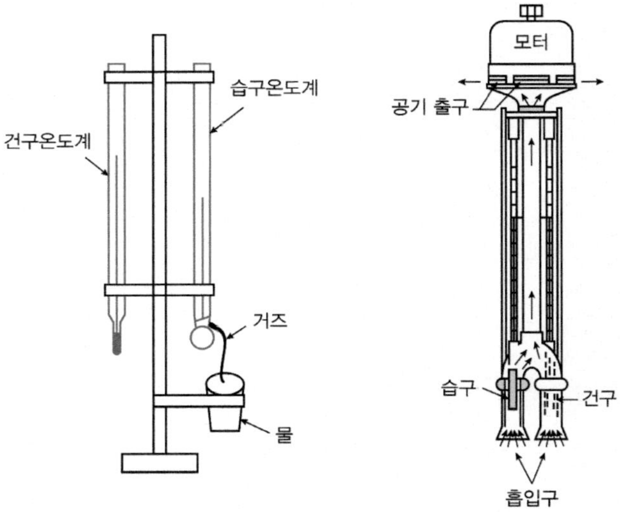

(a) 오거스트식 (b) 아스만식

그림 8-3 건습구온도계

(3) 절대습도(absolute humidity, x)

건공기 $1\,kg$에 수증기가 $x\,kg$ 포함되어 있을 때, x를 절대습도 또는 습도비(humidity ratio)라고 한다. 즉, 절대습도는 건공기 $1\,kg$에 포함되어 있는 수증기의 양을 질량(kg)으로 표시한 것이다. 예를 들면, $x = 0.015$이라는 것은 건공기 $1\,kg$ 중에 수증기가 $0.015\,kg$ 포함되어 있음을 의미한다. 또한 절대습도가 $x = 0$이라면, 수증기를 포함하지 않는 것이므로 건공기이다. 절대습도의 단위는 없지만, 일반적으로 $[kg/kg']$ 또는 $[kg/kg(DA)]$라고 표시한다. 이때 kg은 수증기의 질량을, kg' 또는 $kg(DA)$은 건공기의 질량을 뜻한다.

공기는 이상기체이므로 보일-샤를의 법칙을 적용하면, 수증기의 분압(P_w)과 절대습도(x)와의 관계를 다음과 같이 나타낼 수 있다.

$$x = \frac{m_w}{m_a} = \frac{M_w P_w}{M_a P_a} = \frac{18.016}{28.966} \cdot \frac{P_w}{(P - P_w)} = 0.622 \frac{P_w}{(P - P_w)}$$

여기서 m_w와 m_a는 각각 습공기 중에 포함되어 있는 수증기와 건공기의 질량이며, M_w와 M_a는 각각 수증기와 건공기의 분자량이고, P와 P_w 및 P_a는 각각 습공기의 전압(대기압)과 수증기 및 건공기의 분압이다.

(4) 포화공기(saturated air)

습공기 중의 절대습도 x가 점점 증가하여 이 공기의 한도까지 수증기를 함유함으로써 최후에는 포화가 된다. 이와 같이 수증기를 최대로 포함한 습공기의 상태를 포화공기라 하며, 포화공기의 수증기분압을 포화수증기압이라고 한다. 포화공기의 절대습도와 수증기분압은 온도가 증가함에 따라 증가한다. (표 8-2)는 표준대기압에서의 습공기표를 나타낸 것이다.

(5) 상대습도(relative humidity, RH)

습공기 중에 포함된 수증기 질량(수증기 분압)과 동일 온도에서 포화공기일 때의 수증기 질량(수증기 분압)과의 비를 백분율(%)로 나타낸 것을 상대습도라고 한다. 감각적인 습도 표시에 가장 널리 사용되고 있으며, 일상 생활에서 습도라 하면 상대습도를 말한다. 즉, 기상 예보에서 일상적으로 30%나 70%라고 하는 것은 상대습도의 값이다. 상대습도의 단위는 %의 기호로 나타내며, RH의 기호를 붙인다. 상대습도와 수증기 질량 또는 수증기 분압과의 관계식은 다음과 같다.

$$\phi = \frac{m_w}{m_{ws}} \times 100[\%] \qquad \phi = \frac{P_w}{P_{ws}} \times 100[\%]$$

여기서 m_w와 P_w는 각각 습공기 중에 포함되어 있는 수증기의 질량과 분압이며, m_{ws}와 P_{ws}는 각각 그 온도에 있어서 포화공기의 수증기 질량과 분압을 나타낸다. 따라서 건공기의 상대습도는 0%이고, 포화공기의 상대습도는 100%이다.

표 8-2 표준대기압에서 습공기표

온도	포화공기			건공기		포화 수증기압
t [℃]	절대습도 x_s $[kg/kg(DA)]$	비엔탈피 h_s $[kJ/kg(DA)]$	비체적 v_s $m^3/kg(DA)$	비엔탈피 h_a $[kJ/kg(DA)]$	비체적v_s $m^3/kg(DA)$	$P_s[kPa]$
-10	0.001606	-6.072	0.7469	-10.06	0.7450	0.2599
-5	0.002486	1.163	0.7622	-5.029	0.7592	0.4018
0	0.003790	9.473	0.7781	0.000	0.7734	0.6112
5	0.005424	18.64	0.7944	5.029	0.7876	0.8725
10	0.007661	29.35	0.8116	10.06	0.8018	1.225
15	0.01069	42.11	0.8300	15.09	0.8160	1.705
20	0.1476	57.55	0.8498	20.12	0.8302	2.339
25	0.02017	76.50	0.8717	25.15	0.8444	3.169
30	0.02733	100.0	0.8962	30.19	0.58586	4.246
35	0.03675	129.4	0.9242	35.22	0.8728	5.628
40	0.04914	166.7	0.9568	40.25	0.8870	7.383
45	0.06541	214.2	0.9955	45.29	0.9012	9.593
50	0.08685	275.3	1.043	50.33	0.9154	12.35

현재 공기 중에 포함되어 있는 수증기양(절대습도)은 온도가 변하여도 가습이나 감습을 하지 않으면 그대로이지만, 온도가 변하면 포화상태가 달라지므로 상대습도는 달라진다. 예를 들어 0℃인 현재 공기 속의 수증기 분압이 $0.367kPa$이라면 이 온도에서의 포화수증기압은 $0.611kPa$이므로 상대습도는 60%인데, 이 공기를 20℃까지 가열하였다면 포화수증기압은 $2.339kPa$로 되어 상대습도는 16%로 된다. 따라서 겨울철 난방을 위

하여 실내 온도를 높이는 경우 실내가 지나치게 건조해지기 때문에 별도의 가습이 필요하게 된다.

(6) 포화도(saturated degree)

일정 온도에서 포화공기의 절대습도 x_s에 대한 실제 절대습도 x의 비를 포화도 또는 비교습도(percentage humidity)라고 한다. 상대습도 ϕ와 포화도 μ는 온도가 높아지면 차이가 커지지만, 일반적으로 공기조화에서는 상온 부근의 온도를 다루므로 실용적으로는 거의 같은 값으로 취급해도 좋다.

$$\mu = \frac{x}{x_s} \times 100\,[\%]$$

예제 8-1

표준대기압에서 온도가 25℃인 포화공기의 절대습도 x_s를 구하라.

풀이

습공기표(표 8-2)에서 25℃인 포화공기의 수증기 분압 $3.169kPa$을 구하고, 절대습도와 수증기 분압의 관계식으로부터 구한다.

$$x = 0.622\frac{P_w}{(P-P_w)} = 0.622 \times \frac{3.169}{101.325-3.169} = 0.0201\,[kg/kg']$$

예제 8-2

표준대기압에서 건구온도가 30℃이고 상대습도가 60%인 습공기의 수증기 분압을 구하라.

풀이

공기표(표 8-2)에서 30℃인 포화공기의 수증기 분압 $4.246kPa$을 구하고, 상대습도와 수증기 분압의 관계식으로부터 구한다.

$$\phi = \frac{P_w}{P_{ws}} \times 100[\%]$$

$$\therefore P_w = \frac{\phi}{100} \times P_{ws} = \frac{60}{100} \times 4.246 = 2.5476[kPa]$$

(7) 노점온도(dew point temperature)

수증기를 포함하고 있는 습공기의 온도를 내리면 어느 온도에서 포화상태에 도달하여 포화공기가 되며, 온도를 더 내리면 수증기의 일부가 응축되어 이슬이 발생한다. 이런 현상을 결로(condensation)라 하며, 이와 같이 냉각에 의하여 포화공기가 되는 온도, 즉 결로현상이 발생하기 시작하는 온도를 노점온도라고 한다. 다르게 표현하면 습공기의 수증기분압과 동일한 분압을 갖는 포화공기의 온도를 말한다. 이러한 현상은 무더운 여름날 컵 속에 얼음물을 넣으면, 컵의 표면에서 이슬을 볼 수 있는 것과 같은 것이다.

공기조화에서는 결로현상을 방지하기도 하고, 또한 이를 이용하기도 한다. 겨울철 난방 시 실내의 유리창 표면에 생기는 결로는 자주 경험하는 것으로, 실내의 인체, 주방, 욕실 등에서 발생한 수증기로 인해 습도가 높아진 실내 공기가 차가운 유리창의 표면에서 노점온도 이하까지 냉각되어 생기는 현상이다. 이것은 곰팡이의 발생 원인이기도 하기 때문에 유리창이 안개가 낀 것처럼 흐려지는 현상이 발견되면 즉시 환기시켜 이를 제거해야 한다. 반면에 공기조화기의 냉각코일은 공기로부터 현열을 빼앗아 온도를 낮출 뿐만 아니라 동시에 코일 위에 생기는 결로를 이용하여 공기를 감습시키는 장치이다.

(8) 안개 낀 공기(fogged air)

포화공기의 절대습도 x_s보다 많은 수증기를 보유하는 공기가 있으면, x_s를 초과하는 과잉 수증기량은 보통 수증기로서 존재할 수가 없으므로 미립자 상태의 물방울로 우리 눈에 비친다. 이와 같이 공기 중에 떠 있는 미립자 상태의 물방울을 안개(fog)라고 부르며, 안개를 포함하고 있는 공기를 안개 낀 공기라고 한다. 이 공기를 포화공기의 온도나 또는 노점온도 이하의 차가운 물체에 접촉시키면, 수증기는 응결하여 물방울로 된다.

(9) 밀도(density)와 비체적(specific volume)

단위 체적당의 질량을 밀도라 하며, 단위 질량당 체적을 비체적이라 한다. 즉, 밀도는 비체적의 역수이다. 습공기표(표 8-2)를 보면, 표준대기압, 0℃인 건공기의 비체적은 $0.7734m^3/kg$이며, 따라서 밀도는 $1.293kg/m^3$이다.

습공기의 경우, 포함되어 있는 수증기의 양에 따라 밀도와 비체적은 변화한다. 즉, 수증기를 많이 포함할수록 밀도는 감소하고 비체적은 증가한다. 습공기의 비체적은 다음 식으로 구할 수 있다.

$$v = 0.004555(0.622 + x)T$$

여기서 x는 절대습도로서 건공기 $1\,kg$에 포함되어 있는 수증기의 양[kg/kg']이며, T는 절대온도[K]이다.

예를 들면, 압력이 $101.325kPa$이고 20℃인 건공기의 비체적은 (표 8-2)에서 $0.8302\ m^3/kg$이다. 이 건공기가 $x = 0.005kg/kg'$의 수증기를 포함하고 있을 경우 비체적은 $0.8368m^3/kg$이 되고, $x = 0.015kg/kg'$를 포함하는 경우 비체적은 $0.8501m^3/kg$이 된다.

(10) 엔탈피(enthalpy)

물질이 보유하고 있는 에너지의 양을 엔탈피라고 하며, 습공기의 엔탈피는 그 중에 포함되어 있는 건공기의 엔탈피와 수증기가 가지고 있는 엔탈피의 합으로 표시된다. 즉, 절대습도가 $x[kg/kg']$인 습공기의 엔탈피는 건공기 $1\,kg$의 엔탈피와 수증기 $x\,kg$의 엔탈피의 합이다.

습공기의 엔탈피는 0℃인 건공기 또는 물의 엔탈피를 기준값 0으로 하여, 건공기 $1\,kg$당 [kJ] 또는 [$kcal$]으로 나타낸다. 따라서 건공기의 정압비열은 $c_p = 1.006kJ/kg \cdot ℃$ 또는 $c_p = 0.24kcal/kg \cdot ℃$ 이므로, t℃인 건공기의 엔탈피는 다음 식으로 구할 수 있다.

$$i_a = c_p t \ \ => \ \ i_a = 1.006t[kJ/kg] \text{ 또는 } i_a = 0.24t[kcal/kg]$$

그리고 습공기 중에 포함되어 있는 t℃인 수증기의 엔탈피는, 0℃인 물의 엔탈피를 0

으로 하여 구하면 다음과 같다.

$$i_w = \gamma + c_{pw}t \Rightarrow i_w = 2501 + 1.846t\,[kJ/kg] \text{ 또는 } i_w = 597.3 + 0.441t\,[kcal/kg]$$

여기서 2501[kJ/kg] 또는 597.3[$kcal/kg$]은 물을 0℃의 포화증기로 하기 위한 증발잠열이며, 1.846[kJ/kg · ℃] 또는 0.441[$kcal/kg$ · ℃]은 수증기의 정압비열이다. 따라서 절대습도가 $x[kg/kg']$인 습공기의 엔탈피는, 일반적인 온도와 압력 범위에서 다음 식과 같이 나타낼 수 있다.

$$i = i_a + x\,i_w \Rightarrow i = 1.006t + (2501 + 1.846t)x\,[kJ/kg']$$

또는

$$i = 0.24t + (597.3 + 0.441t)x\,[kcal/kg']$$

예제 8-3

절대습도가 다음과 같은 습공기의 비체적을 구하라. 단, 습공기의 온도와 압력은 각각 20℃, 101.325kPa이다.

① $x = 0.005kg/kg'$ ② $x = 0.015kg/kg'$

풀이

① $v = 0.004555(0.622 + x)T = 0.004555(0.622 + 0.005)(293) = 0.8368\,[m^3/kg']$

② $v = 0.004555(0.622 + x)T = 0.004555(0.622 + 0.015)(293) = 0.8501\,[m^3/kg']$

압력과 온도가 101.325kPa, 20℃인 건공기의 비체적은 (표 8-2)에서 0.8302m^3/kg이다. 따라서 위의 예제에서 보듯이 건공기보다 습공기가, 또한 습공기는 수증기를 많이 포함할수록 비체적이 큰 것을 알 수 있다.

예제 8-4

건공기 1 kg에 수증기가 0.01kg 포함되어 있는 습공기가 있다. 이 습공기의 건구온도가 20℃일 때, 이 습공기의 엔탈피(kJ/kg')를 구하라.

풀이

$$i = 1.006t + (2501 + 1.846t)x$$
$$= 1.006(20) + \{2501 + 1.846(20)\}(0.01)$$
$$= 45.5\,[kJ/kg']$$

8.2 습공기선도

공기조화에서는 일반적으로 상온 부근의 습한 공기가 대상으로 된다. 이 온도 범위에서 수증기는 증발이나 응축을 일으키지만, 건공기는 이상기체로 생각해도 좋다. 이러한 습공기의 상태값을 구하기 위해서는 습공기표를 이용하면 정확하지만, 실제 공기의 대부분을 차지하는 불포화공기의 상태값을 구하기 위해서는 계산을 해야 한다. 또한 각각의 상호 관계를 파악하기도 어렵기 때문에, 습공기의 상태값을 한꺼번에 얻을 수 있도록 하나의 선도에 나타낸 것이 습공기선도(psychrometric chart)이다. 습공기의 상태값 두 가지만 알고 있을 때, 습공기선도를 이용하면 나머지 상태값을 구할 수 있다.

현재 많이 사용하고 있는 습공기선도로는 $i-x$ 선도와 $t-x$ 선도가 있다.

(1) $i-x$ 선도

경사축을 엔탈피 i, 종축을 절대습도 x로 작성한 선도로서, 비교적 쉽고 정확하게 선도를 그릴 수 있는 특징이 있으며, 습공기의 상태를 이론적으로 해석하는데 편리하다. 이 선도에서는 엔탈피선과 습구온도선이 분리되어 표시되어 있다.

(2) $t-x$ 선도

횡축에 건구온도 t, 종축에 절대습도 x를 직교좌표로 하고 있는 선도로서, 실용상 사용하기 쉬운 것이 특징이다. 사용법은 $i-x$ 선도와 거의 비슷하지만, 엔탈피선을 습구온도선으로 대용하고 있다. 즉, 습구온도가 같은 공기에 대해 상태가 달라지더라도 엔탈피는 같은 값으로 취급한다. 이 선도는 발명자의 이름을 따서 캐리어 선도(Carrier chart)라고도 한다.

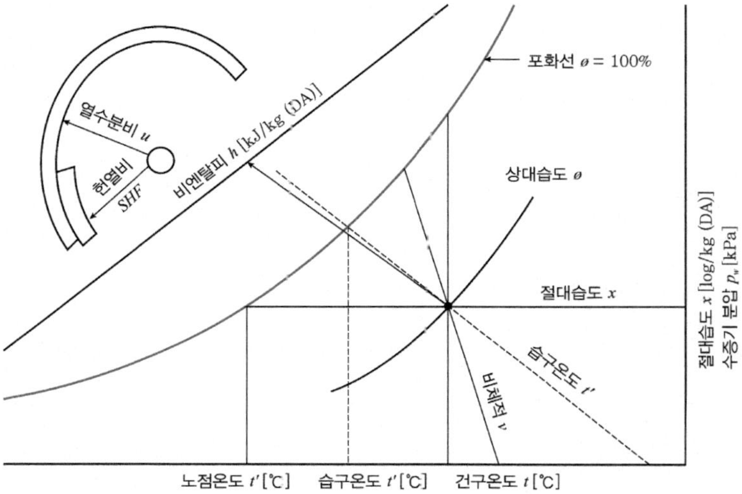

(a) $i-x$ 선도

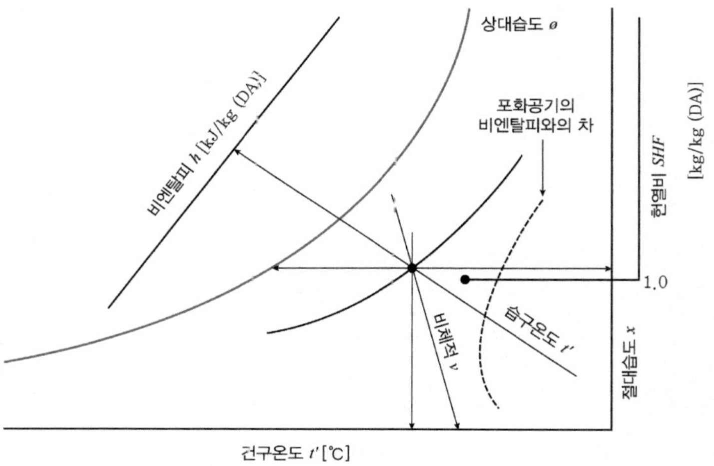

(b) $t-x$ 선도

그림 8-4 습공기선도

예제 8-5

습공기선도(부록 A.11 참조)를 이용하여 다음 값을 구하라.

① 표준대기압에서 온도가 25℃인 포화공기의 절대습도 $x_s[kg/kg']$

(예제 8-1에서 구한 값)

② 절대습도가 0.01kg/kg' 이고 건구온도가 20℃인 습공기의 엔탈피 $i[kJ/kg']$

(예제 8-4에서 구한 값)

풀이

(그림 8-5)와 같이 구한다.

① $0.0201[kg/kg']$

② $45.5[kJ/kg']$

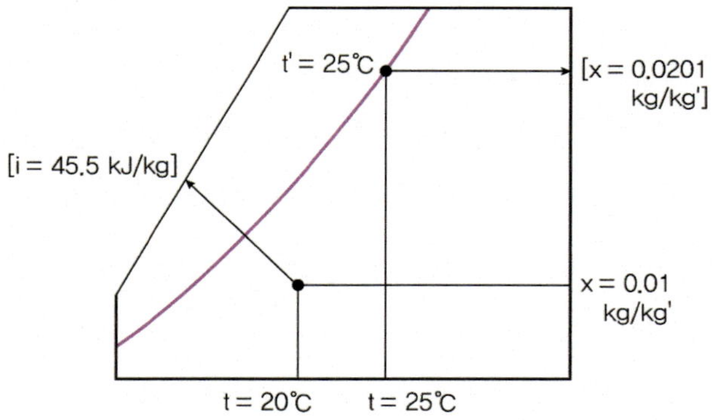

그림 8-5 (예제 8-5)

예제 8-6

습공기선도(부록 A.12 참조)를 이용하여 건구온도 25℃, 상대습도 70%인 습공기의 습구온도, 절대습도, 엔탈피, 비체적, 노점온도를 구하라.

풀이

(그림 8-6)과 같이 구한다.

습구온도	21℃
절대습도	0.014kg/kg'
엔탈피	14.45$kcal/kg$
비체적	0.863m^3/kg
노점온도	19.2℃

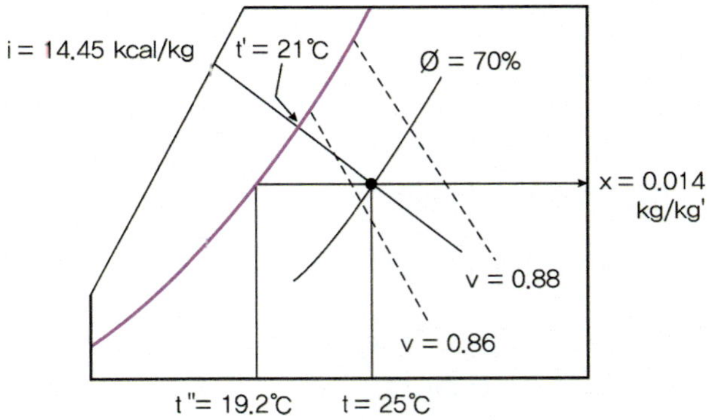

그림 8-6 (예제 8-6)

8.3 공기조화 해석

실내 또는 특정 공간의 환경을 쾌적한 상태로 조절하기 위해서는 공기를 냉각·감습 또는 가열·가습하는 장치가 필요한데, 이것을 공기조화기(air conditioner)라 부른다. 또한 실내의 공기를 청정한 상태로 유지하기 위해서는, 실내에서 공기조화기로 돌아오는 공기에 신선한 외기를 일정 비율로 혼합하여 실내에 공급할 필요가 있다. 이와 같이 공기조화기는 냉난방에 필요한 공기를 만들기 위해 공기를 혼합, 냉각, 가열, 감습 또는 가습하는 조작을 하며, 이들 각각의 공기 조작을 단위조작이라 부른다. 여기에서는 단위조작을 습공기선도에서 표현하는 방식과, 단위조작에 필요한 냉각열량, 가열량, 감습량 및 가습량 등의 계산법에 관하여 설명한다.

8.3.1 습공기선도상에서 기본 상태변화

공조시스템에서 공기는 상태가 변화하면서 순환하게 되는데, (그림 8-7)은 습공기의 기본적인 상태변화를 습공기선도에 나타낸 것이다.

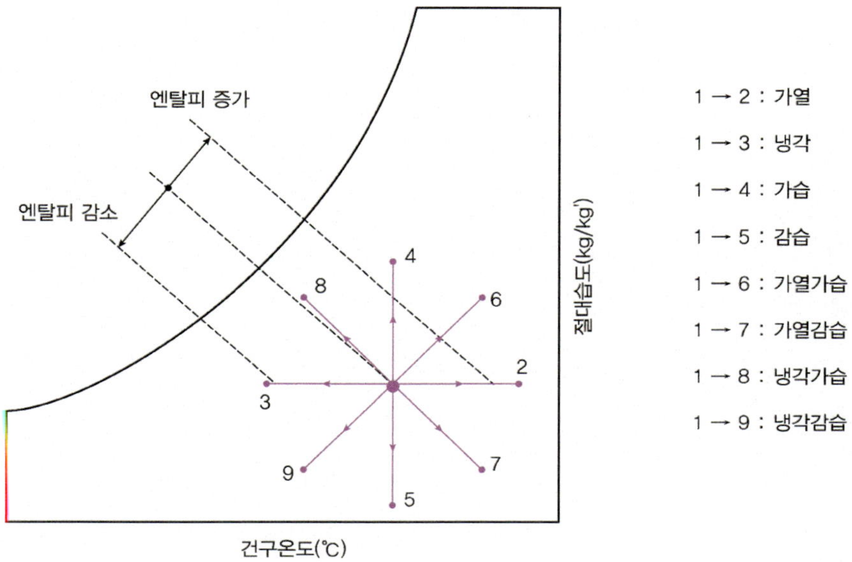

그림 8-7 습공기의 기본 상태변화

8.3.2 가열

공기를 가열코일이나 전열기 등으로 가열하는 경우, 공기의 건구온도와 엔탈피는 상승하지만, 공기 중에 수증기량은 변하지 않기 때문에 절대습도는 변화가 없다. 따라서 습공기선도상에서는 (그림 8-8)처럼 절대습도가 일정한 선상인 오른쪽으로 이동한다. 그러나 가열됨에 따라 상대습도는 내려간다. 겨울에 실내에서 전열기로 난방하는 경우 건조해지기 때문에 별도로 가습기를 필요한 것은 이 때문이다.

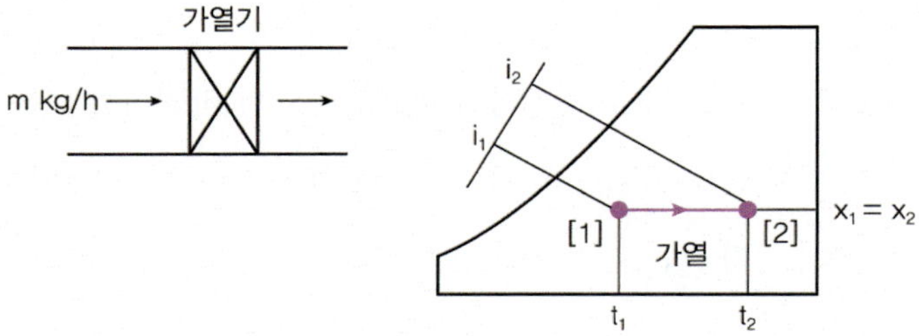

그림 8-8 공기의 가열

상태 (1)인 공기를 가열하여 상태 (2)로 변화시키는데 필요한 열량은 다음 식으로 구할 수 있다.

$$Q = m(i_2 - i_1)$$

여기서 Q는 가열량($kcal/h$), m은 질량유량(kg/h), i_1과 i_2는 각각 가열기 입출구 공기의 엔탈피($kcal/kg$)이다.

공기의 체적유량을 사용하는 경우, 공기조화기 내에서 공기의 온도가 변하므로 비체적도 변화하여 실제의 체적유량으로는 상호 비교가 어렵다. 그래서 일반적으로 표준공기($101.3kPa$, 20℃)의 체적유량으로 환산하여 표시하며, 이를 환산체적유량($V_0[m^3/h]$)이라 한다. 표준공기의 비체적 v_0(=$0.83m^3/kg$)을 이용하여 질량유량을 환산체적유량으로 나타내면,

$$m = \frac{V_0}{v_0} = \frac{V_0}{0.83} = 1.2\,V_0$$

이 된다. 따라서 체적유량을 사용한 열량 계산식은 다음과 같다.

$$Q = 1.2\,V_0(i_2 - i_1)$$

또한 공기의 비열과 건구온도를 사용하여 가열량을 계산할 수도 있으며, 이때는 다음 식을 사용한다.

$$Q = m\,C_p(t_2 - t_1) \quad \text{또는} \quad Q = 1.2\,V_0\,C_p(t_2 - t_1)$$

여기서 C_p는 공기의 정압비열로서 정확하게는 습공기의 비열이 절대습도의 함수이지만, 일반적으로 $C_p \fallingdotseq 0.24kcal/kg$ · ℃ 또는 $C_p \fallingdotseq 1.006kJ/kg$ · ℃ 의 값을 사용하여 근사적으로 계산한다. t_1과 t_2는 각각 가열기 입출구 공기의 건구온도이다.

따라서 공기를 가열하는데 필요한 열량을 구하는 식은 다음과 같이 정리할 수 있다.

$$Q = m(i_2 - i_1) = 1.2\,V_0(i_2 - i_1) = m\,C_p(t_2 - t_1) = 1.2\,V_0\,C_p(t_2 - t_1)$$

$$Q = 1.207\,V_0(t_2 - t_1)[kJ/h] \quad \text{또는} \quad Q = 0.288\,V_0(t_2 - t_1)[kcal/h]$$

예제 8-7

건구온도 10℃, 상대습도 50%인 공기를 가열하였더니, 건구온도가 30℃가 되었다. 이때 가열 후 공기의 상대습도와 가열에 필요한 열량을 습공기선도를 이용하여 구하고, 가열량은 공기의 비열을 사용하여 계산한 값과 비교하라. 단, 공기의 환산체적유량은 $100m^3/h$이다.

풀이

① 다음의 습공기선도로부터 가열 후 공기의 상대습도는 15%이다. 또한 공기의 엔탈피는 $i_1 = 4.7kcal/kg$, $i_2 = 9.5kcal/kg$이므로, 가열에 필요한 열량은 다음과 같이 계산된다.

$$Q = 1.2\,V_0(i_2 - i_1) = 1.2(100)(9.5 - 4.7) = 576[kcal/h]$$

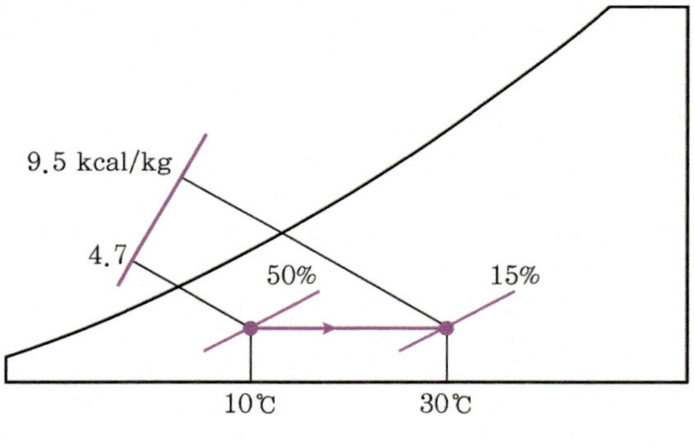

그림 8-9 (예제 8-7)

② 공기의 비열을 사용하여 계산한 가열량은 다음과 같다.

$$Q = 1.2\,V_0\,C_p(t_2 - t_1) = 1.2(100)(0.24)(30 - 10) = 576[kcal/h]$$

8.3.3 냉각 및 감습

(1) 냉각/감습 시 냉각열량 및 제습량

습공기를 냉각코일로 냉각하는 경우, 건구온도와 엔탈피는 내려간다. 이때 코일의 표면온도가 습공기의 노점온도 t_1''보다 높을 때는, 수증기의 응축이 발생하지 않으므로 절대습도가 변화하지 않는다. 따라서 절대습도가 일정한 공기의 가열 때와 마찬가지로 습공기선도상에서는 수평선으로 표시되며, 방향만 반대이다. 또한 냉각을 위하여 제거해야 하는 열량 계산도 가열량을 계산하는 식을 그대로 사용할 수 있다. 다만, 열량의 부호만 반대이다.

그러나 공기의 냉각을 위한 냉각코일의 표면온도는 습공기의 노점온도 t_1''보다 낮은 것이 일반적이다. 따라서 냉각 과정에서 습공기 중의 수증기 일부가 응축되고 이슬로 되어 제거되기 때문에, 냉각에 의해 온도와 엔탈피가 감소됨과 동시에 절대습도도 감소한다. 즉, 냉각 감습(cooling and dehumidification)이 된다. (그림 8-10)과 같이 상태 A인 공기가 표면온도가 B인 냉각코일을 지나가면, 실제로는 B의 온도가 되는 것이 아니라 C의 상태로 되어 빠져나온다. 이때 냉각코일의 표면온도 t_B는 장치노점온도(apparatus dew point, ADP)라고 불린다.

질량유량 또는 환산체적유량이 $m[kg/h]$ 또는 $V_0[m^3/h]$인 습공기가 A의 상태에서 C의 상태까지 냉각 감습되는데 필요한 제거 열량 $Q[kcal/h]$과 냉각코일에서 제거되는 수분량(제습량) $L[kg/h]$은 다음과 같이 구할 수 있다.

$$Q = m(i_1 - i_2) \text{ 또는 } Q = 1.2\,V_0(i_1 - i_2)$$
$$L = m(x_1 - x_2) \text{ 또는 } L = 1.2\,V_0(x_1 - x_2)$$

(2) 바이패스 팩터

(그림 8-10)에서 공기의 혼합 형식을 보면 C의 출구 공기 상태는, 냉각코일에서 장치노점온도까지 충분히 냉각된 점 B의 포화공기와 냉각코일에 접촉하지 않고 그대로 통과

한 상태 A인 공기와의 혼합공기라고 볼 수 있다. 이때 냉각코일에 접촉하지 않고 A의 상태 그대로 빠져나오는 공기의 비율을 바이패스 팩터(by-pass factor, BF)라 하며, 습공기선도상에서 직선 AB에 대한 BC의 길이의 비로 구할 수 있다. 반면에 코일에 접촉한 공기의 비율은 콘택트 팩터(contact factor, CF)라 하며, 이들의 관계식은 다음과 같다.

$$BF = \frac{\overline{BC}}{\overline{AB}} = \frac{t_C - t_B}{t_A - t_B} \qquad CF = 1 - BF = \frac{\overline{AC}}{\overline{AB}} = \frac{t_A - t_C}{t_A - t_B}$$

바이패스 팩터는 코일의 형상 및 열수, 공기의 속도 등에 따라 달라진다. 일반적으로 코일의 열수가 많을수록 공기의 코일 통과 속도가 느릴수록 코일 표면과 접촉하는 공기의 양이 많아지므로 BF는 작아지게 된다.

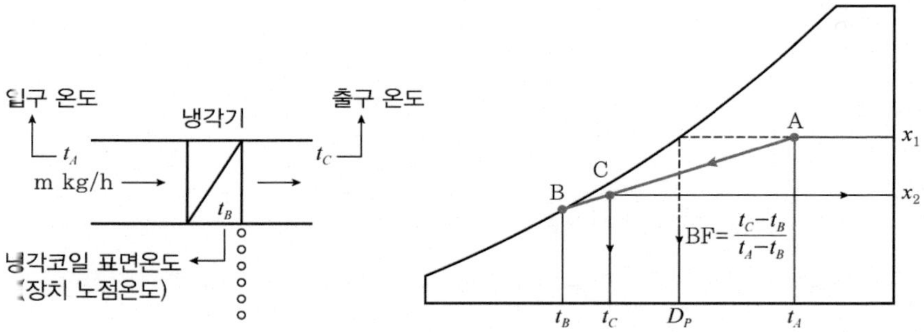

그림 8-10 공기의 냉각/감습

다음 예제는 냉각코일의 상태(표면온도와 바이패스 팩터)를 알고 있을 때 코일을 통과하는 공기의 상태를 해석하는 방법을 보여준다.

예제 8-8

건구온도 32℃, 상대습도 60%인 공기를 표면온도 12℃의 냉각코일로 냉각, 감습할 때, 다음을 구하라. 단, 공기의 환산체적유량은 1,000m^3/h이며, 바이패스 팩터는 20%이다.

① 코일 출구온도 ② 냉각열량 ③ 제습량

풀이

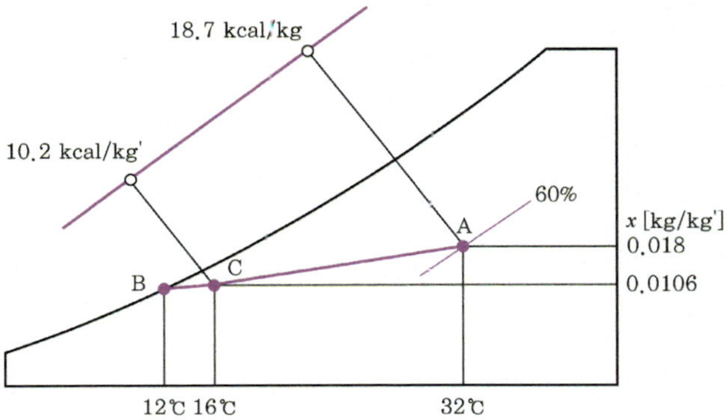

그림 8-11 (예제 8-8)

① 습공기선도상에 공기 온도 및 상대습도가 32℃, 60%인 점(A)과 12℃, 100%인 점(B)을 찾아 이 두 점을 연결한다. 냉각 코일 출구의 공기상태(C)는 위 두 점을 연결한 선상에 있으며, 코일 출구의 공기 온도 t_C는 다음 식을 이용하여 구한다.

$$BF = \frac{\overline{BC}}{\overline{AB}} = \frac{t_C - t_B}{t_A - t_B} \Rightarrow t_C = t_B + BF(t_A - t_B)$$

$$\therefore t_C = 12 + 0.2(32 - 12) = 16[℃]$$

② 습공기선도상에서 A점, C점의 엔탈피를 찾아 냉각열량을 계산한다.

$$i_A = 18.7kcal/kg,\ i_C = 10.2kcal/kg$$

$$Q = 1.2\,V_0(i_A - i_C) = 1.2(1,000)(18.7 - 10.2) = 10,200[kcal/h]$$

③ 습공기선도상에서 A점, C점의 절대습도를 찾아 제습량을 계산한다.

$$x_A = 0.0180kg/kg',\ x_C = 0.0106kg/kg'$$

$$L = 1.2\,V_0(x_A - x_C) = 1.2(1,000)(0.0180 - 0.0106) = 8.88[kg/h]$$

(3) 현열비

습공기선도를 보면 왼쪽 윗부분 또는 오른쪽 부분에 현열비(sensible heat factor, SHF)의 값이 표시되어 있다. 현열비는 습공기의 상태변화 시 현열 변화량($q_s = c_p \cdot \Delta t$)에 대한 엔탈피 변화량(Δi)의 비율, 즉, 현열과 잠열 중 현열이 차지하는 비율을 나타내는 것이다. 이를 식으로 나타내면 다음과 같다.

$$SHF = \frac{c_p \cdot \Delta t}{\Delta i} = \frac{q_s}{q_s + q_L}$$

여기서 c_p는 공기의 정압비열[$0.24kcal/kg \cdot {}^oC$], Δt는 온도변화량[℃], Δi는 엔탈피 변화량[$kcal/kg$]이며, q_s와 q_L는 각각 습공기를 상태변화시키는데 필요한 현열량(현열부하)[$kcal/h$]과 잠열량(잠열부하)[$kcal/h$]이다.

현열비는 공기가 상태변화하는 과정을 설명하는데 자주 사용되고 있으며, 그 의미를 (그림 8-12)에 나타내었다. 냉방의 경우 공조기에서 실내로 불어내는 공기의 상태를 점 ①, 실내의 공기상태를 점 ②라 하면, 점 ②는 현열비선과 같은 기울기로 점 ①을 지나는 직선 위에 있다. 다시 말하면, SHF가 정해지고 실내를 점 ②의 공기상태로 하기 위해서는 점 ②에서 현열비선과 같은 기울기로 그린 직선상에 취출공기의 상태점인 ①이 있어야 한다는 의미이다.

습공기선도에서 SHF=0이면 현열비선이 수직으로 되며, 그 선은 거의 건구온도선과 기울기가 일치한다. 즉, 현열비가 0이라는 것은 건구온도가 변하지 않는 것이므로 현열량 q_s가 0이 되어 현열량의 변화가 없다는 것이다. 또한 SHF=1이면 현열비선이 수평으로 되며, 그 선은 절대습도선과 기울기가 일치한다. 즉, 현열비가 1이라는 것은 절대습도가 변하지 않는 것이므로 잠열량 q_L가 0이 되어 잠열량의 변화가 없다는 것이다.

다음 예제는 현열비(현열부하와 잠열부하)를 알고 있을 때 코일을 통과하는 공기의 상태를 해석하는 방법을 보여준다.

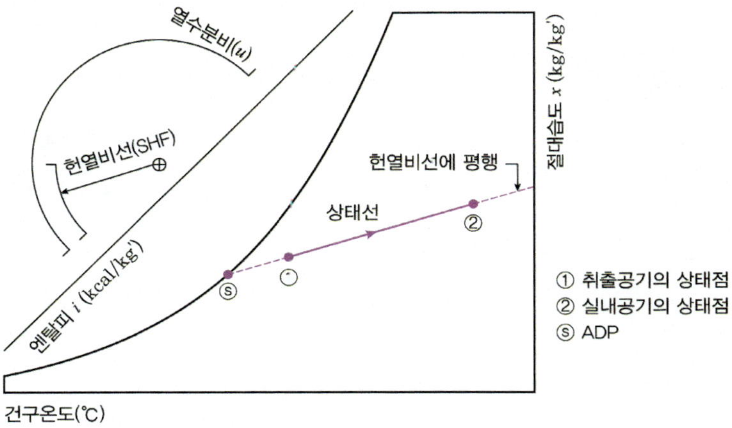

그림 8-12 현열비와 공기의 상태변화

예제 8-9

냉각코일의 냉각, 감습 기능을 이용하여 실내공기의 상태를 건구온도 32℃, 상대습도 60%로 유지하고자 한다. 실의 현열비는 0.48, 취출공기 온도차(코일의 취출공기와 실내공기의 온도차)는 16℃일 때 다음을 구하라. 단, 공기의 환산체적유량은 1,000m^3/h이며, 외기 도입은 없다.

① 코일의 표면온도(장치노점온도)

② 냉각열량

③ 제습량

풀이

① 습공기선도상에 실내공기 상태점(A)과 점 A를 지나는 SHF 평행선(상태선)을 그린다. 이 상태선과 포화습공기선과 만나는 점(B)이 코일의 표면에 접하는 공기의 상태를 나타낸다. 따라서 코일의 표면온도는 12℃이다.

② 습공기선도상에서 취출공기 온도차로부터 구한 취출공기의 온도(16℃)와 상태선이 만나는 점(C)이 취출공기의 상태점이다. 따라서 A점, C점의 엔탈피를 찾아 냉각열량을 계산한다.

$$i_A = 18.7kcal/kg,\ i_C = 10.2kcal/kg$$

$$Q = 1.2\,V_0(i_A - i_C) = 1.2(1{,}000)(18.7 - 10.2) = 10{,}200[kcal/h]$$

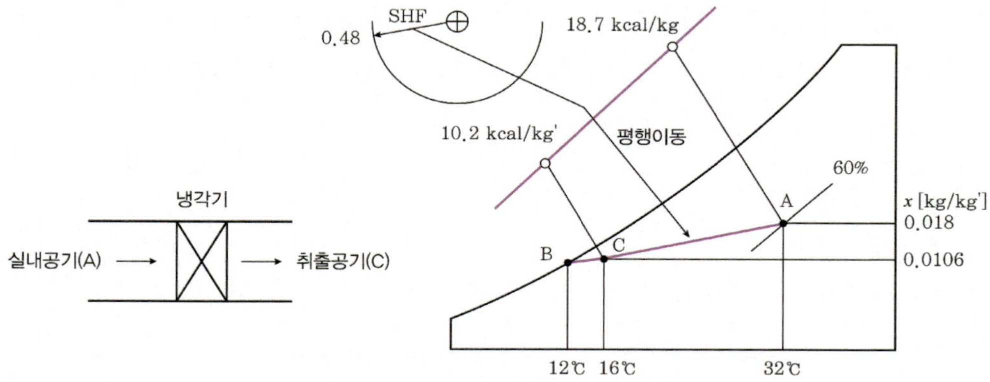

그림 8-13 (예제 8-9)

③ 습공기선도상에서 A점, C점의 절대습도를 찾아 제습량을 계산한다.

$$x_A = 0.0180kg/kg' , x_C = 0.0106kg/kg'$$

$$L = 1.2\,V_0(x_A - x_C) = 1.2(1{,}000)(0.0180 - 0.0106) = 8.88[kg/h]$$

8.3.4 가습

겨울철 난방 시에는 일반적으로 외기의 절대습도가 낮아 외기 도입이나 틈새바람의 침입에 의해서 실내공기의 습도가 저하되므로, 이것을 방지하기 위해 실내공기 중에 수분을 가하게 되는데 이를 가습이라 한다. 공기조화기에서는 물을 분무하여 분무된 물이 공기와 열교환하면서 수증기로 바뀐 다음 공기의 습도를 높이는 방법(물분무 가습)과 보일러에서 순환수를 가열하여 미리 만든 수증기를 직접 분무하여 가습하는 방법(증기분무 가습)이 주로 사용된다.

물분무 가습 방법은 물을 가열도 냉각도 하지 않은 상태에서 공급하여 단지 공기와의 열교환에 의해서만 가습되도록 하는 방법(순환수 가습)과 물을 가열이나 냉각한 다음 공기에 분무하는 방법(냉온수 가습)으로 구분하여 사용된다. 또한 증기분무 가습 방법을 사용할 때는 포화증기(1기압, 100℃)를 공급하여 단순 가습하거나, 과열증기(1기압, 〉100℃)를 분무하여 가열/가습하기도 한다.

가습하는 방법에 따라 가습 과정을 해석하는 방법도 달라지는데, 여기서는 일반적으로 많이 사용되면서 기본적인 해석 방법을 적용할 수 있는 순환수 가습과 포화증기 분무가습에 대하여 해석하는 방법을 다룬다.

(1) 순환수 가습

상태변화시키고자 하는 공기에 물을 분무할 때의 분무수를 냉각도 가열도 하지 않고 그대로 분무하여 가습하는 방법이다. 이 때 가습되는 공기는 분무되는 물과 열교환하는 외에는 어떠한 열교환도 일어나지 않기 때문에 마치 단열변화와 같은 변화를 하게 된다. 즉, 가습하는 동안 공기와 물의 열전달과 증발에 의한 냉각이 서로 평형을 이루게 된다. 더욱 정확하게는 유입되는 공기의 습구온도에 따라 열교환하는 것이므로 습구온도가 일정한 상태에서 변화하는 과정이다. 그러나 습공기선도에서는 습구온도의 변화와 엔탈피의 변화가 거의 같기 때문에($\Delta h \fallingdotseq \Delta t'$) 단열변화라고 보아도 무방하다. 이런 이유로 $t-x$ 선도에서는 습구온도선을 굳이 나타내지 않고 단순화하는 것이다.

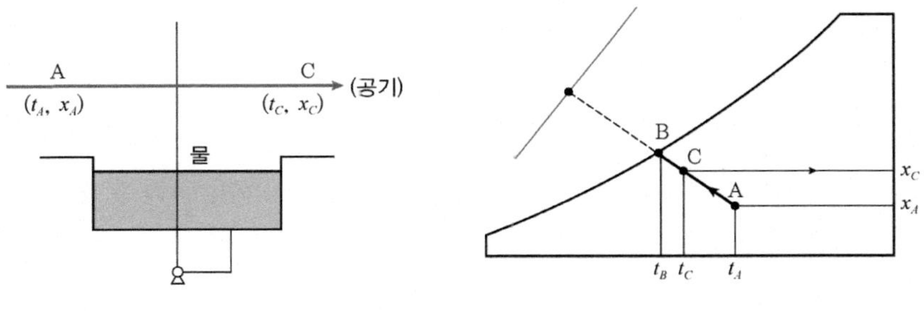

그림 8-14 순환수 가습

(그림 8-14)와 같이 A점의 공기에 물을 분무하여 가습하면, 공기의 건구온도는 낮아지면서 절대습도는 높아진다. 따라서 이 과정은 냉각/가습 과정이라고도 할 수 있으며, 잠열의 변화 외에 현열의 변화도 존재하게 된다. 그러나 변화과정 자체가 엔탈피변화가 없는 과정으로 볼 수 있으므로 열의 변화는 없는 것으로 보아도 될 것이다. 이때 점B는 점A를 통하는 습구온도선이 포화선과 교차하는 점으로서 분무수온이 되며, 가습 후 공기의 상태를 나타내는 점C는 직선 AB상에 있게 된다. 만약 가습효율이 100%이면, 점C는 포화선상의 점B와 일치하게 되지만, 일반적으로 가습효율은 80% 이내이다. 가습효율

(η_H)은 다음과 같이 구한다.

$$\eta_H = \frac{x_A - x_C}{x_A - x_B} = \frac{t_A - t_C}{t_A - t_B}$$

가습해야 할 공기량을 $m[kg/h]$이라 할 때, 가습 과정을 통해 가습에 소요되는 수량(가습량) $L'[kg/h]$과 가습하기 위하여 공급해 주어야 할 수량 $L'_w[kg/h]$은 다음과 같다.

$$L' = m(x_C - x_A) \text{ 또는 } L' = 1.2\,V_0(x_C - x_A)$$

$$L'_w = \frac{L'}{\eta_H}$$

예제 8-10

25℃ DB, 15℃ WB인 공기를 순환수 가습할 때, 가습 후 공기의 상태(건구온도, 상대습도)와 가습량을 구하라. 단, 공기의 환산체적유량은 10,000m^3/h이며, 가습효율은 60%이다.

풀이

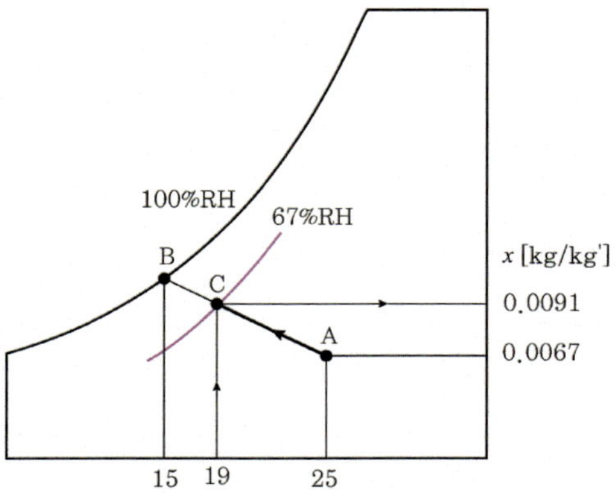

그림 8-15 (예제 8-10)

(그림 8-15)와 같이 습공기선도에서 25℃ DB, 15℃ WB인 점A와 15℃, 100%인 점B를 연결한다. 가습 후 공기의 상태 점C는 이 선상에 위치하며, 건구온도는 가습효율을 이용하여 다음과 같이 구한다.

$$\eta_H = \frac{t_A - t_C}{t_A - t_B}$$

$$\therefore t_C = t_A - \eta_H(t_A - t_B) = 25 - 0.6(25 - 15) = 19[^\circ C]$$

따라서 그림으로부터 점C의 상태는 건구온도 19℃ DB, 상대습도 67%임을 알 수 있다.
또한 가습량을 구하기 위해서는 먼저 그림으로부터 절대습도를 구한 후, 다음과 같이 계산한다.

$x_A = 0.0067,\ x_C = 0.0091$

$$L' = 10{,}000 \times 1.2 \times (0.0091 - 0.0067)$$
$$= 28.8[kg/h]$$

(실제의 분무수량은 가습수량의 약 2배 정도로 한다.)

(2) 포화증기 분무 가습

수증기로 가습하고자 하는 경우에는 먼저 보일러에서 적정한 양의 가습용 수증기를 만들어야 한다. 보일러에서 수증기가 만들어지면 공기 중에 상태변화 없이 그대로 투입되어 공기의 습도를 높이게 된다. 노즐에서 포화증기(1기압, 100℃)를 공기 중에 분무하여 가습하는 경우, (그림 8-16)과 같이 공기의 상태는 온도의 변화 없이 절대습도만 증가하는 수직변화로 보아도 좋다. 이때 가습효율은 100%이므로 가습량은 그대로 분무량으로 제어하는 것으로 된다.

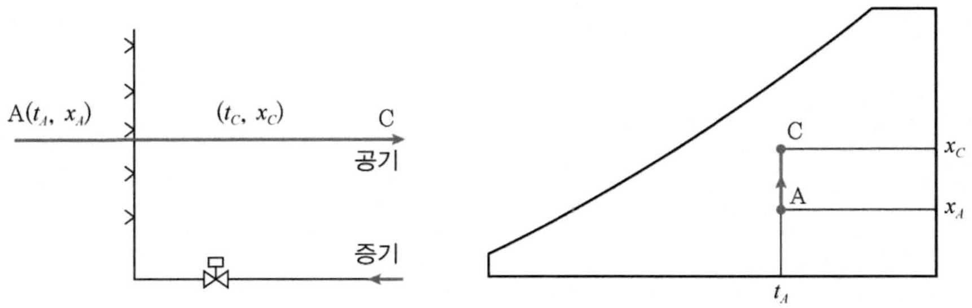

그림 8-16 증기분무 가습

이 때 실제 가습에 소요되는 수량(가습량) $L'[kg/h]$과 가습하기 위하여 공급해 주어야 할 수량 $L'_w[kg/h]$은 앞의 순환수 가습인 경우와 동일하게 적용된다. 또 이 과정에서는 수분량 외에 열량의 변화도 계산해 주어야 하는데, 온도 변화 없이 절대습도만 변화하므로 잠열 변화만 구하면 된다. 잠열 $q_L[kcal/h]$은 다음과 같다.

$$q_L = mr_0(x_C - x_A)$$

여기서 r_0는 0℃인 물의 증발잠열(597.3$kcal/kg$ 또는 2,501kJ/kg)이다.

예제 8-11

건구온도 20℃, 상대습도 40%인 습공기를 포화증기(1기압, 100℃)로 분무하여 가습하는데 필요한 증기량과 그 때의 열량변화를 구하라. 이 때 가습 후 공기의 절대습도는 0.01kg/kg'이며, 공기의 질량유량은 1,000kg/h이다.

풀이

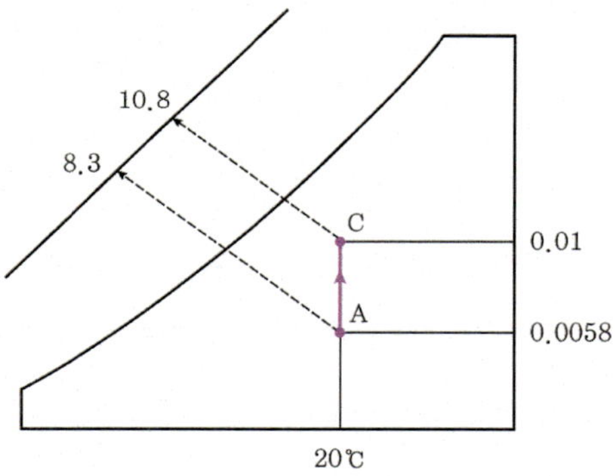

그림 8-17 (예제 8-11)

먼저 가습과정을 습공기선도에 나타내면 (그림 8-17)과 같다. 즉, 건구온도 20℃, 상대습도 40%인 점A를 수직으로 그어 절대습도가 0.01kg/kg'인 선과 만나는 점을 C로 한다. 따라서 점A와 점C의 절대습도 및 엔탈피를 구하면 다음과 같다.

$i_A = 8.3kcal/kg$, $i_C = 10.8kcal/kg$

$x_A = 0.0058kg/kg'$, $x_C = 0.01kg/kg'$

① 위의 절대습도를 이용하여 가습량을 구하면 다음과 같다.

$L' = m(x_C - x_A) = (1{,}000)(0.01 - 0.0058) = 4.2[kg/h]$

② 가습 시 열량변화는 위의 절대습도 또는 엔탈피를 이용하여 구할 수 있다.

$q_L = m(i_C - i_A) = (1{,}000)(10.8 - 8.3) = 2{,}500[kcal/h]$

또는

$q_L = mr_0(x_C - x_A) = (1{,}000)(597.3)(0.01 - 0.0058) \fallingdotseq 2{,}500[kcal/h]$

8.3.5 공기의 혼합

공기조화기를 사용하여 공조 열부하를 처리하고자 할 때 실제 여러 과정을 거쳐 공기의 상태변화를 유도하여야 하고, 그 과정 중에서 서로 상태가 다른 공기들이 혼합되는 경우가 많다. (그림 8-18)은 실내공기의 일부를 환기덕트를 통하여 공기조화기로 회수한 공기와 외기덕트를 통하여 도입한 신선한 외기를 혼합하여 새로운 상태의 공기를 만드는 과정을 보여주고 있다.

이와 같이 서로 상태가 다른 두 공기 ①과 ②를 혼합하면 혼합된 공기의 상태는 두 공기의 상태점을 이은 직선상에 있고 점 ③이 혼합공기의 상태점을 나타낸다. 이 때 혼합공기의 상태는 혼합 전 두 공기 상호간의 에너지평형에 의해 결정되며, (그림 8-18)에서 기하학적 비례식을 이용하여 구할 수 있다.

질량유량 $m_1[kg/h]$인 상태 ①(t_1, x_1)의 공기와 질량유량 $m_2[kg/h]$인 상태 ②(t_2, x_2)의 공기를 혼합하였을 때, 습공기선도 상에서 혼합 후 공기의 상태 ③을 구하는 데에는 ①과 ②를 연결하는 선분을 ①측에서 $m_2 : m_1$에 비례 배분하는 점으로 ③을 정하면 된다. 또한 비례식을 이용하면, 상태 ③(t_3, x_3)은 다음과 같이 계산할 수 있다.

$$t_3 \rightarrow (t_3 - t_2) : (t_1 - t_2) = m_1 : (m_1 + m_2) \rightarrow \therefore t_3 = \frac{m_1 t_1 + m_2 t_2}{m_1 + m_2}$$

$$x_3 \rightarrow (x_3 - x_2) : (x_1 - x_2) = m_1 : (m_1 + m_2) \rightarrow \therefore x_3 = \frac{m_1 x_1 + m_2 x_2}{m_1 + m_2}$$

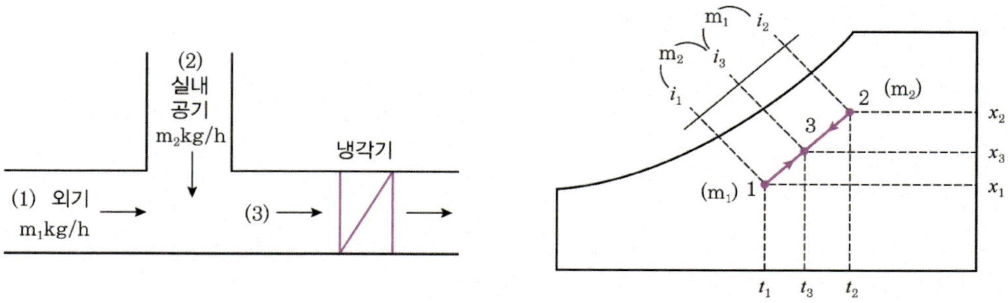

그림 8-18 공기의 혼합

예제 8-12

상태가 $t_1 = 25℃$, $x_1 = 0.002\,[kg/kg']$인 신선한 외기를 도입하여 상태가 $t_2 = 27℃$, $x_2 = 0.012\,[kg/kg']$인 실내공기를 환기시키고자 한다. 이 때 (외기):(실내공기)=1:2의 중량비율로 혼합하였다. 혼합 후 공기의 상태(t_3, x_3)를 습공기선도에서 구하고, 계산식으로 확인하여라.

풀이

$$t_3 = \frac{1 \times 25 + 2 \times 27}{1+2} = 26.3(℃)$$

$$x_3 = \frac{1 \times 0.002 + 2 \times 0.012}{1+2} = 0.0087\,[kg/kg']$$

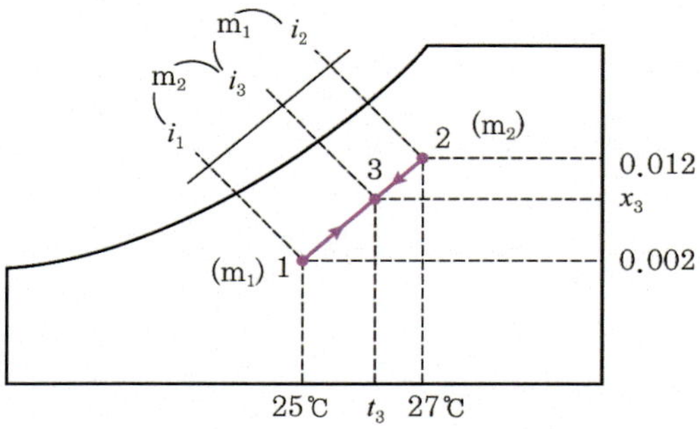

그림 8-19 (예제 8-12)

8.4 냉난방부하

8.4.1 냉난방부하란

실내 상태를 목적하는 온도와 습도로 일정하게 유지하기 위해서는 외부의 조건이나 실내의 상태 등에 따라 냉각, 가열, 감습, 가습 등을 해주어야 하는데, 이 때 필요한 열량을 총칭하여 공기조화부하(공조부하), 공조 열부하 또는 냉난방부하라고 한다. 공조부하 중에서 가열해야할 부하는 난방부하, 냉각해야할 부하는 냉방부하라고 한다.

냉난방부하는 크게 실내부하(Space Load), 장치부하(System Load), 열원부하(Plant Load) 등으로 구분하며, 보통 실내부하와 장치부하를 합한 것을 냉난방부하라고 한다. (그림 8-20)은 냉난방부하의 종류와 그 구성요소들을 나타낸 것이다. 부하의 구성요소 중 태양복사열과 내부발생열은 일반적으로 난방부하 계산 시 고려하지 않는다.

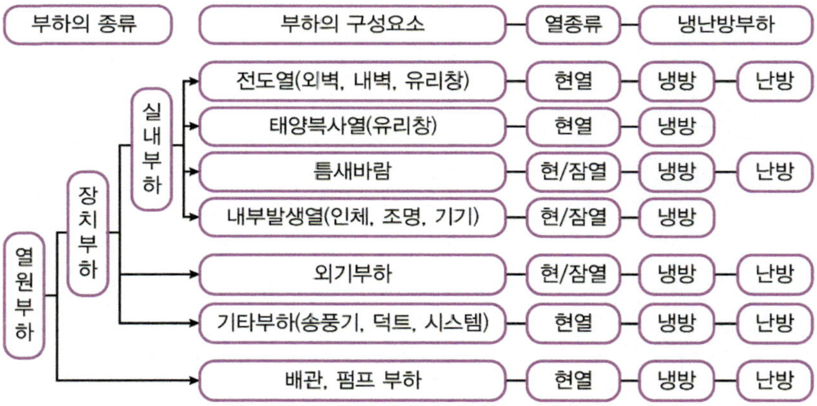

그림 8-20 냉난방부하의 종류

(1) 실내부하

실내부하는 실내의 온도와 습도를 일정하게 유지하기 위하여 필요한 열량으로, 공조장치의 송풍량 산정 및 팬코일유닛 등 실내 설치기기의 능력을 결정하는 근거가 된다. 실내부하는 실을 기준으로 열수지가 ⊕라서 냉각할 필요가 있을 때 냉방부하, 열수지가 ⊖라서 가열할 필요가 있을 때 난방부하라고 한다.

전도열은 실내공기와 외부공기의 온도차에 의하여 발생하며, 외벽, 지붕, 내벽, 천장, 바닥 및 유리창 등의 구조체를 통하여 외부에서 실내로 침입하는 부하이다. 또한 유리창은 전도열뿐만 아니라 태양복사열에 의한 열취득도 계산하여야 한다. 하지만, 난방부하 계산 시에는 일반적으로 유리창을 통한 태양복사열은 안전측으로 간주하고 무시한다. 틈새바람 부하는 문이나 창의 틈새 또는 문의 개폐로 인한 외기침입으로 발생하는 열부하이다. 틈새바람의 풍량은 문이나 창의 구조 외에 외부 풍속이나 실내의 온도차에도 영향을 받는다. 내부발생열은 실내의 사람이나 조명기구 및 기타 기구로부터의 발열에 의한 부하이며, 난방부하 계산 시에는 일반적으로 안전측으로 간주하고 무시한다.

(2) 장치부하

장치부하는 실내부하에 외기부하, 송풍기 및 덕트 등에 의한 부하 등을 합한 열량으로, 공조장치(냉각코일, 가열코일)의 용량 산정에 근거가 된다. 외기부하는 실내환경을 양호하게 유지하기 위하여 외부로부터 도입되는 신선한 외기를 실내공기의 조건과 동일한 상태로 하기 위한 부하이다. 기타 송풍기 및 덕트 등을 통하여 발생하는 부하는 장치부하 계산 시 실내부하와 외기부하의 합에 여유율 10%로 포함시켜 계산한다.

(3) 열원부하

열원부하는 장치부하에 펌프 및 배관 등에 의한 부하 등을 합한 열량으로, 열원장치(냉동기, 보일러)의 용량 산정에 근거가 된다. 펌프 및 배관 등에 의한 부하는 열매체가 주위공기와 온도차가 있기 때문에 발생하며, 특히 배관 길이가 긴 경우에는 무시할 수 없다.

8.4.2 냉방부하

여름철에는 외기 온도가 높기 때문에 실내외의 온도차에 의하여 바닥이나 외벽, 창문 등을 통하여 실내로 전도되는 열량, 틈새바람 또는 환기에 의하여 도입되는 외기가 가지고 있는 열량, 그리고 실내에서 발생하는 열량 및 태양 복사에 의한 열량 등을 동시에 제거해야 쾌적한 실내 공기 조건을 만들 수 있다. 이때 그 제거해야 할 열량을 냉방부하(cooling load for air conditioning)라고 하며, 냉동기 또는 공기조화기의 용량을 결정하는데 대단히 중요한 역할을 한다.

냉방부하는 일반적으로 (그림 8-21)과 같은 순서로 계산한다.

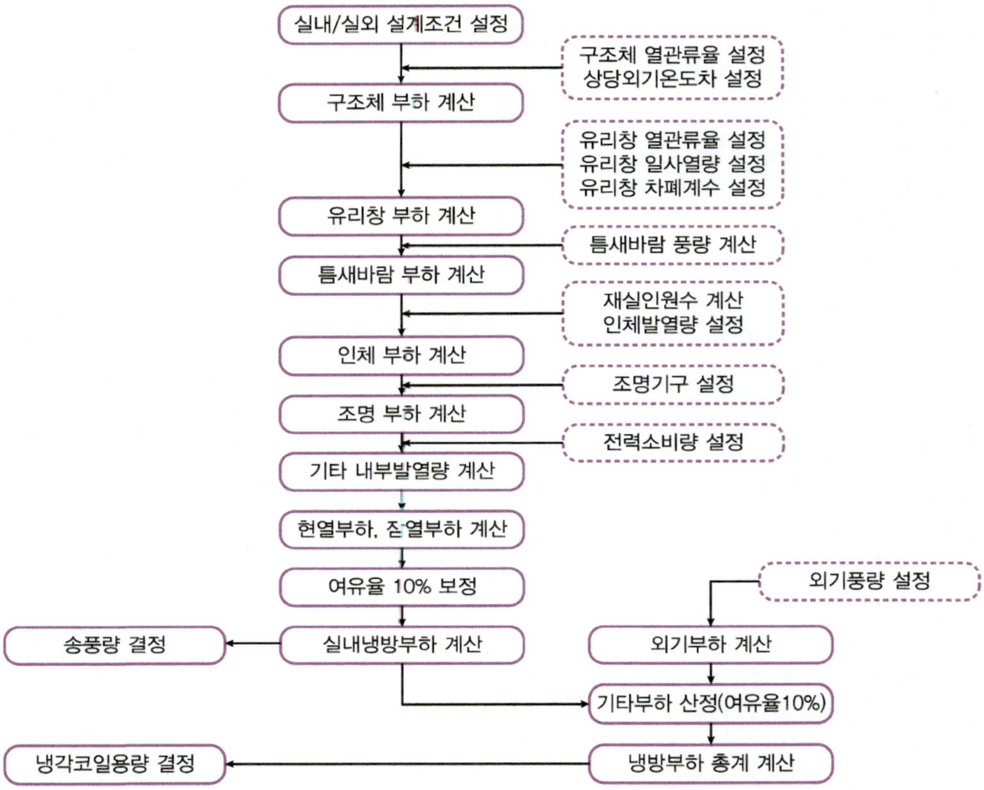

그림 8-21 냉방부하의 계산순서

8.4.3 난방부하

냉방부하는 실내로 들어오는 부하를 합한 것이지만, 난방부하(heating load for air conditioning)는 그와는 반대로 실내로부터 빠져나가는 부하를 대상으로 하는 것이다. 즉, 난방부하에는 냉방 시와는 반대로 실내에서 외부로 빠져나가는 열량과 냉방 시와 동일하게 틈새바람 또는 환기에 의하여 도입되는 차가운 외기로 인한 열량 등이 있다. 난방부하 계산에서는 실내에서 발생하는 열량과 태양 복사에 의한 열량은 무시한다.

냉방부하는 일반적으로 (그림 8-22)와 같은 순서로 계산한다.

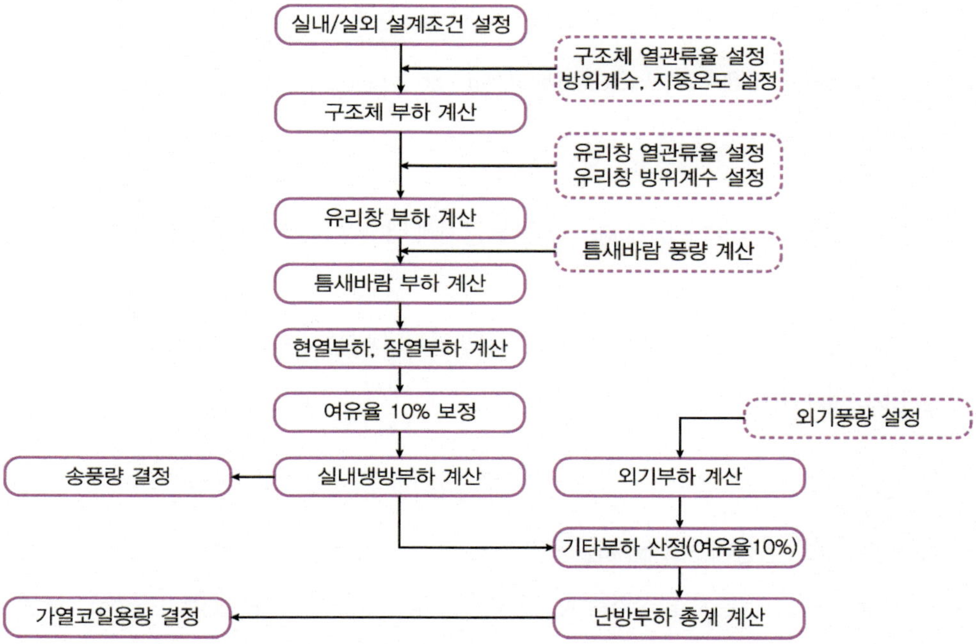

그림 8-22 난방부하의 계산순서

1. 건구온도 32℃, 상대습도 70%인 습공기에 대하여 다음 값을 공기선도에서 구하라.

   ① 절대습도

   ② 비체적

   ③ 엔탈피

   [0.0212kg/kg', 0.894m^3/kg', 20.6$kcal/kg'$=86.2kJ/kg']

2. 건구온도 40℃, 절대습도 0.030kg/kg'인 습공기에 대하여 다음 값을 공기선도에서 구하라.

   ① 이 습공기의 노점온도(℃)

   ② 이 습공기를 26℃까지 냉각시킬 때 1kg의 공기당 발생하는 이슬의 양(kg/kg')

   [31.6℃, 0.0087kg/kg']

3. 건구온도 26℃, 상대습도 50%인 공기 70%(중량비)와 건구온도 33℃, 상대습도 70%인 공기 30%(중량비)를 혼합하였을 때, 혼합공기의 상태를 습공기선도에서 구하고 계산식으로 확인하라.[t=28.1℃, ϕ=60%, x=0.0146kg/kg']

4. 건구온도 5℃, 상대습도 60%인 1kg의 공기를 전열기(heater)로 가열하였더니 20℃가 되었다. 이때 습공기선도를 이용하여 다음의 값들을 구하고, 가열량은 온도와 비열을 이용한 열량 계산식으로 구한 값과 비교하라. [3.6kcal/kg]

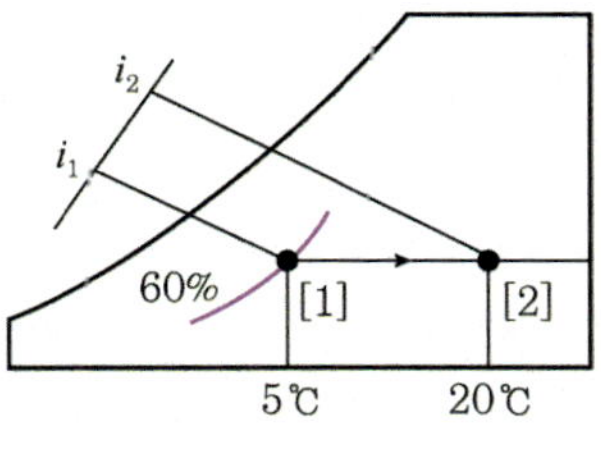

① 공기선도를 이용

최초 엔탈피 (i_1 $kcal/kg'$)	최종 상대습도 (ϕ_2 %)	최종 엔탈피 (i_2 $kcal/kg'$)	가열량 (q $kcal/kg$)
(3.0)	(21)	(6.6)	(3.6)

② 가열량을 계산으로 구할 것(단, 공기의 $C_p = 0.24kcal/kg℃$)

5. 건구온도 14℃, 상대습도 50%인 공기를 33℃까지 가열하는데 필요한 열량을 구하라. 단, 공기의 환산체적유량은 500m^3/h이고, 정압비열은 $0.24kcal/kg$ · ℃ 이다. [2,736kcal/h]

6. 건구온도 30℃, 상대습도 60%인 공기를 표면온도 10℃의 냉각코일로 냉각, 감습할 때, 냉각열량 및 제습량을 구하라. 단, 공기의 환산체적유량은 1,000m^3/h이며, 바이패스 팩터는 10%이다. [10,680kcal/h, 8.76kg/h]

7. 20℃ DB, 10℃ WB인 공기를 물분무 가습할 때, 가습 후 공기의 상태(건구온도, 상대습도)와 가습량을 구하라. 단, 공기의 환산체적유량은 500$m^3/\min$이며, 가습효율은 80%이다. [12℃ DB, 79%, 115.2kg/h]

APPENDIX

구성

A.1 냉매 일람표(1)

출처 : [냉동공학, 세진사, 홍성은저, 1993년] 94쪽 표3-1

냉매번호	화학명	화학식	분자량	비등점(℃)
	할로겐화탄화수소화합물			
10	Carbonterachloride	CCl_4	153.8	76.78
11	Trichloromonofluoromethane	CCl_3F	137.37	23.78
12	Dichlorodifluoromethane	CCl_2F_2	120.92	- 29.8
13	Monochlorotrifluoromethane	$CClF_3$	104.47	- 81.5
13B1	Monobromotrifluoromethane	$CBrF_3$	148.93	- 57.8
14	Carbontetrafluoride	CF_4	88.07	-128.0
20	Chloroform	$CHCl_3$	119.4	61.1
21	Dichloromonofluoromethane	$CHCl_2F$	102.92	8.92
22	Monochlorodifluoromethane	$ChClF_2$	86.48	-40.8
23	Trifluoromethane	CHF_2	70.01	- 82.2
30	Methylene Chloride	CH_2Cl_2	84.94	40.2
31	Monochloromonofluoromethane	CH_2ClF	68.5	8.9
32	Methylene Fluoride	CH_2F_2	52.0	- 51.7
40	Methyl Chloride	CH_3Cl	50.49	- 24.0
41	Methyl Fluoride	CH_3F	34.0	- 78.3
110	Hexachloroethane	CCl_3CCl_3	236.8	185.0
111	Pentachloromonofluoroethane	CCl_3CCl_2F	220.3	137.2
112	Tetrachlorodifluoroethane	CCl_3FCCl_2F	203.8	92.8
112a	Tetrachlorodifluoroethane	CCl_3CClF_2	203.8	91.0
113	Trichlorotrifluoroethane	CCl_2FCClF_2	187.39	47.25
113a	Trichlorotrifluoroethane	CCl_3CF_3	187.4	45.7
114	Dichlorotetrafluoroethane	$CClF_2CClF_2$	170.93	3.55
114a	Dichlorotetrafluoroethane	CCl_2FCF_3	170.93	3.1
114B2	Dibromotetrafluoroethane	$CBrF_2CBrF_2$	259.9	47.26
115	Monochloropentafluoroethane	$CClF_2CF_3$	154.48	- 38.7
116	Hexafluoroethane	CF_3CF_3	138.0	- 78.2
120	Pentachloroethane	$CHCl_2CCl_3$	202.3	162.2
123	Dichlorotrifluoroethane	$CHCl_2CF_3$	153	28.7
124	Monochlorotetrafluorotethane	$CHClFCF_3$	136.5	- 12.0
124a	Monochlorotetrafluoroethane	CHF_2CClF_2	136.5	- 10.0
125	Pentafluoroethane	CHF_2CF_3	120	- 48.3
133a	Nonochlorotrifluoroethane	CH_2ClCF_3	118.49	8.0
134a	Tetrafluoroethane	CH_2FcF_3	102.03	- 26.5
140a	Trichloroethane	CH_3CCl_3	133.4	73.88
141b	dichloromonofluoroethane	CH_3CCl_2F	116.95	32.0
142b	Monochlorodifluoroethane	CH_3CClF_2	100.5	- 9.21
143a	Trifluoroethane	CH_3CF_3	84.04	- 47.6
150a	Dichloroethane	CH_3CHCl_2	98.9	60
152a	Difluoroethane	CH_3CHF_2	66.05	- 25.0
160	Ethyl Chloride	Ch_3CH_3Cl	64.52	12.2
217	Monochloroheptafluoropropane	$CClF_2CF_2CF_3$	204.49	- 2.0
218	Octafluoropropane	$CF_3CF_2CF_3$	188.03	- 38.0

냉매 일람표(2)

냉매번호	화학명		화학식	분자량	비등점(℃)
	할로겐화탄화수소화합물				
C 316	Dichlorohexafluorocyclobutane		$C_4Cl_2F_6$	233	60
C 317	Monochloroheptafluorochyclobutane		C_4ClF_7	216.5	25.0
C 318	Octafluorocyclobutane		C_4F_8	200.04	- 6.1
	공비혼합물				
500	R-12/R-152a	73.8/26.2 wt. %	CCl_2F_2/CH_3CHF_2	99.29	- 33.3
501	R-22/R-12	75/25 wt. %	$CHClF_2/CCl_2F_2$	93.1	- 41.1
502	R-22/R-115	48.8/51.2 wt. %	$CHClF_2/CClF_2CF_3$	111.64	- 45.6
	탄화수소				
50	Methane		CH_4	16.0	-161.6
170	Ethane		CH_3CH_3	30.07	- 88.63
290	Propane		$CH_3CH_2CH_3$	44.09	- 42.6
600	Butane		$CH_3CH_2CH_2CH_3$	58.12	- 0.38
601	Isobutane		$CH(CH_3)_3$	58.12	- 12.1
1150	Ethylene		$CH_2=CH_2$	28.05	- 103.8
1270	Propylene		$CH_3CH=CH_2$	42.08	- 47.6
	산소화합물				
610	Ehtyl Ether		$C_2H_5OC_2H_5$	74.12	34.48
611	Methyle Formeta		$HCOOCH_3$	60.03	31.8
	유황화합물				
620	Sulfur Hexafluoride		SF_6	126.0	64
	질소화합물				
630	Methyl Amine		CH_3NH_2	31.06	- 6.7
631	Ethyl Amine		$C_2H_5NH_2$	45.08	16.5
	불포화유기화합물				
1112a	Dichlorodifluoroethylene		$CCl_2=CF_2$	133	19.4
113	Monochlorotrifluoroethylene		$CClF=CF_2$	116.5	- 27.89
114	Tertrafluoroethylene		$CF_2=CF_2$	100	- 76.1
1120	Trichloroethylene		$CHCl=CHCl_2$	131.40	86.8
1130	Dichloroethylene		$CHCl=CHCl$	96.93	47.78
1132a	Vinylidene Fluoride		$CH_2=CF_2$	64.04	- 83.9
1140	Vinyl Chloride		$CH_2=CHCl$	62.5	-13.9
1141	Vinyl Fluoride		$CH_2=CHF$	46	- 72.2
1150	Ethylene		$CH_2=CH_2$	28.0	-103.8
1270	Propylene		$CH_3CH=CH_2$	42.1	- 47.6

냉매번호	화학명	화학식	분자량	비등점(℃)
	무기화합물			
717	Ammonia(암모니아)	NH_3	17.03	- 33.35
718	Water(물)	H_2O	18.02	100.0
729	Air(공기)	공기	28.96	-194.5
744	Carbon Dioxide(이산화탄소)	CO_2	44.01	- 78.52*
744a	Nitrous Oxide(산화질소)	N_2O	44.02	- 88.3
764	Sulfur Dioxide(이산화유황)	SO_2	64.06	10.0

*는 승화점임.

A.2 주요 냉매의 특성표(1)

출처 : [냉동공학, 세진사, 홍성은저, 1993년] 106쪽 표3-5

냉매 번호	화학명	가스 정수 kg·m /kgK	비등점 ℃	응고점 ℃	임계 온도 ℃	임계 압력 kg/㎠	포화압력(표준) kg/㎠, abs		압축비	증기의 비체적 (-15℃) ㎥/kg	1냉동톤당(-15~30℃, 건압축사이클)과냉없음							독성	가연성 및 폭발의 한계 (체적%)	윤활유에 대한 가용성	사용 온도범위	사용 압축기의 형식	응축기 냉각 방식	부식 시키는 금속
							증발 (-15℃)	응축 (30℃)	(표준)		(표준) 내동 효과 kcal/kg	냉매순환량 kg/min	냉매순환량 30℃에서 ℓ/min	피스턴 배출량 ㎥/min	소요 동력 PS	성적 계수	압축 후 온도 ℃	순위						
11	Trichloromonofluoromethane	6.173	23.78	-111	198	44.6	0.2055	1.2855	6.26	0.6379	37.53	1.474	1.01	0.941	1.05	50.1	45	5a	불연	유	중~고	원심	수냉	
12	Dichlorodifluoromethane	7.011	- 29.8	-155	112.0	41.96	1.8622	7.5810	4.07	0.0927	28.32	1.96	1.52	0.182	1.12	4.70	39	6	불연	유	저~고	왕복, 회전	수냉, 공냉	Mg, Al 합금
13	Monochlorotrifluoromethane	8.116	- 81.5	-181	28.8	39.36	13.46											6	불연	없음	극저	왕복	수냉	
13B1	Monobromotrifluoromethane	5.692	- 57.8	-143.2	67.5	41.3	5.5	18.5	3.36	0.0237	16.3	3.42	2.23	0.0817	1.13	4.25	51	6	불연	없음	극저~저	왕복, 원심	수냉	
14	Carbontetrafluoride	9.636	-128.0	-184	- 45.5	38.2														없음	극저	왕복		
21	Dichloromonofluoromenthane	8.239	8.92	-135	178.5	52.68	0.3692	2.198	5.95	0.571	49.57	1.12	0.827	0.640	1.04	5.07	60	4~5	불연	유	중~고	왕복, 회전	공냉	Mg, Al 합금
22	Monochlordifluoromethane	9.806	- 40.8	-160	96.0	50.33	3.03	12.26	4.05	0.0778	38.47	1.44	1.22	0.112	1.13	4.65	55	5a	불연	※	극저~중	왕복	수냉	Mg, Al 합금
30	Methylene Chloride	9.984	40.2	- 96.7	235.4	60.9	0.0873	0.7095	8.13	2.916	73.80	0.751	0.574	2.19	1.07	4.90	92	4a	불연	유	고	원심	수냉	
40	Methylene Chloride	16.80	- 24.0	- 97.5	143.0	68.1	1.487	6.658	4.48	0.279	83.51	0.663	0.730	0.185	1.14	4.63	81	4	8.1~17.2	유	중~고	왕복, 회전	수냉, 공냉	수분없으면 거의 없음
113	Trichlorotrifluoroethane	4.525	47.25	- 36.6	214.1	34.8	0.0704	0.5527	7.85	1.649	29.0	1.91	1.23	3.15	1.09	4.82	27	4~5	불연	유	중~고	원심	수냉	R21과 같음
114	Trichlorotrifluoroethane	4.961	3.55	- 93.9	145.7	33.4	0.475	2.598	5.47	0.263	23.95	2.31	1.61	0.626	1.15	4.49	30	6	불연	※	중~고	왕복, 회전	수냉, 공냉	
142b	Monochlorodifluoroethane	8.438	- 9.21	-130.8	137.1	42.3	0.812	4.013	4.94						1.05		36							
143a	Trifluoroethane	10.10	- 47.6	-111.3	73.1	38.5	3.73	14.71	3.94									4~5	9.5~19.1	유	저~중	왕복	수냉	
160	Ethyl Choloride	13.15	12.2	-138.7	187.2	53.5	0.318	1.923	6.05	1.010	84.77	0.653	0.753	0.660	1.01	5.21	41	4a	3.7~12.0	유	중~고	왕복, 회전	공냉	거의 없음
500	R-12/R-152a 73.8/26.2 wt.%		- 33.3	-158.9	105.1	44.4	2.18	9.01	4.13	0.0950	34.0	1.63	1.43	0.155	1.14	4.61	41	4a	불연		저~거	왕복, 회전	수냉, 공냉	
502	R-22/R-115 48.8/51.2 wt. %		- 45.6		90.0	43.6	3.57	13.47	3.77	0.0515	23.85	2.32	1.94	0.1195			39							
170	Ethane	28.20	- 88.63	-183.6	32.1	50.0	16.63	48.0	2.89	0.0332	39.61	1.403	4.80	0.0463	1.84	2.85	50	5b	3.3~10.6	유	극저	왕복	수냉	
290	Propane	19.233	- 42.6	-189.9	96.8	43.4	2.946	11.02	3.74	0.1556	68.75	0.805	1.66	0.125	1.22	4.30	36	5b	2.3~7.3	유	극저~저	왕복	수냉	
600	Butane		- 0.38	-135.0	152.2	38.7	0.579	2.93	5.06	0.621	71.5	0.775	1.37	0.432	1.06	4.95	31	5b	1.6~6.5	유	중~고	왕복, 회전	수냉, 공냉	
601	Isobutane	14.59	- 12.1	-145.0	133.7	37.7	0.902	4.075	4.52	0.414	62.0	0.892	1.62	0.369	1.20	4.36	27		1.8~8.4	유	중~고	왕복, 회전	수냉, 공냉	
1150	Ethylene	30.2	-103.8	-169.5	9.5	51.6	28.2											5b	3.0~25.0	유	극저	왕복		
1270	Propylene	20.15	- 47.6	-185	91.4	46.9	3.64	12.8	3.52	0.169	96.1	0.575	11.11	0.0945	1.15	4.51	42			유	극저~저	왕복	수냉	
611	Methyl Formate	14.125	31.8	-100.4	214	61.2	0.1319	0.972	7.37															

주요 냉매의 특성표(2)

냉매 번호	화학명	가스 정수 kg·m /kgK	비등점 ℃	응고점 ℃	임계 온도 ℃	임계 압력 kg/㎠	포화압력(표준) kg/㎠, abs		압축비	증기의 비체적 (-15℃) ㎥/kg	1냉동톤당(-15~30℃, 건압축사이클)과냉없음							독성	가연성 및 폭발의 한계 (체적%)	윤활유에 대한 가용성	사용	사용 압축기의 형식	응축기 냉각 방식	부식 시키는 금속
							증발 (-15℃)	응축 (30℃)	(표준)		(표준) 냉동 효과 kcal/kg	냉매순환량 kg/min	냉매순환량 30℃에서 ℓ/min	피스턴 배출량 ㎥/min	소요 동력 PS	성적 계수	압축 후 온도 ℃	순위			온도범위			
620	Sulfur Hexaf:iprode		64		45.55	38.2	8.16	26.90	3.30	0.0155	11.51	4.80	3.72	0.0756	1.53	3.42	33				저	왕복	수냉	
630	Methyl Amine	27.30	- 6.7	- 92.5	156.9	76.0	0.705	4.326	6.14	1.005	169.0	0.327	0.509	0.328	1.08	4.81				유	중~고	왕복, 회전	수냉, 공냉	
631	Ethyl Amine	18.81	16.5	- 81	183	57.3	0.235	1.738	7.40	2.09	125.3	0.443	0.611	0.920	0.94	5.52				유	고	원심	공냉	
1120	Trichloroethylene	6.45	86.8	- 86.9	271	52.2	0.0110	0.128	11.64	14.8	51.9	1.09	0.751	16.15	1.08	4.82				유	고	원심	공냉	
1130	Dichloroethylene	9.22	47.78	- 56.6	243	56	0.0577	0.485	8.41	4.11	63.40	0.873	0.690	3.590	1.07	4.83		4	5.6~11.4	유	고	원심	수냉	
717		49.79	- 33.35	- 77.9	132.4	115.2	2.410	11.895	4.94	0.5087	263.28	0.210	0.353	0.107	1.11	4.75	98	2	16.0~25.0	없음	저~중	왕복, 흡수	수냉	동, 동합금
718		47.06	100.0	0.0	374.15	225.6		0.0433													고	분사, 흡수		
729		29.27	-194.5	-212.9	-140.63	38.4															극저~고	원심		
744		19.27	*-78	- 56.6	31.0	75.2	23.34	73.34	3.14	0.0166	30.80	1.80	3.02	0.0299	1.99	2.64	71	5a	불연	없음	저~중	왕복	수냉	
744a		19.25	52	- 90.8	36.5	74.1	21.7	66.0	3.04	0.0176	47.3	1.71	1.28	0.0206	1.46	3.60			불연	유	극저	왕복	수냉	
764		13.236	- 88.3 10.0	- 63.5	157.5	80.4	0.823	4.710	5.72	0.4058	49.65	0.693	0.512	0.282	1.08	4.87	91	1	불연	※	중~고	왕복, 회전	수냉, 공냉	

주 ① *는 승화일 경우

② 독성 순위는 미국의 Underwriters Laboratories의 분류에 의한 것이며, 독성이 가장 큰 것이 1, 가장 약한 것이 6이다.

독성 1 : 공기중의 농도가 0.5~1%일 때, 5분 이내에 사망하거나 치명적인 상해를 주는 동도

독성 2 : 공기중의 농도가 0.5~1% 일 때, 30분 이내에 사망하거나 치명적인 상해를 주는 정도

독성 3 : 공기중의 농도가 2~2.5% 일 때, 1시간 이내에 사망하거나 치명적인 상해를 주는 정도

독성 4 : 공기중의 농도가 2~2.5% 일 때, 2시간 이내에 사망하거나 치명적인 상해를 주는 정도

독성 4~5 a : 독성이 4와 5의 중간 정도

독성 5a : 독성이 4보다 작고 6보다 큰 정도

독성 5b : 독성이 5a 보다 약간 작은 정도

독성 6 : 공기중의 농도가 20% 일 때, 2시간 이상 있어도 아무런 장애가 없는 정도

③ 사용온도 범위는 고 : 0℃ 이상, 중 : 0℃~-2.5℃, 저 : -25℃~-50℃, 극저 : -50℃ 이하

④ ※는 압력, 온도 및 윤활유에 따라 2상(二相)으로 분리된다

A.3 냉매의 포화압력 및 온도

출처 : [냉동공학, 세진사, 홍성은저, 1993년] 116쪽 그림3-2

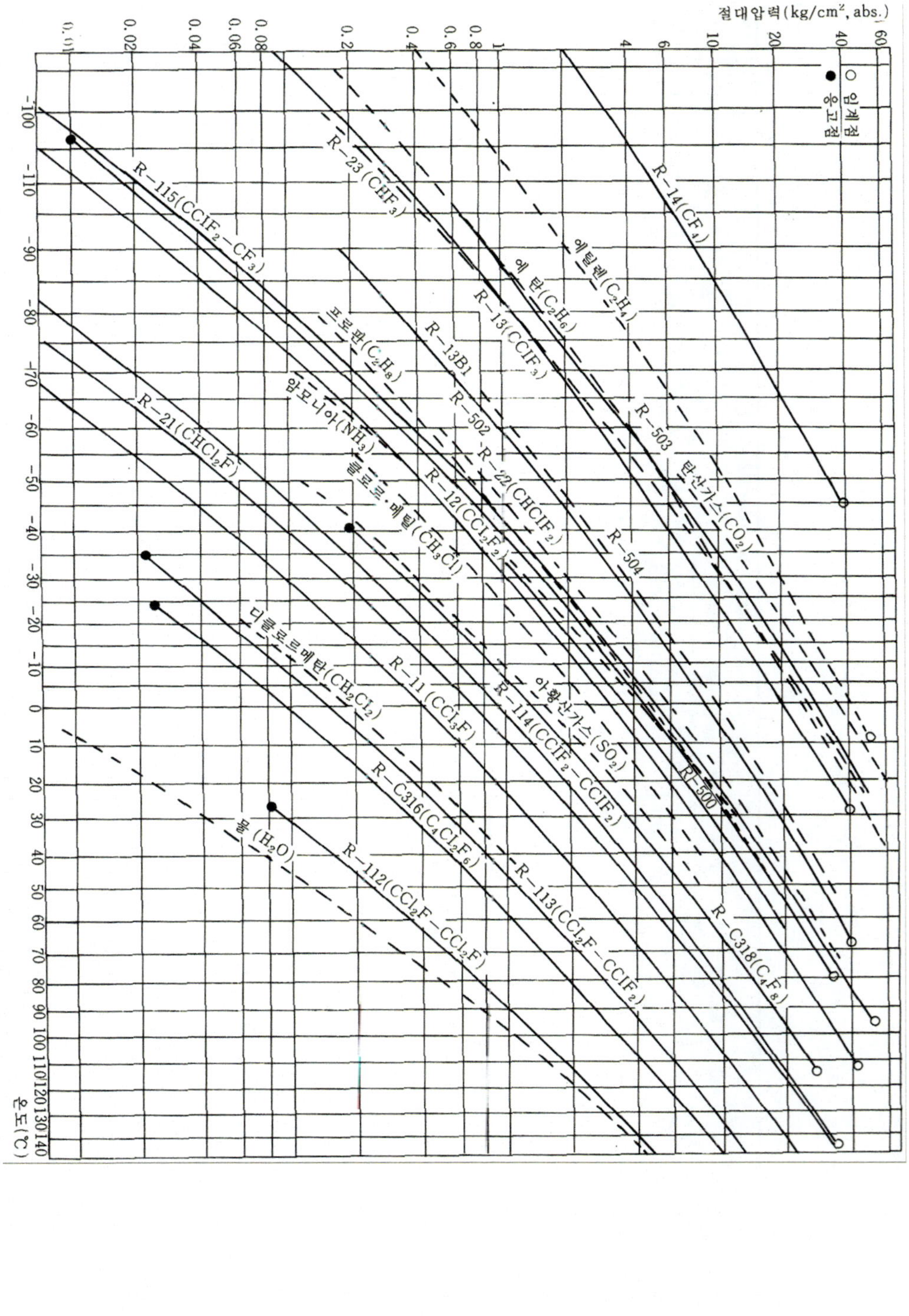

A.4 암모니아의 P-i 선도

출처 : [냉동공학, 세진사, 홍성은저, 1993년] 116쪽 그림3-3

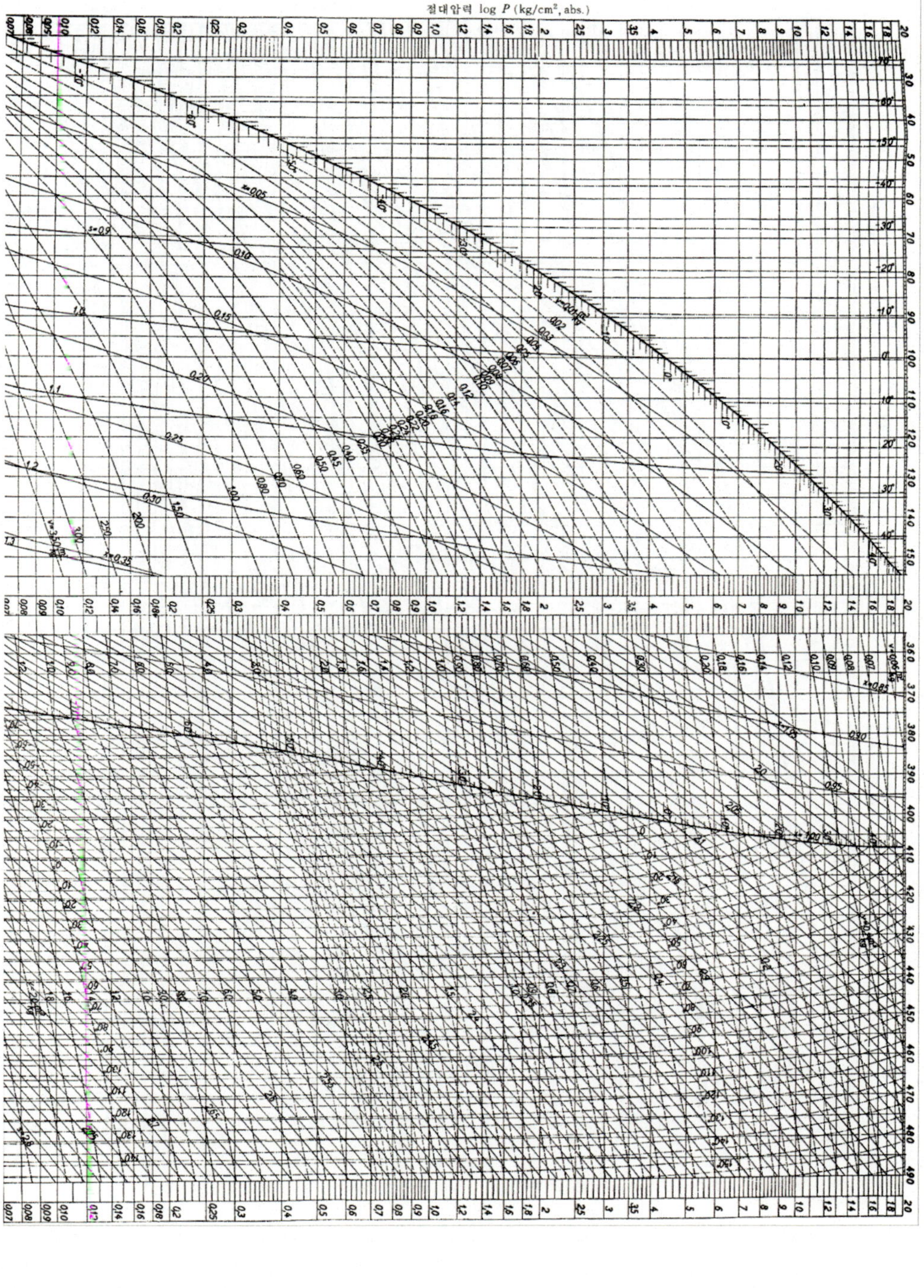

A.5 프레온 12(R-12)의 P-i 선도

출처 : [냉동공학, 세진사, 홍성은저, 1993년] 116쪽 그림3-4

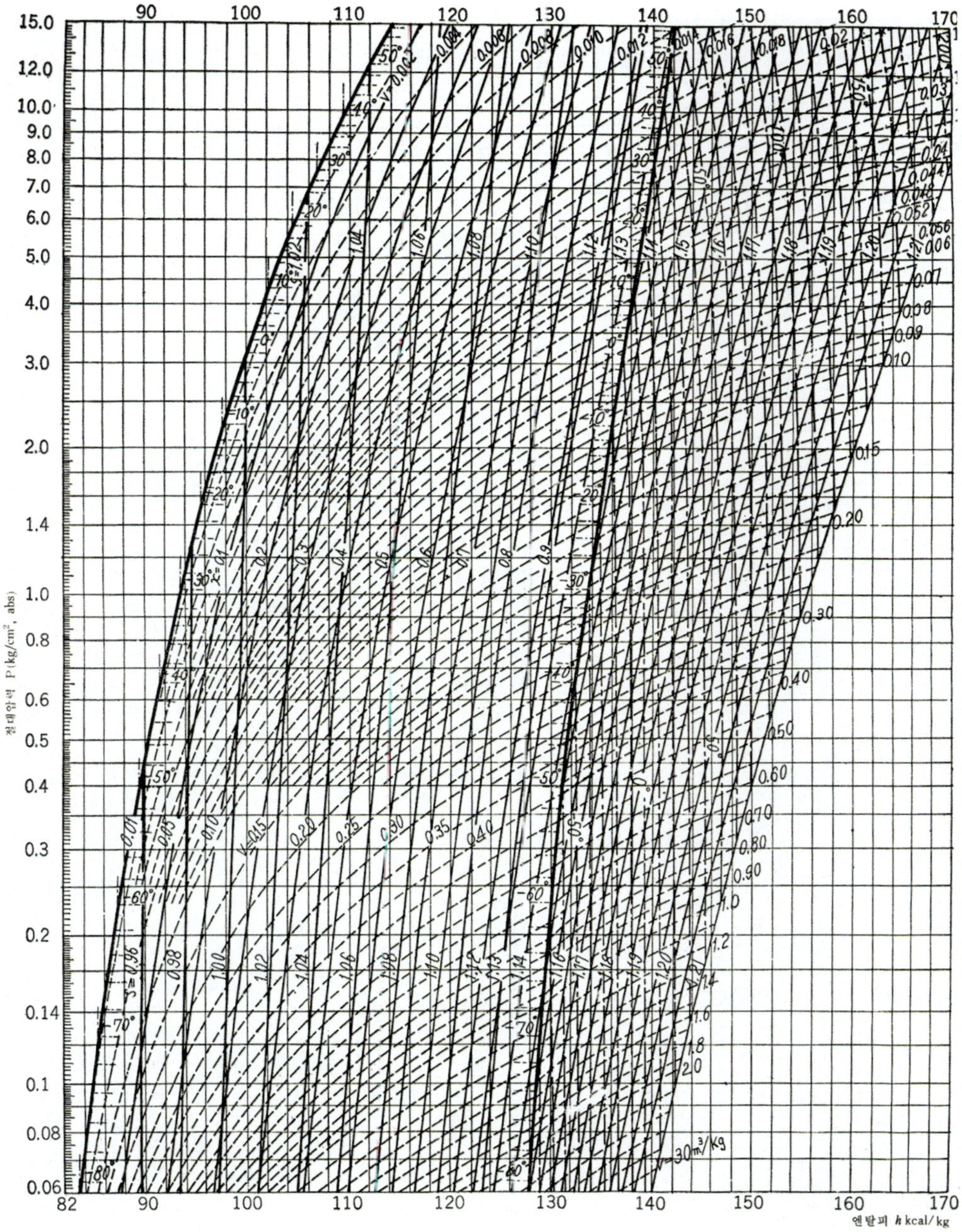

A.6 프레온 22(R-22)의 P-i 선도

출처 : [냉동공학, 세진사, 홍성은저, 1993년] 117쪽 그림3-5

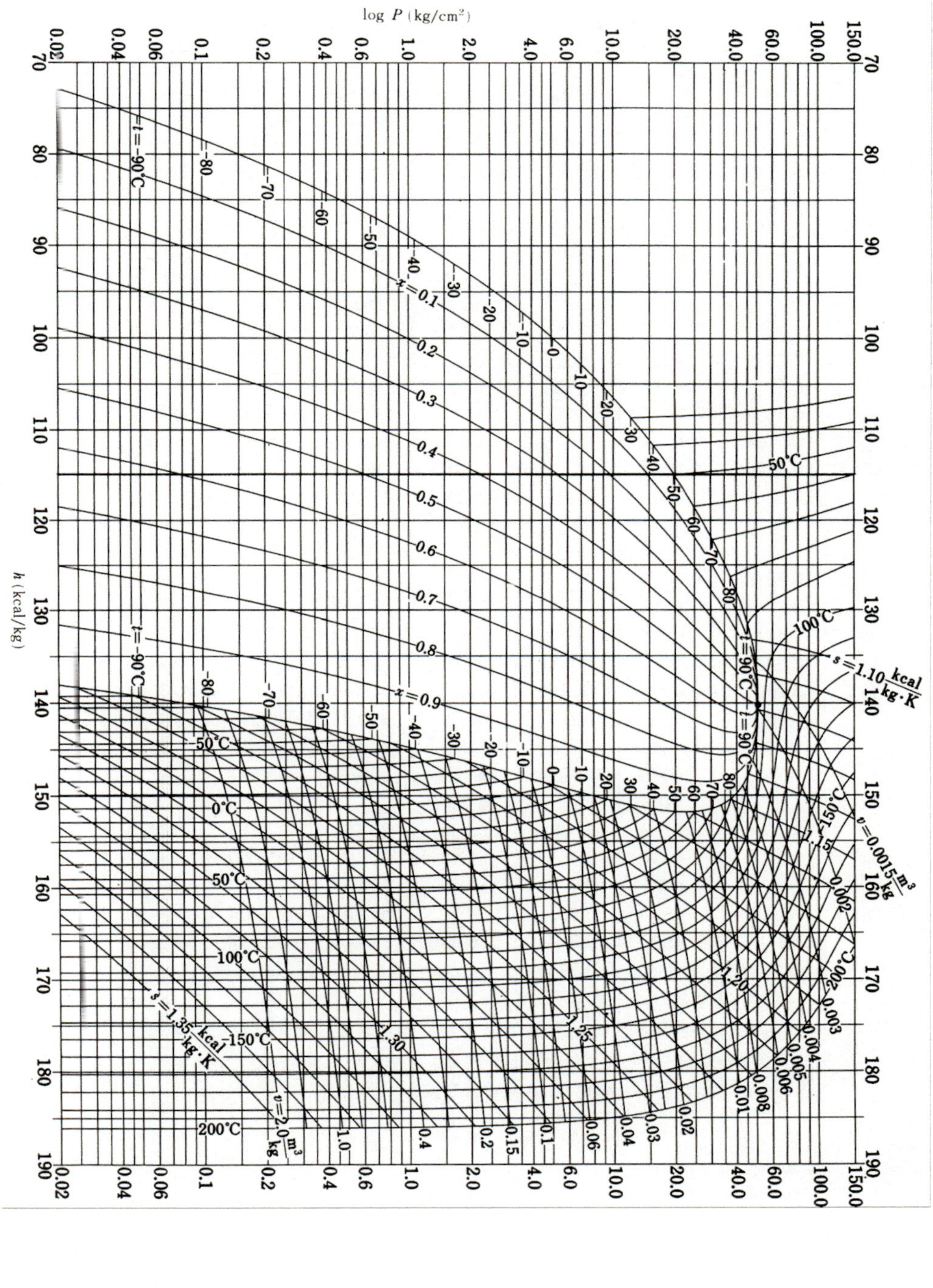

A.7 암모니아의 증기표(1)

출처 : [냉동공학, 세진사, 홍성은저, 1993년] 108쪽 표3-6

온도 (t) ℃	절대압력 (P) kg/cm^2	비체적		엔탈피		증발열 (r) $kcal/kg$	엔트로피	
		액(v') l/kg	증기(v'') m^3/kg	액(h') $kcal/kg$	증기(h'') $kcal/kg$		액(s') $kcal/kgK$	증기(s'') $kcal/kgK$
-75	0.0765	1.3680	12.890	20.9	373.5	352.6	0.6633	2.4431
-70	0.1114	1.3788	9.009	25.9	375.7	349.8	0.6878	2.4101
-68	0.1287	1.3832	7.870	27.9	376.6	348.7	0.6975	2.3976
-66	0.1485	1.3876	6.882	29.0	377.4	347.5	0.7074	2.3853
-64	0.1706	1.3920	6.044	32.0	378.3	346.3	0.7173	2.3734
-62	0.1954	1.3965	5.324	34.0	379.1	345.1	0.7270	2.3618
-60	0.2233	1.4010	4.699	36.0	380.0	344.0	0.7366	2.3507
-58	0.2543	1.4056	4.161	38.1	380.8	342.7	0.7461	2.3393
-56	0.2889	1.4103	3.693	40.2	381.7	341.5	0.7555	2.3285
-54	0.3272	1.4150	3.288	42.2	382.5	340.3	0.7648	2.3180
-52	0.3697	1.4197	2.933	44.2	383.3	339.1	0.7741	2.3078
-50	0.4168	1.4245	2.623	46.3	384.1	337.8	0.7882	2.2978
-48	0.4686	1.4293	2.351	48.4	384.9	336.6	0.7931	2.2808
-46	0.5256	1.4342	2.112	50.4	385.7	335.3	0.8021	2.2785
-44	0.5882	1.4392	1.901	52.5	386.5	334.0	0.8112	2.2692
-42	0.6568	1.4442	1.715	54.6	387.3	332.7	0.8203	2.2600
-40	0.7318	1.4493	1.550	56.8	388.1	331.3	0.8295	2.2510
-39	0.7719	1.4519	1.4752	57.82	388.49	330.67	0.8340	2.2465
-38	0.8137	1.4545	1.4045	58.88	388.88	329.99	0.8385	2.2421
-37	0.8573	1.4571	1.3377	59.94	389.27	329.31	0.8430	2.2378
-36	0.9028	1.4597	1.2746	61.01	289.65	328.63	0.8475	2.2336
-35	0.9503	1.4623	1.2151	62.08	390.03	327.95	0.8520	2.2294
-34	0.9999	1.4649	1.1589	63.15	390.41	327.26	0.8565	2.2252
-33	1.0515	1.4676	1.1058	64.21	390.79	326.57	0.8610	2.2211
-32	1.1052	1.4703	1.0555	65.28	391.17	325.88	0.8654	2.2170
-31	1.1610	1.4730	1.0080	66.35	391.54	325.19	0.8698	2.2130
-30	1.2190	1.4557	0.9630	67.42	391.91	324.49	0.8442	2.2090
-29	1.279	1.4784	0.9204	68.49	392.28	323.79	0.8786	2.2050
-28	1.342	1.4811	0.8801	69.56	392.64	323.08	0.8880	2.2011
-27	1.407	1.4839	0.8418	70.63	393.00	322.37	0.8874	2.1972
-26	1.475	1.4867	0.8056	71.71	393.36	321.66	0.8917	2.1934
-25	1.546	1.4895	0.7712	72.78	393.72	320.94	0.8960	2.1869
-24	1.619	1.4923	0.7368	73.86	394.07	320.22	0.9003	2.1858
-23	1.695	1.4951	0.7076	74.93	394.42	319.49	0.9046	2.1821
-22	1.774	1.4980	0.6782	76.01	394.77	318.76	0.9089	2.1784
-21	1.856	1.5008	0.6502	77.09	395.12	318.03	0.9132	2.1747
-20	1.940	1.5037	0.6236	78.17	395.46	317.29	0.9175	2.1710
-19	2.027	1.5066	0.5983	79.25	395.80	316.55	0.9217	2.1674
-18	2.117	1.5096	0.5742	80.33	396.13	315.80	0.9259	2.1638
-17	2.211	1.5125	0.5513	81.41	396.46	315.05	0.9301	2.1602
-16	2.309	1.5155	0.5295	82.50	396.79	314.29	0.9343	2.1567
-15	2.410	1.5185	0.5087	83.59	397.12	313.53	0.9385	2.1532

암모니아의 증기표(2)

온도 (t) ℃	절대압력 (P) kg/cm^2	비체적		엔탈피		증발열 (r) $kcal/kg$	엔트로피	
		액(v') l/kg	증기(v'') m^3/kg	액(h') $kcal/kg$	증기(h'') $kcal/kg$		액(s') $kcal/kgK$	증기(s'') $kcal/kgK$
−14	2.514	1.5215	0.4889	84.68	397.44	312.76	0.9427	2.1498
−13	2.621	1.5245	0.4700	85.76	397.75	311.99	0.9469	2.1464
−12	2.732	1.5276	0.4520	86.85	398.06	311.21	0.9511	2.1430
−11	2.847	1.5307	0.4348	87.94	398.37	310.43	0.9552	2.1396
−10	2.966	1.5338	0.4184	89.03	398.67	309.64	0.9593	2.1362
−9	3.089	1.5369	0.4028	90.12	398.97	308.85	0.9634	2.1320
−8	3.216	1.5400	0.3878	91.21	399.27	308.06	0.9675	2.1296
−7	3.347	1.5432	0.3735	92.30	399.56	307.25	0.9716	2.1263
−6	3.481	1.5464	0.3599	93.40	399.85	306.45	0.9757	2.1231
−5	3.619	1.5496	0.3469	94.50	400.14	305.64	0.9798	2.1191
−4	3.761	1.5528	0.3344	95.59	400.43	304.83	0.9839	2.1167
−3	3.908	1.5561	0.3225	96.69	400.70	304.01	0.9880	2.1135
−2	4.060	1.5594	0.3111	97.79	400.98	303.19	0.9920	2.1103
−1	4.217	1.5627	0.3002	98.89	401.25	302.36	0.9960	2.1072
0	4.379	1.5660	0.2897	100.00	401.52	301.52	1.0000	2.1041
1	4.545	1.5694	0.2797	101.10	401.78	300.68	1.0040	2.1010
2	4.716	1.5727	0.2700	102.21	402.04	299.84	1.0080	2.0979
3	4.892	1.5761	0.2608	103.32	402.30	298.99	1.0120	2.0949
4	5.073	1.5796	0.2520	104.43	402.55	298.13	1.0160	2.0919
5	5.259	1.5831	0.2435	105.54	402.80	297.26	1.0200	2.0889
6	5.450	1.5866	0.2353	106.65	403.04	269.39	1.0240	2.0859
7	5.647	1.5901	0.2275	107.76	403.27	295.51	1.0280	2.0829
8	5.849	1.5936	0.2200	108.87	403.50	294.63	1.0319	2.0799
9	6.057	1.5972	0.2128	109.99	403.73	293.74	1.0358	2.0770
10	6.271	1.6008	0.2058	111.11	403.95	292.84	1.0397	2.0741
11	6.490	1.6045	0.1992	112.23	404.17	291.94	1.0436	2.0712
12	6.715	1.6081	0.1927	113.35	404.38	291.03	1.0475	2.0683
13	6.946	1.6118	0.1886	114.47	404.59	290.12	1.0514	2.0654
14	7.183	1.6156	0.1806	115.59	404.79	289.20	1.0553	2.0626
15	7.427	1.6193	0.1749	116.72	404.99	288.27	1.0592	2.0598
16	7.677	1.6231	0.1694	117.85	405.19	287.34	1.0631	2.0570
17	7.933	1.3270	0.1642	118.98	405.38	286.40	1.0670	2.0542
18	8.196	1.6308	0.1591	120.11	405.57	285.46	1.0709	2.0514
19	8.465	1.6347	0.1542	121.24	405.75	284.51	1.0747	2.0486
20	8.741	1.6386	0.1494	122.38	405.93	283.55	1.0785	2.0459
21	9.024	1.6426	0.1449	123.52	406.10	282.58	1.0824	2.0432
22	9.314	1.6466	0.1405	124.66	406.27	291.61	1.0862	2.0405
23	9.611	1.6507	0.1363	125.80	406.43	280.63	1.0900	2.0378
24	9.915	1.6546	0.1322	126.94	406.29	279.65	1.0938	2.0351
25	10.225	1.6588	0.1283	128.09	406.75	278.66	1.0976	2.0324
26	10.554	1.6630	0.1245	129.24	40689	277.66	1.1014	2.0297
27	10.870	1.6672	0.1209	130.39	407.03	276.65	1.1052	2.0270
28	11.204	1.6714	0.1174	131.54	407.17	275.64	1.1090	2.0243
29	11.546	1.6757	0.1170	132.69	407.30	274.62	1.1128	2.0217

암모니아의 증기표(3)

온도 (t) ℃	절대압력 (P) kg/cm^2	비체적		엔탈피		증발열 (r) $kcal/kg$	엔트로피	
		액(v') l/kg	증기(v'') m^3/kg	액(h') $kcal/kg$	증기(h'') $kcal/kg$		액(s') $kcal/kgK$	증기(s'') $kcal/kgK$
30	11.895	1.6800	0.1107	133.84	407.43	273.59	1.1165	2.0191
31	12.252	1.6844	0.1075	135.00	407.55	272.55	1.1203	2.0165
32	12.617	1.6888	0.1045	136.16	407.67	271.50	1.1241	2.0139
33	12.991	1.6932	0.1015	137.32	407.78	270.45	1.1278	2.0113
34	13.374	1.6977	0.0986	138.48	407.88	269.39	1.1315	2.0087
35	13.765	1.7023	0.0959	139.65	407.97	268.32	1.1352	2.0061
36	14.165	1.7069	0.0932	140.82	408.06	267.24	1.1390	2.0035
37	14.573	1.7115	0.0906	141.99	408.15	266.15	1.1427	2.0000
38	14.990	1.7162	0.0881	143.16	408.23	265.06	1.1464	1.9984
39	15.415	1.7209	0.0857	144.34	408.30	236.96	1.1501	1.9958
40	15.850	1.7257	0.0833	145.52	408.37	262.85	1.1538	1.9933
41	16.294	1.7305	0.0810	146.70	408.43	261.73	1.1575	1.9908
42	16.747	1.7354	0.0788	147.88	408.49	260.60	1.1612	1.9882
43	17.210	1.7404	0.0767	149.06	408.54	259.47	1.1649	1.9857
44	17.682	1.7454	0.0746	150.42	408.58	258.33	1.1686	1.9832
45	18.165	1.7504	0.0726	151.43	408.61	257.18	1.1722	1.9807
46	19.685	1.7555	0.0707	152.62	408.64	256.02	1.1759	1.9781
47	19.161	1.7607	0.0688	153.81	408.66	254.85	1.1796	1.9856
48	19.673	1.7659	0.0670	155.00	408.68	253.67	1.1832	1.9731
49	20.195	1.7712	0.0652	156.20	408.70	252.48	1.1868	1.9706
50	20.727	1.7775	0.0635	157.38	408.72	251.34	1.1905	1.9683
52	21.83	1.788	0.0602	159.8′	408.7	248.9	1.1985	1.9638
54	22.97	1.800	0.0572	162.2	408.8	246.6	1.2056	1.9590
56	25.15	1.812	0.0543	164.6	408.8	244.2	1.2130	1.9542
58	25.37	1.825	0.0515	167.1	408.7	241.6	1.2205	1.9494
60	26.66	1.838	0.0489	169.6	408.6	238.0	1.2280	1.9445
62	27.98	1.851	0.0464	172.2	408.5	236.3	1.2354	1.9396
64	29.36	1.864	0.0441	174.8	408.3	233.5	1.2428	1.9317
66	30.77	1.877	0.0420	177.4	408.0	230.6	1.2502	1.9297
68	32.25	1.891	0.0399	180.0	407.7	227.7	1.2576	1.9247
70	33.77	1.905	0.0379	182.7	407.3	224.6	1.2650	1.9196
80	42.26	1.9835	0.029493	169.11	404.96	208.85	1.3024	1.8938
85	47.05	2.0277	0.026023	203.08	403.31	200.23	1.3215	1.8806
90	52.24	2.0764	0.022956	210.23	404.30	191.07	1.3407	1.8668
95	57.84	2.1305	0.020239	217.43	398.76	181.33	1.3600	1.8525
100	63.87	2.1915	0.017826	224.94	395.87	170.93	1.3794	1.8375
105	70.36	2.2646	0.015674	232.82	392.63	159.81	1.3992	1.8218
110	77.32	2.3442	0.013753	241.17	389.04	147.87	1.4199	1.8058
115	84.79	2.4447	0.011945	250.12	383.73	133.71	1.4419	1.7864
120	92.79	2.5747	0.010223	259.98	376.68	116.70	1.4661	1.8629
125	101.33	2.7654	0.008469	271.66	36604	94.38	1.4931	1.7301
130	110.47	3.1584	0.006389	287.44	345.10	57.70	1.5320	1.6751
132.4	115.21	4.2553	0.004255	313.79	313.79	0.00	1.5958	1.5958

A.8 R-12의 증기표(1)

출처 : [냉동공학, 세진사, 홍성은저, 1993년] 111쪽 표3-7

온도	절대압력	비체적		엔탈피		증발열	엔트로피	
(t) ℃	(P) kg/cm^2	액(v') l/kg	증기(v'') m^3/kg	액(h') $kcal/kg$	증기(h'') $kcal/kg$	(r) $kcal/kg$	액(s') $kcal/kgK$	증기(s'') $kcal/kgK$
- 70	0.1258	0.6234	0.1259	85.84	128.88	42.99	0.94050	1.15219
- 69	0.1341	0.6246	0.0605	86.02	128.95	42.93	0.94139	1.15173
- 68	0.1429	0.6258	0.9998	86.20	129.06	42.86	0.94230	1.15130
- 67	0.1521	0.6570	0.9437	86.39	129.19	42.80	0.94322	1.15087
- 66	0.1618	0.6281	0.8911	86.57	129.30	42.73	0.94411	1.15044
- 65	0.1721	0.9289	0.8413	86.75	129.41	42.66	0.94500	1.15001
- 64	0.1829	0.6301	0.7954	96.94	129.54	42.60	0.94589	1.14961
- 63	0.1941	0.6313	0.7528	87.12	129.65	42.53	0.94678	1.14920
- 62	0.2059	0.6325	0.7125	87.31	129.77	42.46	0.84769	1.14883
- 61	0.2183	0.6337	0.6749	87.50	129.89	42.39	0.94858	1.14844
- 60	0.2315	0.6349	0.6394	87.68	130.00	42.32	0.94946	1.14806
- 59	0.2451	0.6361	0.6064	87.87	130.12	42.25	0.95034	1.14769
- 58	0.2595	0.6373	0.5752	88.06	130.24	42.18	0.95122	1.14731
- 57	0.2744	0.6386	0.5416	88.25	130.36	42.11	0.95212	1.14698
- 56	0.2900	0.6364	0.5188	88.44	130.48	42.04	0.95300	1.14663
- 55	0.3065	0.6406	0.4930	88.63	130.59	41.96	0.94387	1.14627
- 54	0.3236	0.6418	0.4687	88.82	130.71	41.89	0.95474	1.14595
- 53	0.3414	0.6431	0.4461	89.01	130.83	41.82	0.95561	1.14562
- 52	0.3602	0.6443	0.4246	89.20	130.95	41.75	0.95650	1.14531
- 51	0.3797	0.6456	0.4043	89.39	131.06	41.67	0.95737	1.14500
- 50	0.3999	0.6468	0.3851	89.59	131.18	41.59	0.95824	1.14468
- 49	0.4212	0.6481	0.3675	89.78	131.30	41.52	0.95610	1.14438
- 48	0.4432	0.6493	0.3504	89.97	131.42	41.45	0.95997	1.14410
- 47	0.4662	0.6502	0.3344	90.17	131.54	41.37	0.96084	1.14381
- 46	0.4900	0.6515	0.3193	90.36	131.65	41.29	0.96170	1.14252
- 45	0.5150	0.6527	0.3050	90.53	131.77	41.21	0.96256	1.14324
- 44	0.5409	0.6540	0.2914	90.76	131.89	41.13	0.96342	1.14297
- 43	0.5678	0.6553	0.2787	90.95	132.01	41.06	0.96428	1.14271
- 42	0.5958	0.6566	0.2665	91.15	132.13	40.98	0.96515	1.14247
- 41	0.6247	0.6579	0.2551	91.36	132.24	40.89	0.96660	1.14220
- 40	0.6551	0.6592	0.2441	91.55	132.36	40.81	0.96685	1.14193
- 39	0.6865	0.6605	0.2337	91.75	132.48	40.73	0.96770	1.14170
- 38	0.7189	0.6618	0.2239	91.95	132.60	40.65	0.96855	1.14146
- 37	0.7523	0.6631	0.2146	92.15	132.72	40.57	0.96941	1.14124
- 36	0.7875	0.6645	0.2057	92.35	132.83	40.48	0.97026	1.14101
- 35	0.8238	0.6658	0.1973	92.55	132.95	40.40	0.97110	1.14078
- 34	0.8610	0.6671	0.1894	92.76	133.07	40.31	0.97194	1.14055
- 33	0.9000	0.6684	0.1818	92.96	133.19	40.23	0.97278	1.14034
- 32	0.9400	0.6698	0.1747	93.16	133.30	40.14	0.97364	1.14014
- 31	0.9818	0.6711	0.1678	93.37	133.43	40.06	0.97448	0.13993
- 30	1.0242	0.6725	0.1613	93.57	133.54	39.97	0.97532	1.13975
- 29	1.0688	0.6739	0.1551	93.78	133.66	39.88	0.97616	1.13954
- 28	1.1149	0.6752	0.1492	93.98	133.77	39.79	0.97699	1.13934
- 27	1.1622	0.6766	0.1436	94.19	133.30	39.71	0.97783	1.13917

R-12의 증기표(2)

온도	절대압력	비체적		엔탈피		증발열	엔트로피	
(t) ℃	(P) kg/cm^2	액(v') l/kg	증기(v'') m^3/kg	액(h') $kcal/kg$	증기(h'') $kcal/kg$	(r) $kcal/kg$	액(s') $kcal/kgK$	증기(s'') $kcal/kgK$
- 26	1.2109	0.6780	0.1382	94.46	134.01	39.61	0.97867	1.13899
- 25	1.2616	0.6793	0.1331	94.61	134.13	39.52	0.97950	1.13879
- 24	1.3140	0.6807	0.1282	94.81	134.24	39.43	0.98033	1.13862
- 23	1.3678	0.6821	0.1235	95.02	134.36	39.34	0.98116	1.13845
- 22	1.4227	0.6835	0.1190	95.23	134.47	39.24	0.98200	1.13829
- 21	1.4805	0.6854	0.1147	95.44	134.59	39.15	0.98283	1.13814
- 20	1.5396	0.6868	0.1107	95.65	134.71	39.06	0.98365	1.13798
- 19	1.6005	0.3882	0.1067	95.87	134.83	38.96	0.98448	1.13783
- 18	1.6627	0.6897	0.1030	96.08	134.95	38.87	0.98531	1.13768
- 17	1.7275	0.6911	0.09938	96.29	135.06	38.77	0.98614	1.13753
- 16	1.7940	0.6925	0.09597	96.50	135.17	38.67	0.98696	1.13738
- 15	1.8622	0.6940	0.09268	96.72	135.29	38.57	0.98778	1.13723
- 14	1.9321	0.6954	0.08952	96.93	135.40	38.47	0.98860	1.13709
- 13	2.0050	0.6973	0.08650	97.15	135.52	38.37	0.98942	1.13695
- 12	2.0793	0.6988	0.08361	97.36	135.63	38.27	0.99025	1.13682
- 11	2.1555	0.7003	0.08082	97.58	135.75	38.17	0.99107	1.13668
- 10	2.2342	0.7018	0.07813	97.80	135.87	38.07	0.99188	1.13657
- 9	2.3148	0.7032	0.07558	98.02	135.98	37.96	0.99270	1.13644
- 8	2.3984	0.7047	0.07313	98.23	136.09	37.86	0.99351	1.13633
- 7	2.4833	0.7062	0.07078	98.45	136.20	37.75	0.99432	1.13620
- 6	2.5712	0.7077	0.06852	98.67	136.32	37.65	0.99514	1.13609
- 5	2.6602	0.7092	0.06635	98.89	136.43	37.54	0.99595	1.13598
- 4	2.7531	0.7107	0.06427	99.11	136.54	37.43	0.99676	1.13586
- 3	2.8479	0.7127	0.06226	99.33	136.65	37.32	0.99757	1.13575
- 2	2.9439	0.7143	0.06028	99.56	136.77	37.21	0.99839	1.13566
- 1	3.0446	0.7158	0.05844	99.78	136.88	37.10	0.99919	1.13555
0	3.1465	0.7173	0.05667	100.00	136.99	36.99	1.00000	1.13546
1	3.2511	0.7189	0.05496	100.22	137.10	36.88	1.00081	1.13536
2	3.3583	0.7205	0.05330	100.45	138.21	36.76	1.00161	1.13524
3	3.4676	0.7220	0.05168	100.67	137.32	36.65	1.00242	1.13515
4	3.5804	0.7241	0.05012	100.90	137.43	36.53	1.00322	1.13506
5	3.6959	0.7257	0.04863	100.12	137.54	36.42	1.00402	1.13497
6	3.8135	0.7273	0.04721	101.35	137.65	36.30	1.00483	1.13488
7	3.9348	0.7289	0.04583	101.58	137.76	36.18	1.00563	1.13480
8	4.0582	0.7310	0.04450	101.80	137.86	36.06	1.00643	1.13471
9	4.1853	0.7326	0.04323	102.03	137.97	35.94	1.00723	1.13462
10	4.3135	0.7342	0.04204	102.06	138.08	35.82	1.00803	1.13455
11	4.4466	0.7358	0.04086	102.49	138.18	35.69	1.00883	1.13446
12	4.5828	0.7380	0.03970	102.72	138.29	35.57	1.00936	1.13439
13	4.7209	0.7396	0.03858	102.95	138.39	35.44	1.01042	1.13430
14	4.8621	0.7413	0.03751	103.18	138.49	35.31	1.01122	1.13422
15	5.0076	0.7435	0.03648	103.42	138.61	35.19	1.01201	1.13414
16	5.1550	0.7452	0.03547	103.65	138.70	35.05	1.01281	1.13407
17	5.3067	0.7468	0.03449	103.88	138.81	34.93	1.01361	1.13400
18	5.4605	0.7491	0.03354	104.12	138.91	34.79	1.01440	1.13392

R-12의 증기표(3)

온도 (t) ℃	절대압력 (P) kg/cm^2	비체적		엔탈피		증발열 (r) $kcal/kg$	엔트로피	
		액(v') l/kg	증기(v'') m^3/kg	액(h') $kcal/kg$	증기(h'') $kcal/kg$		액(s') $kcal/kgK$	증기(s'') $kcal/kgK$
19	5.6172	0.7507	0.03263	104.35	139.01	34.66	1.01519	1.13385
20	5.7786	0.7524	0.03175	104.59	139.12	34.53	1.01598	1.13378
21	5.9432	0.7547	0.03089	104.82	139.21	34.39	1.01678	1.13372
22	6.1112	0.7570	0.03005	105.06	139.31	34.25	1.01757	1.13364
23	6.2825	0.7587	0.02925	105.29	139.40	34.11	1.01835	1.13356
24	6.4584	0.7605	0.02848	105.53	139.50	33.97	1.01914	1.13350
25	6.6363	0.7628	0.02773	105.77	139.61	33.84	1.01993	1.13344
26	6.8175	0.7645	0.02700	106.01	139.70	33.69	1.02072	1.13337
27	7.0020	0.7669	0.02629	106.25	139.79	33.54	1.02151	1.13329
28	7.1933	0.7692	0.02560	106.49	139.89	33.40	1.02229	1.13322
29	7.3863	0.7710	0.02494	106.73	139.98	33.25	1.02307	1.13315
30	7.5810	0.7734	0.02433	106.97	140.08	33.11	1.02387	1.13310
31	7.7826	0.7758	0.02371	107.21	140.16	32.95	1.02465	1.13301
32	7.9897	0.7782	0.02309	107.45	140.25	32.80	1.02543	1.13294
33	8.2003	0.7800	0.02250	107.69	140.34	32.65	1.02620	1.13286
34	8.4087	0.7825	0.02192	107.94	140.43	32.49	1.02699	1.13280
35	8.6264	0.7849	0.02136	108.18	140.51	32.33	1.02778	1.13273
36	8.8475	0.7874	0.02083	108.43	140.61	32.18	1.02856	1.13266
37	9.0726	0.7893	0.02030	108.67	140.69	32.02	1.02934	1.13258
38	9.2989	0.7918	0.01980	108.92	140.77	31.85	1.03011	1.13250
39	9.5351	0.7943	0.01931	109.16	140.85	31.69	1.03089	1.13243
40	9.7707	0.7968	0.01882	109.41	140.94	31.53	1.03167	1.13236
41	10.014	0.7994	0.01835	109.66	141.02	31.36	1.03216	1.13229
42	10.257	0.8019	0.01789	109.91	141.10	31.19	1.03324	1.13222
43	10.511	0.8045	0.01744	110.16	141.18	31.02	1.03400	1.13212
44	10.763	0.8071	0.01700	110.41	141.25	30.84	1.03478	1.13204
45	11.023	0.8101	0.01656	110.66	141.33	30.67	1.03556	1.13197
46	11.283	0.8130	0.01614	110.91	141.40	30.49	1.03634	1.13188
47	11.553	0.8157	0.01573	111.16	141.47	30.31	1.03712	1.13180
48	11.828	0.8190	0.01533	111.41	141.54	30.13	1.03788	1.13170
49	12.108	0.8217	0.01494	111.66	141.60	29.94	1.03865	1.13161
50	12.386	0.8244	0.01459	111.91	141.66	29.75	1.03943	1.13151
55	13.868	0.8410	0.01316	113.25	142.13	28.88	1.04346	1.13138
60	15.481	0.8568	0.01167	114.57	142.49	27.92	1.04736	1.13117
65	17.216	0.8741	0.01036	115.92	142.82	26.90	1.05126	1.13082
70	19.096	0.8936	0.00919	117.29	143.09	25.80	1.05519	1.13038
75	21.125	0.9149	0.00814	118.69	143.31	24.62	1.05912	1.12984
80	23.290	0.9398	0.00723	120.13	143.46	23.33	1.06310	1.12917
85	25.620	0.9680	0.00639	121.61	143.51	21.90	1.06708	1.12823
90	28.107	1.0009	0.00564	123.12	143.41	20.29	1.07115	1.12702
95	30.771	1.0416	0.00497	124.69	143.11	18.42	1.07529	1.12533
100	33.614	1.0952	0.00437	126.36	142.51	16.15	1.07955	1.12282
105	36.654	1.1736	0.00359	128.13	141.51	13.38	1.08407	1.11945
110	39.874	1.3513	0.00266	131.44	138.89	7.45	1.09168	1.1112
115.5	40.879	1.7921	0.00179	134.75	134.75	0.00	1.1016	1.1016

A.9 R-22의 증기표(1)

출처 : [냉동공학, 세진사, 홍성은저, 1993년] 114쪽 표3-8

온도 (t) ℃	절대압력 (P) kg/cm^2	비체적		엔탈피		증발열 (r) $kcal/kg$	엔트로피	
		액(v') l/kg	증기(v'') m^3/kg	액(h') $kcal/kg$	증기(h'') $kcal/kg$		액(s') $kcal/kgK$	증기(s'') $kcal/kgK$
-100	0.0210	0.6409	8.340	74.12	137.92	63.80	0.8828	1.2512
- 98	0.0243	0.6429	6.980	74.63	138.16	63.53	0.8858	1.2485
- 96	0.0292	0.6450	5.890	75.14	138.40	63.26	0.8886	1.2457
- 94	0.0348	0.6470	4.985	75.63	138.62	62.99	0.8914	1.2430
- 92	0.0410	0.6490	4.250	76.12	138.84	62.72	0.8942	1.2404
- 90	0.0489	0.6540	3.634	76.63	139.14	62.51	0.8970	1.2382
- 88	0.0575	0.6530	3.117	77.14	139.34	62.20	0.8997	1.2356
- 86	0.0670	0.6550	2.709	77.65	139.58	61.93	0.9024	1.2333
- 84	0.0781	0.6570	2.330	78.15	139.81	61.66	0.9051	1.2311
- 82	0.0910	0.6592	2.030	78.65	140.05	61.40	0.9078	1.2290
- 80	0.1050	0.6612	1.775	79.14	140.29	61.45	0.9104	1.2270
- 78	0.1213	0.6632	1.547	79.65	140.54	60.89	0.9130	1.2250
- 76	0.1400	0.6653	1.363	80.14	140.77	60.63	0.9155	1.2230
- 74	0.1605	0.6675	1.206	80.64	141.01	60.37	0.9180	1.2211
- 72	0.1832	0.6693	1.060	81.15	141.26	60.11	0.9206	1.2194
- 70	0.2088	0.6714	0.940	81.64	141.49	59.85	0.9230	1.2176
- 68	0.2370	0.6735	0.885	82.15	141.74	59.59	0.9254	1.2159
- 66	0.267	0.6756	0.746	82.64	141.96	59.32	0.9278	1.2141
- 64	0.303	0.6778	0.661	83.15	142.21	59.06	0.9302	1.2126
- 62	0.341	0.6801	0.592	83.65	142.44	58.79	0.9325	1.2109
- 60	0.382	0.6824	0.535	84.15	142.74	58.59	0.9350	1.2097
- 58	0.428	0.6849	0.481	84.65	142.91	58.26	0.9372	1.2080
- 56	0.479	0.6874	0.434	85.16	143.16	58.00	0.9396	1.2067
- 54	0.534	0.6897	0.393	85.67	143.40	57.73	0.9419	1.2053
- 52	0.593	0.6923	0.355	86.18	143.65	57.47	0.9442	1.2041
- 50	0.660	0.6950	0.323	86.70	143.90	57.20	0.9465	1.2028
- 48	0.730	0.6977	0.293	87.21	144.15	56.94	0.9488	1.2017
- 46	0.807	0.7005	0.267	87.72	144.39	56.67	0.9512	1.2007
- 44	0.891	0.7030	0.244	88.25	144.63	56.38	0.9534	1.1994
- 42	0.979	0.7058	0.223	88.75	144.85	56.10	0.9557	1.1984
- 40	1.076	0.7086	0.205	89.27	145.12	55.85	0.9579	1.1974
- 38	1.826	0.7113	0.188	89.77	145.29	55.52	0.9902	1.1963
- 36	2.956	0.7142	0.173	90.32	145.56	55.24	0.9324	1.1953
- 34	1.414	0.7173	0.158	90.85	145.79	54.94	0.9646	1.1943
- 32	1.542	0.7205	0.143	91.37	146.02	54.65	0.9668	1.1934
- 30	1.679	0.7235	0.135	91.90	146.25	54.35	0.9690	1.1925
- 28	1.824	0.7270	0.125	92.45	146.48	54.03	0.9712	1.1916
- 26	1.978	0.7304	0.116	93.00	146.71	53.71	0.9733	1.1906
- 24	2.14	0.7337	0.108	93.51	146.91	53.40	0.9754	1.1897
- 22	2.32	0.7370	0.100	94.04	147.12	53.08	0.9775	1.1888
- 20	2.51	0.7405	0.0929	94.58	147.35	52.77	0.9796	1.1880

R-22의 증기표(2)

온도 (t) ℃	절대압력 (P) kg/cm^2	비체적		엔탈피		증발열 (r) $kcal/kg$	엔트로피	
		액(v') l/kg	증기(v'') m^3/kg	액(h') $kcal/kg$	증기(h'') $kcal/kg$		액(s') $kcal/kgK$	증기(s'') $kcal/kgK$
− 18	2.70	0.7437	0.0804	95.12	147.58	52.46	0.9817	1.1873
− 16	2.92	0.7472	0.0805	95.65	147.80	52.15	0.9837	1.1865
− 14	3.14	0.7508	0.0751	96.18	148.02	51.84	0.9857	1.1857
− 12	3.37	0.7545	0.0700	96.70	148.23	51.53	0.9878	1.1851
− 10	3.63	0.7582	0.0654	97.25	148.45	51.20	0.9898	1.1844
− 8	3.89	0.7620	0.0611	97.78	147.63	50.85	0.9918	1.1836
− 6	4.17	0.7658	0.0572	98.31	147.83	50.50	0.9938	1.1829
− 4	4.46	0.7697	0.0536	98.87	149.03	52.16	0.9959	1.1823
− 2	4.77	0.7739	0.0502	99.43	149.23	49.80	0.9979	1.1816
0	5.10	0.7785	0.0471	100.00	149.43	49.43	1.0000	1.1810
2	5.44	0.7823	0.0443	100.58	149.63	49.05	1.0022	1.1805
4	5.82	0.7867	0.0416	101.16	149.81	48.65	1.0043	1.1798
6	6.18	0.7912	0.0390	101.76	150.01	48.24	1.0064	1.1792
8	6.57	0.7957	0.0367	102.40	150.20	47.80	1.0086	1.1786
10	6.99	0.8004	0.0346	103.02	150.36	47.40	1.0107	1.1780
12	7.42	0.8050	0.0326	103.60	150.52	46.92	1.0128	1.1773
14	7.87	0.8096	0.0307	104.25	150.72	46.47	1.0150	1.1768
16	8.34	0.8045	0.0289	104.87	150.87	46.00	1.0172	1.1763
18	8.83	0.8094	0.0273	105.50	151.00	45.50	1.0193	1.1756
20	9.35	0.8244	0.0258	106.13	151.13	45.00	1.0214	1.1748
22	9.89	0.8294	0.0243	106.78	151.27	44.49	1.0236	1.1743
24	10.45	0.8345	0.0230	107.38	151.38	43.96	1.0258	1.1737
26	11.03	0.8398	0.0217	108.10	15154	43.44	1.0280	1.1732
28	11.64	0.8455	0.0206	108.75	151.65	43.90	1.0302	1.1726
30	12.26	0.8501	0.0194	109.44	151.78	42.34	1.0323	1.1720
32	12.92	0.8570	0.0184	110.10	151.87	41.77	1.0344	1.1713
34	13.60	0.8632	0.0174	110.77	151.97	41.20	1.0365	1.1706
36	14.60	0.8695	0.0165	111.43	152.03	40.60	1.0386	1.1699
38	15.02	0.8760	0.0156	112.10	152.07	39.97	1.0408	1.1693
40	15.79	0.8830	0.0148	112.77	15212	39.35	1.0429	1.1686
42	16.58	0.8900	0.0140	113.45	152.19	38.74	1.0451	1.1680
44	17.39	0.8972	0.0133	114.13	152.23	38.10	1.0472	1.1673
46	18.23	0.9049	0.0126	114.82	152.26	37.44	1.0493	1.1666
48	19.10	0.9132	0.0120	115.51	152.29	36.78	1.0514	1.1659
50	20.00	0.9225	0.0113	116.27	152.37	36.10	1.0535	1.1653
52	20.93	0.9303	0.0107	116.97	152.43	35.46	1.0556	1.1647
54	21.886	0.9395	0.0100	117.65	152.47	34.82	1.0577	1.1642
56	22.879	0.9491	0.0093	118.32	152.50	34.18	1.0598	1.1637
58	23.905	0.9591	0.0086	118.99	152.53	33.54	1.0619	1.1632
60	24.969	0.9696	0.0079	119.66	152.56	32.90	1.0640	1.1628

A.10 R-134a의 증기표(1)

출처 : [냉동공학, 세진사, 홍성은저, 1993년] 360쪽 부록6-10

온도 (t) ℃	절대압력 (P) kg/cm^2	비체적		엔탈피		증발열 (r) $kcal/kg$	엔트로피	
		액(v') l/kg	증기(v'') m^3/kg	액(h') $kcal/kg$	증기(h'') $kcal/kg$		액(s') $kcal/kgK$	증기(s'') $kcal/kgK$
- 50	0.3080	0.6895	0.59273	85.84	140.60	54.76	0.9431	1.1885
- 49	0.3261	0.6908	0.56195	86.10	140.74	54.64	0.9442	1.1880
- 48	0.4351	0.6922	0.53304	86.36	140.88	54.51	0.9454	1.1875
- 44	0.3649	0.6935	0.50591	86.63	141.02	54.39	0.9466	1.1871
- 46	0.3857	0.6949	0.48041	86.89	141.16	54.37	0.9477	1.1866
- 45	0.4074	0.6962	0.45642	87.16	141.30	54.14	0.9489	1.1862
- 44	0.4301	0.6976	0.43386	87.43	141.44	54.01	0.9501	1.1858
- 43	0.4539	0.6990	0.41263	87.70	14158	53.89	0.9513	1.1854
- 42	0.4786	0.7004	0.39263	87.96	141.82	53.76	0.9524	1.1850
- 41	0.5045	0.7018	0.37373	88.23	141.86	53.63	0.9536	1.1846
- 40	0.5315	0.7032	0.35601	88.50	142.00	53.50	0.9547	1.1842
- 39	0.5596	0.7046	0.33924	88.77	142.15	53.37	0.9559	1.1838
- 38	0.5890	0.7061	0.32342	89.05	142.29	53.24	0.9570	1.1835
- 37	0.6195	0.7072	0.30847	89.32	142.43	53.11	0.9582	1.1831
- 36	0.6513	0.7090	0.29434	89.59	142.57	52.98	0.9594	1.1827
- 35	0.6844	0.7104	0.28099	89.87	142.71	52.84	0.9605	1.1824
- 34	0.7189	0.7119	0.26836	90.14	142.85	52.71	0.9617	1.1821
- 33	0.7547	0.7134	0.25641	90.42	142.99	52.58	0.9628	1.1817
- 32	0.7920	0.7149	0.24509	90.69	143.13	52.44	0.9639	1.1814
- 31	0.8307	0.7164	0.23436	90.97	143.27	52.30	0.9651	1.1811
- 30	0.8709	0.7180	0.22421	91.25	143.42	52.17	0.9662	1.1808
- 29	0.9126	0.7195	0.21457	91.53	143.56	52.03	0.9674	1.1805
- 28	0.9559	0.7211	0.20543	91.81	143.70	51.89	0.9685	1.1802
- 27	1.0008	0.7226	0.19676	92.09	143.84	51.75	0.9697	1.1799
- 26	1.0474	0.7242	0.18852	92.37	143.98	51.61	0.9708	1.1796
- 25	1.0957	0.7258	0.18070	92.65	144.12	5147	0.9719	1.1793
- 24	1.1458	0.7274	0.17326	92.94	144.26	5132	0.9131	1.1791
- 23	1.1949	0.7291	0.16619	93.22	144.40	5118	0.9442	1.1788
- 22	1.2513	0.7307	0.15947	93.50	144.54	5103	0.9753	1.1785
- 21	1.3069	0.7323	0.15307	93.79	144.68	5089	0.9765	1.1783
- 20	1.3644	0.7340	0.14698	94.08	144.82	50.74	0.9776	1.1780
- 19	1.4238	0.7357	0.14118	94.36	144.96	50.59	0.9787	1.1778
- 18	1.4853	0.7374	0.13565	94.65	145.10	50.44	0.9799	1.1776
- 17	1.5489	0.7391	0.13039	94.94	145.24	50.29	0.9810	1.1773
- 16	1.6146	0.7408	0.12536	95.23	145.37	50.14	0.9821	1.1771
- 15	1.6824	0.7426	0.12057	95.52	145.51	49.99	0.9832	1.1769
- 14	1.7525	0.7443	0.11600	95.82	145.65	49.84	0.9844	1.1767
- 13	1.8248	0.7461	0.11164	96.11	145.79	49.68	0.9855	1.1765
- 12	1.8994	0.7479	0.10747	96.40	145.93	49.53	0.9866	1.1762
- 11	1.9764	0.7497	0.10349	96.70	146.06	49.37	0.9877	1.1760
- 10	2.0559	0.7515	0.09969	96.99	146.20	49.21	0.9888	1.1758
- 9	2.1378	0.7534	0.09605	97.29	146.34	49.05	0.9900	1.1757
- 8	2.2222	0.7552	0.09257	97.59	146.47	48.89	0.9911	1.1755
- 7	2.3091	0.7571	0.08924	97.89	146.61	48.73	0.9922	1.1753
- 6	2.3987	0.7590	0.08606	98.18	146.75	48.56	0.9933	1.1751

R-134a의 증기표(2)

온도 (t) ℃	절대압력 (P) kg/cm^2	비체적		엔탈피		증발열 (r) $kcal/kg$	엔트로피	
		액(v') l/kg	증기(v'') m^3/kg	액(h') $kcal/kg$	증기(h'') $kcal/kg$		액(s') $kcal/kgK$	증기(s'') $kcal/kgK$
− 5	2.4910	0.7609	0.08301	98.48	146.88	48.40	0.9944	1.1749
− 4	2.5860	0.7628	0.08009	98.79	147.02	48.23	0.9955	1.1747
− 3	2.6838	0.7648	0.07729	99.09	147.15	48.06	0.9967	1.1746
− 2	2.7844	0.7668	0.07461	99.39	147.28	47.89	0.9978	1.1744
− 1	2.8879	0.7688	0.07204	99.70	147.42	47.72	0.9989	1.1742
0	2.9943	0.7708	0.06958	100.00	147.55	47.55	1.0000	1.1741
1	3.1038	0.7728	0.06721	100.31	147.68	47.38	1.0011	1.1739
2	3.2163	0.7749	0.06495	100.61	147.82	47.20	1.0022	1.1738
3	3.3319	0.7769	0.06277	100.92	147.95	47.03	1.0033	1.1736
4	3.4507	0.7790	0.06068	101.23	148.08	46.85	1.0044	1.1735
5	3.5728	0.7812	0.05867	101.51	148.21	46.67	1.0055	1.1733
6	3.6981	0.7833	0.05674	101.85	148.34	46.49	1.0067	1.1732
7	3.8267	0.7855	0.05489	102.16	148.47	46.31	1.0078	1.1731
8	3.9588	0.7877	0.05311	102.47	148.60	46.12	1.0089	1.1729
9	4.0943	0.7899	0.05139	102.79	148.73	45.94	1.0100	1.1728
10	4.2334	0.7921	0.04975	103.10	148.85	45.75	1.0111	1.1727
11	4.3760	0.7944	0.04816	103.42	148.98	45.56	1.0122	1.1725
12	4.5222	0.7967	0.04663	103.73	149.11	45.37	1.0133	1.1724
13	4.6722	0.7990	0.04517	104.05	149.23	45.18	1.0144	1.1723
14	4.8259	0.8014	0.04375	104.37	149.36	44.99	1.0155	1.1721
15	4.9835	0.8037	0.04239	104.69	149.48	44.79	1.0166	1.1720
16	5.1449	0.8061	0.04108	105.01	149.60	44.59	1.0177	1.1719
17	5.3103	0.8086	0.03981	105.33	149.73	44.39	1.0188	1.1718
18	5.4797	0.8110	0.03859	105.66	149.85	44.19	1.0199	1.1717
19	5.6531	0.8135	0.03742	105.98	149.97	43.99	1.0210	1.1716
20	5.8307	0.8161	0.03638	106.30	150.09	43.79	1.0221	1.1714
21	6.0125	0.8186	0.03519	106.63	150.21	43.58	1.0232	1.1713
22	6.1986	0.8212	0.03419	106.96	150.33	43.37	1.0243	1.1712
23	6.3890	0.8238	0.03311	107.29	150.45	43.16	1.0254	1.1711
24	3.5838	0.8265	0.03213	107.61	150.56	42.95	1.0265	1.1710
25	6.7830	0.8292	0.03118	107.94	150.68	42.73	1.0276	1.1709
26	6.9868	0.8319	0.03026	108.28	150.79	42.52	1.0287	1.1708
27	7.1951	0.8347	0.02937	108.61	150.91	42.30	1.0298	1.1707
28	7.4081	0.8375	0.02852	108.94	151.02	42.08	1.0309	1.1706
29	7.6259	0.8404	0.02769	109.28	151.13	41.86	1.0319	1.1705
30	7.8484	0.8432	0.02689	109.61	151.24	41.63	1.0330	1.1704
31	8.0758	0.8462	0.02611	109.95	151.35	41.40	1.0341	1.1703
32	8.3084	0.8491	0.02537	110.29	151.46	41.17	1.0352	1.1702
33	8.5454	0.8521	0.02464	110.63	151.57	40.94	1.0363	1.1701
34	8.7878	0.8552	0.02394	110.97	151.67	40.71	1.0374	1.1700
35	9.0353	0.8583	0.02326	111.31	151.78	40.47	1.0385	1.1698
36	9.2881	0.8615	0.02260	111.65	151.88	40.23	1.0396	1.1697
37	9.5461	0.8647	0.02197	112.00	151.98	39.99	1.0407	1.1696
38	9.8095	0.8679	0.02135	112.34	152.09	39.74	1.0418	1.1695
39	10.0783	0.8712	0.02075	112.69	152.19	39.50	1.0429	1.1694

R-134a의 증기표(3)

온도 (t) ℃	절대압력 (P) kg/cm^2	비체적		엔탈피		증발열 (r) $kcal/kg$	엔트로피	
		액(v') l/kg	증기(v'') m^3/kg	액(h') $kcal/kg$	증기(h'') $kcal/kg$		액(s') $kcal/kgK$	증기(s'') $kcal/kgK$
40	10.3526	0.8749	0.02017	113.04	152.28	39.25	1.0440	1.1693
41	10.6324	0.8780	0.01961	113.38	125.38	39.00	1.0451	1.1692
42	10.9179	0.8814	0.01907	113.74	152.48	38.74	1.0462	1.1691
43	11.2092	0.8850	0.01854	114.09	152.57	38.48	1.0473	1.1690
44	11.5062	0.8886	0.01803	114.44	152.66	38.22	1.0484	1.1689
45	11.8091	0.8922	0.01753	114.80	152.75	37.96	1.0495	1.1688
46	12.1180	0.8959	0.01705	115.15	152.84	37.69	1.0506	1.1687
47	12.4329	0.8997	0.01658	115.51	152.93	37.42	1.0517	1.1685
48	12.7539	0.9036	0.01613	115.87	153.01	37.14	1.0528	1.1684
49	13.0811	0.9075	0.01569	116.23	153.10	36.87	1.0239	1.1683
50	13.4145	0.9115	0.01525	116.59	153.18	36.59	1.0550	1.1682
51	13.7543	0.9155	0.01485	116.96	153.26	36.30	1.0561	1.1681
52	14.1006	0.9191	0.01444	117.32	153.34	36.02	1.0572	1.1679
53	14.4533	0.9139	0.01405	117.69	153.41	35.72	1.0583	1.1678
54	14.8127	0.9283	0.01367	118.06	153.49	35.43	1.0594	1.1677
55	15.1787	0.9327	0.01130	118.43	153.56	35.13	1.0605	1.1675
56	15.5515	0.9372	0.01294	118.80	153.63	34.82	1.0616	1.1674
57	15.9312	0.9418	0.01258	119.18	153.69	34.52	1.0627	1.1673
58	16.3178	0.9465	0.01224	119.55	153.76	34.20	1.0638	1.1671
59	16.7115	0.9513	0.01191	119.93	153.82	33.89	1.0649	1.1670
60	171123	0.9562	0.01159	120.31	153.88	33.57	1.0661	1.1668
61	175203	0.9612	0.01127	120.69	153.93	33.24	1.0672	1.1666
62	179357	0.9664	0.01096	121.08	153.99	32.91	1.0683	1.1665
63	183584	0.9717	0.01066	121.47	154.04	32.57	1.0694	1.1663
64	187887	0.9771	0.01037	121.86	154.09	32.23	1.0705	1.1661
65	192266	0.9826	0.01009	122.25	154.13	31.88	1.0707	1.1660
66	196721	0.9883	0.00981	122.64	154.17	31.53	1.0728	1.1658
67	201255	0.9942	0.00954	123.04	154.21	31.17	1.0740	1.1656
68	205869	1.0002	0.00928	123.44	154.24	30.80	1.0751	1.1654
69	210562	1.0064	0.00902	123.84	154.27	30.43	1.0762	1.1652
70	215337	1.0128	0.00877	124.25	154.30	30.05	1.0774	1.1650
71	220194	1.0193	0.00852	124.66	154.32	29.66	1.0786	1.1647
72	225135	1.0261	0.00828	125.07	154.33	29.26	1.0797	1.1645
73	230161	1.0331	0.00805	125.49	154.35	2886	1.0809	1.1643
74	235273	1.0403	0.00782	125.91	154.35	28.44	1.0821	1.1640
75	240472	1.0478	0.00760	126.33	154.35	28.02	1.0832	1.1637
76	245760	1.0555	0.00738	126.76	154.35	27.59	1.0844	1.1635
77	251137	1.0635	0.00716	127.19	154.34	27.15	1.0856	1.1632
78	256606	1.0718	0.00695	127.63	154.32	26.70	1.0868	1.1629
79	262167	1.0804	0.00675	128.07	154.30	26.23	1.0880	1.1625
80	267822	1.0894	0.00655	128.51	154.27	25.76	1.0893	1.1622
81	273572	1.0988	0.00635	128.97	154.23	25.27	1.0905	1.1619
82	279420	1.1086	0.00615	129.42	154.19	24.76	1.0918	1.1615
83	285366	1.1188	0.00596	129.89	154.13	24.24	1.0930	1.1611
84	291412	1.1296	0.00577	130.36	154.07	23.71	1.0943	1.1607

A.11 습공기선도$(i-x)$

출처 : [공기조화 및 냉동, 희중각, 민만기외 편역, 1997년] 653쪽, Chart 1b

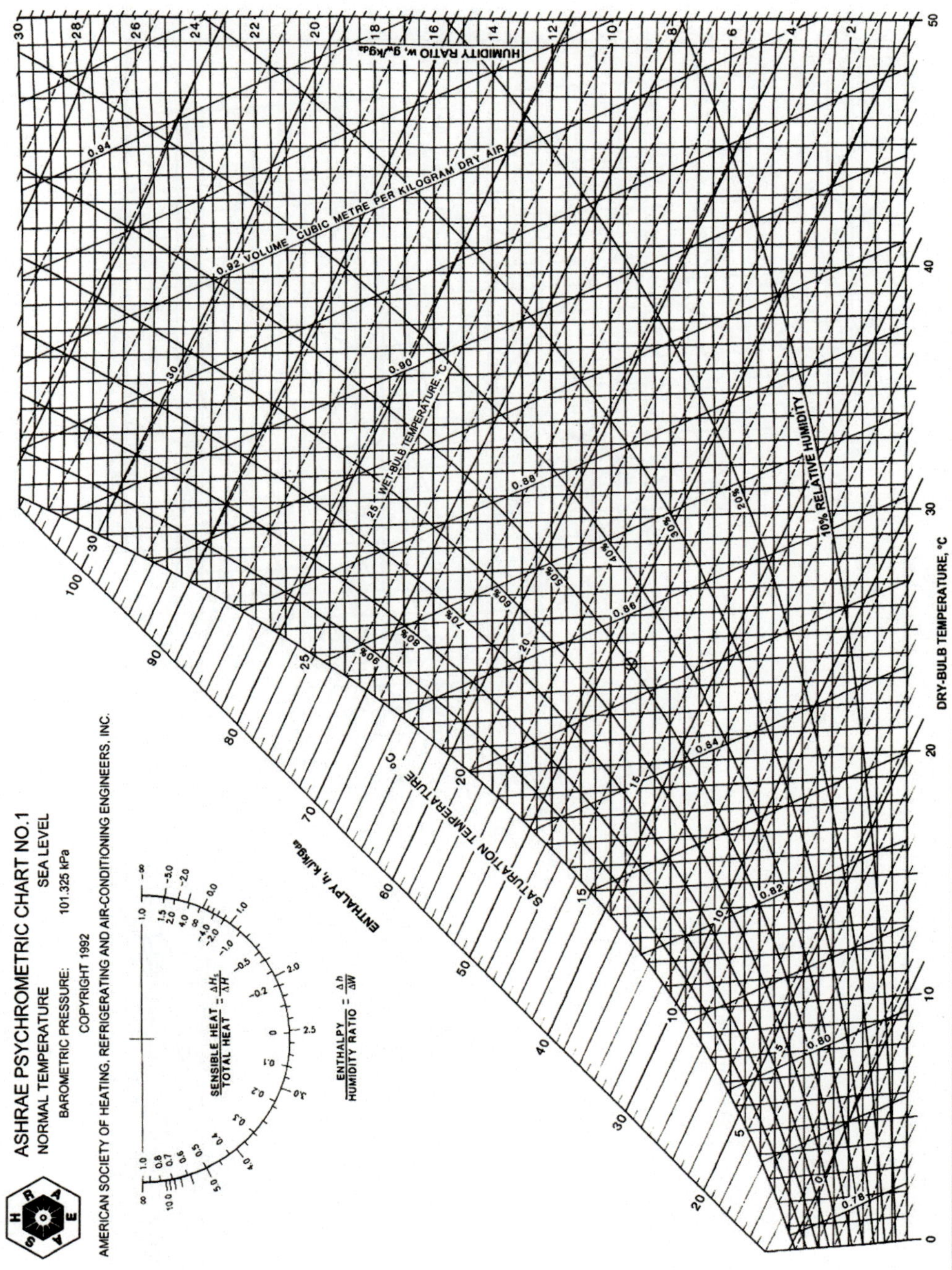

출처 : [냉동 및 공기조화, 청문각, 서정윤외 공저]

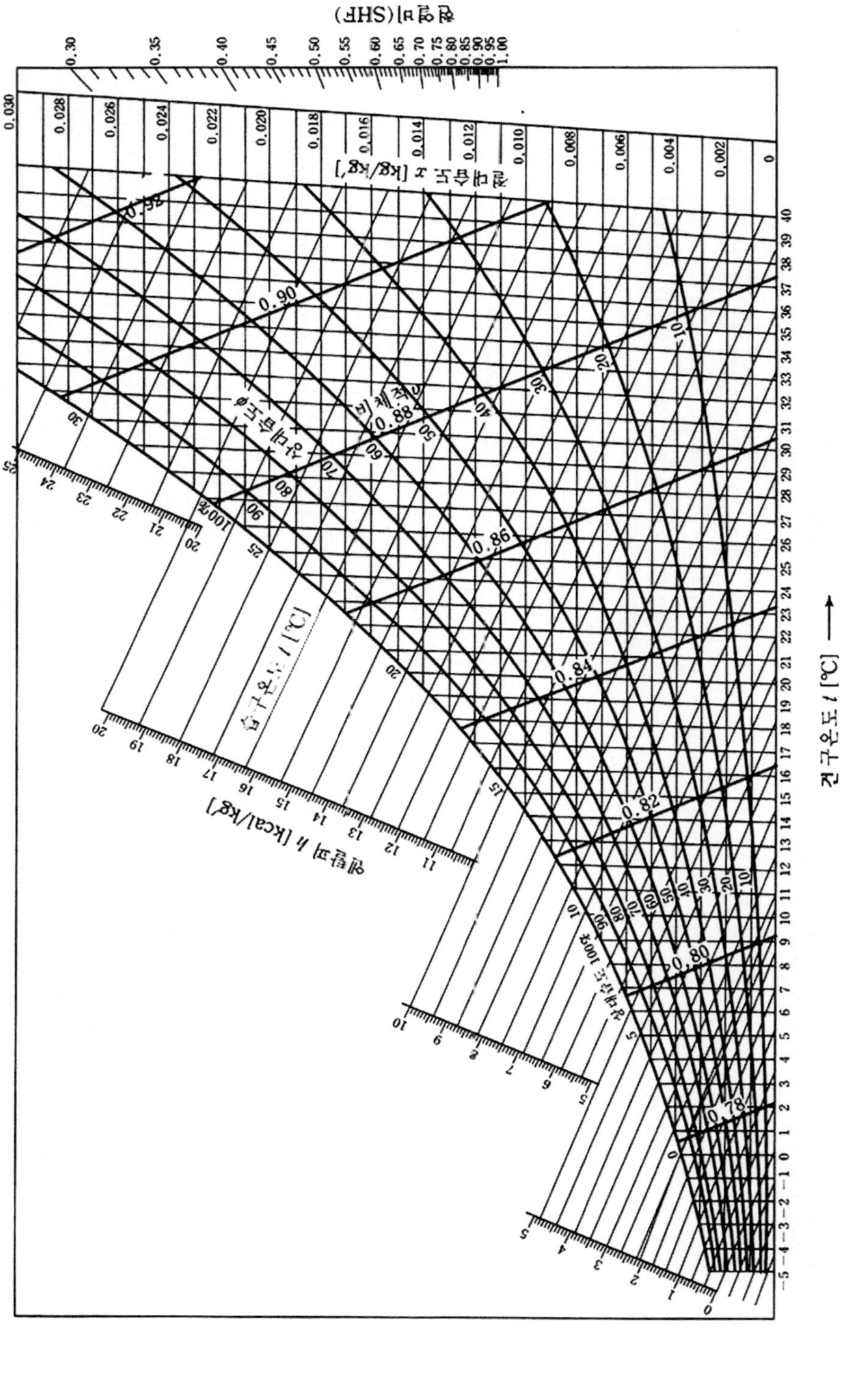

참고문헌

- Faye C. McQuiston, Jerald D. Parker, Heating, Ventilating and Air Conditioning, 4th, John Wiley and Sons, 1994
- William C. Whitman, William M. Johnson, John A. Tomczyk, Refrigeration & Air Conditioning Technology, 4th, Delmar, 1999
- 금종수외 공역, 공기조화계산법, 기문당, 1993
- 김무근외 편역, 냉동 및 공기조화, 진영사, 2002
- 김우국, 공기조화와 냉동기계, 한미, 1994
- 김재수, 공기조화설비, 문운당, 2007
- 김증식, 공기조화 냉동기계 실기, 일진사, 2000
- 김증식, 공조냉동기계 기사&산업기사, 일진사, 2014
- 민만기외 공역, 공기조화 및 냉동, 희중당, 1997
- 박광서외, 공업열역학, 대가, 2005
- 박기원, 공기조화공학, 전남대학교출판부, 2007
- 금종수역, 100만인의 공기조화, 한미, 1991
- 유상신외, 냉동공학 및 공기조화, 동명사, 1998
- 윤세창, 최신 냉동공학, 건기원, 2002
- 이종수외, 실무중심의 냉동공학, 포인트, 2001
- 정광섭외 공역(공기조화 · 위생공학회), 공기선도 읽는 법 · 사용법, 성안당, 2001
- 홍성은, 냉동공학, 세진사, 1999

저자 소개

박광서 동양미래대학교 기계공학과

박남섭 유한대학교 기계공학전공

이승준 연암공과대학교 기계공학과

이석영 인하공업전문대학 기계과

오태균 동양미래대학교 기계공학과

최승훈 전주비전대학교 기계과

이연원 부경대학교 기계설계공학과

김동균 동명대학교 기계공학과

냉동 및 공기조화

수정발행일 • 2026년 1월 6일

저　　자 • 박광서 · 박남섭 · 이승준 · 이석영
오태균 · 최승훈 · 이연원 · 김동균

발 행 자 • 최봉조

발 행 처 • 진샘미디어

주　　소 • 서울특별시 은평구 연서로5길 28
부호아파트 102동 상가 5호

전　　화 • 02)353-4421

F A X • 02)353-4431

웹사이트 • www.jinsaem.co.kr

등록번호 • 제311-2005-000025호

I S B N • 979-11-85504-44-5 (93550)

정가 20,000원